蒸养混凝土

谢友均　龙广成　著

科学出版社

北京

内 容 简 介

本书围绕蒸养混凝土热损伤及其抑制方法、高品质蒸养混凝土制备理论和技术等关键科学技术问题,解析了蒸养混凝土水化特性及微结构演变规律,阐述了蒸养混凝土静动态力学性能和耐久性能及其主要影响因素,探讨了蒸养混凝土热损伤的抑制技术,展望了蒸养混凝土发展趋势。

本书可供土木建筑、铁道工程、桥梁市政、公路工程、建筑材料、工程管理等相关领域科技人员参考,也可作为高等院校相关专业高年级本科生和研究生的参考书。

图书在版编目(CIP)数据

蒸养混凝土/谢友均,龙广成著. —北京:科学出版社,2021.6
ISBN 978-7-03-063856-4

Ⅰ. ①蒸⋯ Ⅱ. ①谢⋯②龙⋯ Ⅲ. ①混凝土-蒸汽养护-研究 Ⅳ. ①TU755.7

中国版本图书馆 CIP 数据核字(2019)第 288133 号

责任编辑:周 炜 罗 娟 / 责任校对:任苗苗
责任印制:吴兆东 / 封面设计:陈 敬

斜 学 出 版 社 出版
北京东黄城根北街 16 号
邮政编码:100717
http://www.sciencep.com

北京建宏印刷有限公司 印刷
科学出版社发行 各地新华书店经销

*

2021 年 6 月第 一 版 开本:720×1000 B5
2023 年 2 月第二次印刷 印张:19
字数:381 000

定价:150.00 元
(如有印装质量问题,我社负责调换)

前　言

蒸养混凝土常用于预制构件生产。随着现代工程结构建造效率的提高以及绿色建筑和建筑工业化的发展，蒸养混凝土及其预制构件迎来了新的发展机遇。

区别于常温养护混凝土，蒸养混凝土(预制构件)是在成型后的几小时内即采用一定的蒸养制度进行快速养护，使其在短时间内(通常为成型后的 15h 左右)达到脱模、张拉等工艺要求，实现加快模板周转、提高生产效率和节约成本的目的。同时，区别于现场浇筑密实成型的混凝土，蒸养混凝土预制构件采用工厂化生产，具有标准化、规模化以及质量稳定等诸多优点，为我国大规模的基础设施(如高速铁路、城市轨道交通等)及工业与民用建筑快速、高质量建设提供有力保障并发挥巨大的作用。尽管蒸养混凝土已有较长的研究与应用历史，但大量的生产实践表明，采用蒸养工艺生产的混凝土预制构件在快速获得预定早期强度的同时，也时常存在一些不可忽视的宏观、细观及微观等多尺度质量缺陷，如表观裂损、内部孔隙结构粗化以及脆性大等。国内外不少工程实践已证实，这些质量缺陷会对蒸养混凝土预制构件的服役性能、耐久性能产生严重不利影响，例如，美国旧金山海湾 San Mateo 大桥的蒸养混凝土预制梁在服役 17 年后，即发生严重腐蚀破坏以至必须进行修补更换。我国铁路、公路等基础设施中的预制构件也存在不少过早退出服役的实例。针对存在的上述问题，相关研究者及工程技术人员就蒸养混凝土预制构件品质提升做了不懈努力，从原材料组成与配合比参数优选到工艺技术措施优化等方面开展了大量有益的研究工作。作者研究团队基于大量的既有研究基础及多年来在铁路蒸养混凝土预制构件领域的研究实践，率先提出蒸养混凝土热损伤的概念，并开展了系列理论与技术研究，为解决蒸养混凝土预制构件高品质制造问题提供了理论和技术支撑。

近年来，我国混凝土预制构件得到了前所未有的发展，特别是随着我国装配式建筑的大力推广，预制混凝土技术和产品的开发创新已成为建筑技术创新的热点，预制混凝土构件的用量出现快速增长，预制混凝土生产企业的数量增长非常快。据不完全统计，2018 年全国各地新建预制混凝土工厂生产线近 200 条，截至目前全国设计规模在 3 万 m³ 以上的预制混凝土工厂已接近 1000 家，其中新建的预制混凝土工厂已超过 600 家。我国预制混凝土构件类型也逐渐呈现多元化发展趋势，从预制墙板、预制楼板、预制梁、预制柱等工业与民用建筑构件的广泛应用，到预制管廊、预制桥梁、预制管片等市政基础设施类预制构件需求的稳步增长，再到高速铁路等重要交通基础设施预制构件由原来的产品小型化、机械化向大型化、精细化的蓬勃发展转变，高速铁路采用蒸养混凝土预制构件占有相当大的比例，而且预制构件呈现大型化、精细化特点，已架设了主跨度为 32m 的预制预应力混凝土简支箱梁达数百万孔，铺设的轨道板达数千万块，蒸养混凝土预制箱梁重达 900t，蒸养混凝土轨道板重 7t 且要求达到毫米级精度。综上所述，我国在蒸养混凝土及其预制构件领域无论是理论与技术研究还是生产实践方面都取得了大量的成果，但还鲜见有蒸养混凝土方面的系统著作。因此，汇集整理我国在蒸养混凝土及其预制构件有关成果，形成蒸养混凝土论著，对于促进我国蒸养混凝土及其预制构件技术进一步发展，提升蒸养混凝土及其预制构件品质非常必要。

基于上述目的，作者从理论与应用实践相结合的角度撰写本书。在理论方面，从混凝土材料基本科学理论出发，试图解析蒸养混凝土及其制品产生缺陷的机制，阐述蒸养混凝土的组成、结构与性能之间的相互关系；在应用实践技术方面，从实际生产工艺技术出发，分析得出主要原材料参数、生产工艺技术对蒸养混凝土性能的影响规律，提出有效抑制蒸养混凝土热损伤的工艺技术，为蒸养混凝土预制构件高质量制造提供技术支撑。本书共 11 章。第 1 章为绪论，介绍蒸养混凝土预制构件(制品)的分类、发展概况、技术现状及存在的问题；第 2 章为蒸养过程中混凝土内部温度场及其效应，通过现场实体构件的调研、室内试验以及数值模拟分析方法，深入研究蒸养混凝土内部温度场及其影响效应；第 3 章阐述蒸养过程中混凝土胶凝材料体系的水化特性；第 4 章研究蒸养混凝土微结构形成与演变，着重分析蒸养过程中水泥石及其与骨料、钢筋之间界面过渡区微结构的形成特征；第 5 章为蒸养混凝土的静态力学特性，重点研究蒸养过程中混凝土的力学性能演变特征，阐述矿物掺合料、蒸养温度对混凝土强度的影响规律；第 6 章介绍蒸养混凝土的动态力学性能；第 7 章为蒸养混凝土的断裂性能；第 8 章为蒸养混凝土的变形性能；第 9 章为蒸养混凝土的耐久性能；第 10 章对蒸养混凝土热损伤的基本概念、表现形式、形成机理及抑制措施进行阐述；第 11 章分析蒸养混凝土的发展趋势。

中南大学混凝土材料研究团队从 20 世纪 90 年代初即开始高性能混凝土领域的研究工作。铁路预制预应力混凝土构件用蒸养混凝土一直是研究团队的工作重点。1996～2003 年，结合我国铁路扩能提速改造，针对Ⅲ型预应力混凝土轨枕、32m 预应力 T 型梁在青藏铁路工程中开展了超细粉煤灰和磨细矿渣复掺高性能蒸养混凝土的研发与工程化推广应用；结合我国首条客运专线——秦沈线铺设无砟轨道的要求，开展了高性能蒸养混凝土在 24m 预应力箱型梁中的应用研究，重点解决预应力简支梁桥徐变上拱控制技术难题。2004～2012 年，围绕国家《中长期铁路网规划》中客货分线和客运高速、货运重载的布局，结合沿海客运专线、京沪高速铁路等重点开展了高性能蒸养混凝土预制构件耐久性和毫米级变形控制等技术攻关及其工程化应用。从 2013 年至今，聚焦于蒸养混凝土热损伤及其控制理论相关的基础研究工作。

本书内容是作者多年来从事蒸养混凝土技术领域教学、科研与工程实践的积累。本书作者科研团队成员刘宝举、李建、石明霞、马昆林、郑克仁和李益进等以及研究生贺智敏、王猛、王旭、邹超、向宇、周文献、冯星、刘伟、许辉、黄莹、吴克刚、刘友华、贺炳煌、屈璐、李袁媛等做了大量的相关研究工作。在此一并表示衷心的感谢。

本书的出版得到了国家 973 计划课题(高速铁路基础结构关键材料动态性能劣化行为，2013CB036201)，高铁联合基金项目(高速铁路蒸养混凝土预制构件热伤损及其控制机理研究，U1534207)，国家自然科学基金项目(超细粉煤灰在低水胶比混凝土中的改性机理研究，50178014，混凝土盐结晶侵蚀破坏机制及试验评价方法研究，50678174)以及原铁道部科技研究开发计划项目(京沪高速铁路科技重大专项—高速铁路工程材料与结构耐久性试验研究，2008G031-R，沿海客运专线桥梁结构设计及耐久性技术的研究—沿海客运专线结构耐久性技术措施研究，2006G010-B，青藏线低温早强耐腐蚀高性能混凝土应用试验研究，2001G005，预应力混凝土简支梁桥徐变试验研究，99G09，超细粉煤灰高性能混凝土应用研究，98G21)等的资助支持，对此深表感谢。

限于作者水平，书中难免存在疏漏和不足之处，敬请读者批评指正。

作　者

2021 年 1 月

目　　录

第1章 绪 论

1.1 养护工艺及其重要性

新拌混凝土经浇筑入模密实成型后,即进入较为快速的水化、硬化过程,内部结构逐渐形成,强度等力学性能逐渐发展。凡使已密实成型的混凝土较好地进行水化反应,并获得所需物理力学性能及耐久性等指标的工艺措施,均称为混凝土的养护工艺。养护工艺主要是为混凝土中胶凝材料组分水化反应提供所需的温度和湿度条件,根据其各自条件的不同,养护工艺可分为标准养护、自然养护和加速硬化工艺(如蒸汽养护)。养护工艺是与密实成型工艺同等重要的混凝土制品生产制备环节。

对水泥混凝土来说,在温度为(20±3)℃、相对湿度为90%以上条件下进行的养护,称为标准养护。在自然气候条件下采取浇水润湿,防风防干和保温防冻等措施养护混凝土,则称为自然养护。在搅拌和密实成型工艺制度不变的条件下,配比相同的混凝土进行标准养护和自然养护时,混凝土强度的增长速度主要取决于水泥的活性和硬化速度。自然养护虽具有简便易行、节约能源的特点,但混凝土的硬化速度比较缓慢,因此生产中常需加速混凝土制品的硬化过程。凡能加速混凝土强度发展过程的工艺措施,均属于加速硬化工艺。在混凝土制品的生产过程中,加速硬化工艺有利于缩短生产周期、提高模型和台座的周转率、提高主要工艺设备的利用率及劳动生产率,从而有利于降低产品成本。在确保产品质量和节约能源的条件下,加速硬化工艺应满足生产过程中不同阶段对强度的要求,如脱模强度、预应力张拉或放张强度及出厂强度等,并避免盲目超用水泥或过分提高混凝土强度等级等不经济合理的措施。

混凝土加速硬化工艺,在混凝土制品的生产过程中占有重要地位,其措施是否合理将最终决定混凝土的内部结构及各项性能指标。如有合理的搅拌及密实成型工艺,而缺乏妥善的养护,仍不能制得优质的混凝土制品。因此,加速硬化工艺是继搅拌及密实成型工艺之后,保证混凝土制品质量的决定性工艺。混凝土加速硬化工艺的措施有很多,根据加速硬化作用的本质不同可分为热养护法、化学促硬法和机械作用法。

热养护法是利用外界热源加热混凝土而加速水泥水化反应的方法,该方法又分为湿热法和干热法。湿热养护时,均以凝结放热系数很高的蒸汽(相对湿度不低于90%)加热混凝土,升温过程中仅有冷凝而无水分的蒸发现象发生。随介质压力的不同,湿热养护又可分为蒸汽养护(常压、无压)和蒸压养护(微压及高压湿热养护)。干热养护时,制品或者不与热介质直接接触,或者用低湿介质直接加热,其升温过程中以水分蒸发现象为主。热养护法效果显著,是混凝土加速硬化的主要方法。应用热养护法时应尽量降低能耗。

化学促硬法则采用早强快硬水泥或掺用化学外加剂来加速混凝土强度的发展过程。应用外加剂,既节约能源又简便易行,是很有前途的方法。

机械作用法则是通过活化水泥浆、强力搅拌、压力成型等措施来实现,这类方法设备复杂,能耗较大。

合理地综合运用各项工艺措施,如热养护和促硬剂、热拌和外加剂相结合等,可使加速硬化工艺得到更优的技术经济效果,因而在现代混凝土生产中受到普遍重视。

混凝土湿热养护的实质是在湿热介质的作用下使混凝土发生一系列物理、化学和力学的变化,从而加速其内部结构的形成,获得早强快硬的效果。但事实表明,外界热源虽然加速了混凝土的结构形成过程,但同时对结构产生破坏作用,使其性能要低于标准养护混凝土。例如,蒸养混凝土28d龄期抗压强度要低于标养混凝土10%以上,弹性模量低5%~10%,耐久性(如抗冻性)也有所降低[1]。升温越快,养护温度越高,性能相差越大。因此,混凝土的结构形成和结构破坏就成为热养护过程中的一对主要矛盾,并将决定养护的效果和混凝土的性能。研究表明,热养护时混凝土结构的损伤主要是由物理过程引起的。此外,热养护对硅酸盐水泥的化学及物理化学变化也会产生一定的影响。

因此,需要深入研究混凝土热养护工艺原理,分析混凝土内部的化学、物理化学及物理变化过程及其影响因素,从而在各养护期内创造有利于混凝土结构形成的条件,制约导致结构破坏的因素,最终获得性能优良的混凝土。

1.2 混凝土预制构件

为提高生产效率,混凝土预制构件通常采用加速硬化工艺进行生产,如蒸汽湿热、干热、电热、高频电热法、红外线养护法、微波养护法等[2]。由于蒸汽的生产成本较低,工艺简单,且具有含热量高、湿度大及运输方便等优点而被广泛使用,我国的预制构件生产基本采用蒸汽养护[2~4]。

1.2.1 分类

随着社会进步和工程建设的发展,混凝土制品的种类日益增多,性能和应用也各不相同。具体的分类方法较多，如按胶凝材料种类、集料类型、构件外观形状、生产工艺、配筋类型、用途等。表 1.2.1 是基于构件外观形状的混凝土预制构件分类。从表中可以得知，混凝土预制构件几乎涉及各类工程结构部件，涉及各行各业。

表 1.2.1　基于构件外观形状的混凝土预制构件分类

分类	名称	特点	生产与养护工艺
板状	板材	承受弯压荷载，如实心板、空心板、壳、墙板、楼板、石棉板等	挤压成型等，蒸汽养护等
块状	砌块、砖等	承受压荷载，如实心砌块、空心砌块、路沿石、砖等	机械压制振动密实成型等，蒸压养护或蒸汽养护等
环管状	管、杆、桩、柱、涵管、管片等	主要承受弯压荷载等，如压力管、电线杆、管桩、涵管、隧道管片等	离心成型、振动密实成型等，蒸汽养护或蒸压养护等
长直状	梁、柱、轨枕、屋架等	长径比大，承受弯压荷载，如吊车梁、屋面梁/架、轨枕等	振动密实成型等，蒸汽养护等
箱、罐状	槽、罐、池、盒状结构、箱梁	居室或卫生间盒状构件，渡槽、储罐、箱型梁等	振动密实或离心成型等，蒸汽养护或蒸压养护等
船状	船	承受复杂应力，各种船及船形物等	振动密实或模压振动密实成型等，蒸汽养护或蒸压养护等

1.2.2　发展概况

1. 国际发展概况

1850 年，Lambot 制作了第一条钢筋混凝土小船，是混凝土制品发展史上首次大突破。1867 年，Monie 获得钢筋混凝土结构设计专利，当时尚无设计理论指导，仅凭经验进行设计。1886 年，Koenen 基于材料力学原理，提出以允许应力计算钢筋混凝土结构的方法。1888 年，Doehring 获得制作预应力楼板的专利。1940 年，Nervi 发明钢丝网水泥，为薄壁制品及结构提供了适用的材料。1929 年 YTONG 公司、1934 年 Siporex 公司，以及同期的 Hebel 公司相继建立并推出加气混凝土产品及技术。第二次世界大战后，丹麦、荷兰、波兰也开始生产加气混凝土制品。

硅酸盐水泥的出现促进了混凝土砌块的迅速发展。1866 年，Hutchinson 获得美国空心砌块专利。1874 年，Rhodes 获得在混凝土塑性状态下制作空心砌块的专利。1890 年，Palmer 开始混凝土砌块的商业性生产，七年后建成一幢空心砌块房屋，1900 年，他又获得可动芯模和可调侧模的砌块成型机专利。1905 年，美国在巴拿马运河和菲律宾用砌块建造大量房屋设施，然后在其本国也开始广泛应用。

第一次世界大战后，美国砌块产量增加 7 倍，第二次世界大战结束后第二年产量又翻一番。随后，Besser 和 Columbia 成为美国最大的两家砌块设备制造公司。欧洲及日本的空心砌块也同样迅速发展。苏联则以大、中型砌块为主。相传 17 世纪赴美洲的英国移民就已采用木框预制墙板。19 世纪末的产业革命，使新材料不断涌现，建筑工业化也已萌生，已初步形成体系建筑的概念。1935 年，苏联开始研建预制住宅。第二次世界大战后，劳动力短缺，促使预制装配式建筑及体系建筑首先在欧洲迅速发展。

混凝土密实成型工艺新技术(如真空脱水、离心法等)的出现，使得混凝土制品迎来更大的生机。1909 年，德国 Rheinck 公司及英国 Jagger 公司首先实现真空脱水技术在砌块和混凝土构件生产中的应用。1933 年，美国 Billner 工程师获得真空混凝土专利。随着技术的进一步完善，振动真空脱水工艺技术在板材、地坪、路面、护坡、大管等工程中得到广泛应用。离心法是制作环形截面制品的主要方法。1910 年，澳大利亚 Hume 首先用离心法制作外压管；1920 年，Roberston 和 Clark 合建制管厂，1927 年，按二人名首音节命名为 Rocla 制管公司，并于 1943 年发明悬辊法制管工艺。在法国，1937 年，按 Freyssinet 建议的一阶段制管工艺生产了 ϕ800～1600mm 的预应力混凝土管，1939 年，又制成带铸铁法兰的预应力混凝土管，之后，又用三阶段法制成了双向预应力混凝土管，称为 Socoman 管。1951 年，美国用离心—振动—辊压复合工艺制成预应力管，并以 Cen-Vi-Ro Pipe 命名其制管公司。1943 年，瑞典成立 Sentab 制管公司，1948 年按一阶段法制成 Sentab 管，并于 1952 年获得专利。

巴西最早的预制构件是 1926 年在里约热内卢建造 Gavea 剧院时采用的，预制构件作为其基础和外墙；至 20 世纪 50 年代，预制构件使用较为普遍，1961 年，由建筑师 Niemeyer 设计的巴西利亚大学某建筑结构采用了预制混凝土板和预制预应力混凝土梁，这是巴西预制构件发展的一个里程碑；进入 80 年代，巴西的预制构件生产工业进入了快速发展阶段。

欧洲采用预制构件进行建筑施工始于 20 世纪 50 年代，主要原因是第二次世界大战后采用预制构件建造民用房屋来缓解住房紧张的局面，波兰是最早采用预制构件建造民宅的欧洲国家之一，50 年代即开始采用预制构件进行建筑施工，1975 年成立了预制混凝土构件制造国家协会，全国约有 200 个生产制造商，消耗全国 10%的水泥，年产值可达 5.5 亿欧元。

1993 年，广告媒体公司专门为混凝土和预制构件工业创办了商业杂志。1998 年，*Concrete Plant International* 出版了第一期，开始只有英文版和德文版，双月刊，主要报道混凝土制品新生产技术、生产方法、产品类型以及最新的相关会议和市场信息。读者主要是混凝土及其预制工厂的技术决策者。随着读者群的增加，*Concrete Plant International* 逐渐发展为世界性期刊，2001～2009 年，逐步覆盖了西班牙、意大利、法国、俄罗斯、波兰、葡萄牙、土耳其、中国等国家，已经采用12种语言出版，覆盖170多个国家。这些举措很好地推动了混凝土预制行业的发展，影响力巨大，混凝土制品工业逐步踏上了技术与信息共享发展的快车道。

2. 国内发展概况

我国的水泥工业起始于1889年的唐山启新洋灰公司。1926年，开始采用混凝土电杆。抗日战争时期，在北京、上海及南京生产离心电杆。1938年，日本浅野株式会社在沈阳开设石棉瓦株式会社。随后，天津、吉林也均开始生产石棉瓦。同年，日本大同株式会社在北京、天津建立排水管厂。20世纪40年代，上海等地利用美国砌块成型机生产了水泥炉渣小型空心砌块，但这些工厂的手工劳动强度大，机械化水平低，产量低。

中华人民共和国成立后，我国混凝土制品工业得到蓬勃发展。为适应经济建设的需要，迅速发展起分布于建材、建工、水电、铁道、公路、冶金等各部门的混凝土制品工业。

我国混凝土制品工业的发展经历了以下几个重要时期。

中华人民共和国成立之初至改革开放前期，茁壮成长与蓬勃发展期。中华人民共和国成立初期，随着国民经济建设发展的需要，水泥工业得到恢复和发展，制定了相应技术标准及有关试验方法，建立、扩大了技术队伍，开展了基本技术研究工作及一些新产品的研制推广工作，至1957年混凝土用量增长10倍，建成和发展了一批骨干企业，如北京第一建筑构件厂等，并顺利支援了武汉长江大桥的建设。20世纪50年代后期至60年代中期进一步蓬勃发展，该时期内生产出四大系列水泥，开发了新品种混凝土，采用强度等级较高的混凝土制作了60m预应力屋架，研究了各主要品种混凝土制品及其生产设备和工艺，包括混凝土电杆、轨枕、预应力混凝土管、自应力管、钢丝网水泥船、石棉水泥瓦、玻璃纤维增强水泥制品、砌块等，建立了全湿热、干热和干湿热等各种养护设备及压蒸釜等系列生产线，并及时推广应用，取得了全面性进展。

改革开放开始至20世纪90年代，快速发展期。在改革开放的推动下，混凝土制品工业及技术取得新的重大进展，特别是随着混凝土技术的进步和化学外加剂、矿物外加剂等在混凝土中的应用，商品混凝土逐步推广，混凝土新工艺、新产品层出不穷，技术标准、试验方法及质量保证系统日趋完善，基础理论研究也取得新的进展。同时，引进了一些国外先进的专利技术、关键设备和生产线，如Rocla悬辊法预应力管生产线，Sentab振动挤压法制管生产线，日本的彩色石棉水泥瓦生产线、意大利的水磨石生产线、德国及日本的搅拌机和搅拌楼、德国的纤维增强水泥板9000t压制机，以及早期引进的石膏板、岩棉板及加气混凝土生产线等。对国外引进技术的消化吸收、国产化、改进和提高，很好地推动了我国混凝土制品工业的发展。

　　然而，随着科技进步和行业竞争的加剧，进入 20 世纪 90 年代后，我国既有的混凝土预制构件行业面临严峻挑战，一些技术落后的混凝土预制构件工厂濒临倒闭。混凝土制品行业将要迎接新的历史机遇发展期。

　　21 世纪以来，新的大发展期。2000 年后，世界各国逐步迎来了新的工业产业升级变革和技术革命，我国各行业更是亟须进行产业和技术变革。在这一背景下，我国制定了建筑工业化和绿色化、海绵城市以及高速铁路建设等一系列发展战略，作为基础设施工程建设的重要结构单元和物质基础，混凝土预制构件行业又迎来了新的大发展机遇，各种新型预制构件不断涌现[4,5]，不但很好地实现了新型建筑的美学效果(如图 1.2.1 所示的梅溪湖会议中心)，也在建设效率和质量上体现了优越性，特别是恰逢我国包括高速铁路在内的交通基础设施跨越大发展的时机，混凝土预制构件得到前所未有的发展，尤其是我国铁路混凝土预制构件发展位居国际前列，生产的铁路轨枕达数亿根以上，无砟轨道板数百万块以上。混凝土预制构件生产所具有的质量稳定、生产效率高、工期短以及适合规模化生产等优越性凸显，必将在新的历史时期为我国交通基础设施和建筑工业发展做出新的贡献[6]。

图 1.2.1　74000 块不定形曲面玻璃纤维增强混凝土板制作的梅溪湖会议中心外观

　　随着混凝土与水泥制品迅猛发展，相关管理单位组织成立了全国水泥制品标准化技术委员会，该组织成立于 1992 年，随后不断更新。新组建的委员会包括来自建材、建筑、水利水电、煤炭、市政、交通、通信等行业的科研、设计、质检、生产、应用、高校等领域的代表，有非常广泛的代表性。全国水泥制品标准化技术委员会秘书处挂靠在苏州混凝土水泥制品研究院[7]。

　　全国水泥制品标准化技术委员会在国家标准化管理委员会和中国建筑材料联

合会的领导和指导下，认真贯彻实施标准化法律法规和方针政策，积极开展本领域的标准化工作，对我国水泥混凝土制品领域产业结构的调整，水泥制品行业竞争力的提升，水泥混凝土制品行业产品质量的提高发挥了重要作用。

我国水泥混凝土制品行业标准化工作几十年来形成的 140 多项水泥混凝土制品国家(行业)标准(不包括企业标准)，在我国水泥混凝土制品行业发展中发挥了非常重要的作用。其作用主要包括以下几点：作为市场经济体制的技术支撑，维护了市场经济秩序；作为科技创新成果转化的途径，推动了新技术、新工艺和新装备的推广应用；提升了水泥混凝土制品企业在市场上的竞争能力。

随着技术的进步，新产品、新方法、新手段、新市场需求对标准体系提出更高的要求。随着改革开放的深入，国外跨国公司在我国建厂生产产品的企业越来越多，国外产品进入中国市场的速度越来越快，这就要求我们的标准也应适应市场需求，加快修订的速度。另外，21 世纪技术发展的特点是高新技术的快速发展、学科间的相互渗透交叉，这给本领域技术的发展注入新的生机；同样，也给标准化工作提出新的课题。

1.3 蒸养混凝土技术现状

一直以来蒸养混凝土技术受到相关人员的广泛关注，并取得了很大的进展。实践表明，蒸养混凝土采用的饱和蒸汽或蒸汽与空气混合物这一外部热源介质十分明显地加速了水泥水化反应速率，加速混凝土内部微结构的形成，使其在较短时间内获得需要的物理力学性能，但是在加速混凝土内部微结构形成的同时，热养护时的化学变化、物理化学变化，尤其是物理变化又造成了混凝土宏观、微观结构的破坏，加速混凝土微结构形成的作用和引起混凝土微结构破坏的作用是热养护期间的一对矛盾。为了缓解甚至消除这一矛盾，早在 20 世纪 80 年代之前，苏联学者和我国的吴中伟、钱荷雯、王燕谋、庞强特等学者在水泥混凝土的热养护方面开展了卓有成效的工作，研究了热养护对不同矿物组成水泥水化硬化的影响以及蒸养温度与水泥放热之间的相互影响，提出了适宜的热养护工艺制度等。近年来，国内外不少学者对掺加掺合料的蒸养(高性能)混凝土性能及其内部微结构特征也进一步开展了大量有价值的科研工作[8~14]，这些工作为掌握热养护过程中混凝土体系性能与结构的变化规律、创造有利于加速混凝土微结构形成的条件，并尽量降低微结构损伤破坏程度、提升蒸养混凝土生产质量有非常积极的意义。

1.3.1 蒸养过程中混凝土内的物理化学变化

不同于常温(标准)养护，蒸养过程是从常温到高温再到常温的非稳态的变温过程。由于水泥(包括其他胶凝组分)与水等组成的体系对温度的敏感性，蒸养过程显著影响该体系的物理化学作用，例如，水泥的水化反应速率会随着温度的升高而加快[8]，养护温度升高会缩短诱导期的时间，水化放热速率峰值增加，加速期和减速期时间变短。研究显示，水泥净浆在 45℃条件下的水化放热速率峰值为 25℃条件下的 2 倍左右，60℃条件下的水化放热速率峰值为 25℃条件下的 4 倍左右[9]。当然，养护温度除对水化动力学有显著影响外，也会对水化物相特性有一定的影响[10]。

养护温度升高，水化产物快速生成，其向周围扩散的时间不足，造成水化产物不能有序聚集排列和均匀分布。此外，养护温度越高，水化生成的内部水化硅酸钙(C-S-H)凝胶越致密，造成水分和离子的扩散难度加大，因此养护温度升高会显著提高早期强度的增长速率，但也会导致水泥的最终水化程度降低[11,12]。研究已证实，在较低温度条件下成型和养护的混凝土其内部微结构相对较均匀，而提高养护温度将会导致体系孔隙粗化[13,14]。造成高温养护条件下水泥基材料孔隙粗化的原因是多方面的，例如，高温养护条件下水化快速进行，水化产物来不及扩散是常提到的一个原因。此外，Lothenbach 等[15]通过研究 5~50℃条件下水泥的水化产物、孔溶液以及抗压强度，指出高温养护条件下生成更加密实的内部 C-S-H 以及钙矾石(AFt)向单硫型水化硫铝酸钙(AFm)转变导致毛细孔隙增加是强度降低的主要原因。温度对水化产物的影响主要有两方面：一是影响 C-S-H 凝胶的组成和密实度；二是对 AFt 的影响，在高温条件下，AFm 比 AFt 更加稳定，AFt 会转化为 AFm。Gallucci 等[16]研究指出在 5~60℃范围内最终的水化程度不随着温度而改变。C-S-H 结构变化较少，但随着养护温度的升高会吸附一部分硫酸盐和铝，C-S-H 凝胶的聚合度随着温度的升高会有所提高。通过研究发现 C-S-H 凝胶的表观密度和背散射图片的灰度存在较好的线性相关性，C-S-H 凝胶表观密度的增加和化学结合水降低有关。60℃养护温度条件下 C-S-H 凝胶中的水硅比(H_2O/SiO_2, H/S)比 20℃时低，温度升高，C-S-H 凝胶的凝胶孔变少，凝胶孔隙水变少，从而会造成 60℃条件下的水泥浆体比相同反应程度条件下的 20℃水泥浆体的化学结合水低。Bahafid 等[17]研究了 7~90℃范围内油井水泥水化微结构的变化，发现养护温度从 7℃升至 90℃时 C-S-H 凝胶的堆积密度从 1.88g/cm^3 增加至 2.10g/cm^3，钙硅比(C/S)从 1.93 降至 1.71，水硅比(H/S)从 5.1 降至 2.66，C-S-H 凝胶的层间孔隙减少，相应的 C-S-H 凝胶更加密实。以往主要采用化学结合水含量来表征水化程度，虽然化学结合水与水化程度有较好的线性相关性[18]，但直接用化学结合水表征不同温度条件下的水化程度存在一定误差[10]。此外，阎培渝等[19,20]认为当混凝土内的温度较高(大于 70℃)时，将会发生延迟生成钙矾石(delayed ettringite formation, DEF)的现象。此外，随着温度升高，C-S-H 凝胶对于硫酸根离子以及铝离子的吸附能力越强，温度降低之后 AFm 相也越难以重新转化为 AFt 相[19]。综上所述，随着养护温度升高，一方面水化生成的 C-S-H 凝胶更加致密；另一方面 AFt 转变为在高温条件下更加稳定的 AFm。而这两方面均会导致所生成的水化产物总体积减小，孔隙增多。

显然，蒸养过程中水泥混凝土体系的变化是非常复杂的，以下简析蒸养过程中水泥混凝土体系的物理、化学变化特点。

1. 化学变化

1) 结构形成过程的加速

温度对于一般化学反应的加速作用早已由阿伦尼乌斯证明。同样，水泥体系的水化反应也将随着温度的升高而得到加速[21~25]。克拉夫钦科以测定 $Ca(OH)_2$ 析出量及结合水量的方法证明，与 20℃时相比，80℃时的水化反应加速了 5 倍；100℃则比 20℃时加速了 9 倍。这时水化过程的总规律未发生原则性的变化，只是各水化期的延续时间随温度的升高而缩短。随着养护时间的延长，由于水化屏蔽膜的形成，水分子向未水化水泥颗粒扩散减慢，致使温度对增加水泥水化程度的效果降低。

蒸养过程中，硅酸盐水泥生成的主要水化产物与标准养护时的基本相同。其主要组成包括：以 C-S-H(Ⅰ)及 C-S-H(Ⅱ)为主的 C-S-H 微晶或非晶型的水化硅酸钙、C_3AH_6 及 $C_4AH_{9\sim11}$ 水化铝酸钙、$C_{13}FH_6$ 及 C_4FH_{13} 水化铁酸钙、$C_3A \cdot 3CaSO_4 \cdot 31H_2O$ 水化硫铝酸钙，还有 $Ca(OH)_2$ 晶体；硅酸盐水泥熟料各矿物蒸养时的强度增长规律各不相同。C_3S 及 C_4AF 是蒸养后即获得较高强度的主要矿物，C_2S 则对后期强度起较大作用[26]。

2) 对结构形成的不利因素

水化反应时，介质温度和湿度条件的变化对水化产物的组成及形成过程会产生一定的影响，如熟料矿物的溶解度、液相的浓度及过饱和程度、被溶解的氧化物(CaO、SiO_2、Al_2O_3 等)的比例等。在蒸汽养护条件下，不利于结构形成因素的影响主要表现在水化硅酸盐碱度的提高，例如，水化温度为 20℃时，C/S 为 1.85，水化温度为 50℃、70℃、90℃时，C/S 分别为 2.09、2、1.96。C_3S 在 50℃下硬化时产生高碱度低强度的亚稳中间相，该相在 50℃下静置 3 天转变为 $C_2SH(A)$；在 70~90℃时不产生该亚稳中间相。C_3A 的水化产物在 25~105℃时发生晶型转变，由亚稳六方板状 C_3AH_{12} 变为立方晶体 C_3AH_6，孔隙率增大 25%。这种粗晶结构是蒸汽养护时该相丧失强度的内在原因。但是，C_3A 对 C_3S 的水化有促进作用，三硫型水化硫铝酸钙在 70~110℃ $Ca(OH)_2$ 浓度较低的溶液中，由针状晶转变为单硫型片状晶及石膏。掺入大量石膏则可提高三硫型水化硫铝酸钙在 90℃下的稳定性，但温度超过 100℃时，无论石膏掺量如何，三硫型水化硫铝酸钙均将分解。

2. 物理化学变化

蒸汽养护时，不利于硅酸盐水泥混凝土结构形成的物理化学变化主要表现在以下几方面。

1) 凝胶体密实度增大

据测定，经蒸汽养护的水泥石相对密度比标准养护时增大 15%～20%，这就表明凝胶体的密实度增大。由此推知，水泥颗粒表面的屏蔽膜更厚、更加密实。

2) 后期水化速率减缓

凝胶体密实度的增大以及屏蔽膜的密实增厚，均不利于水化系统的内扩散，即水更难渗透进入未水化的内核，必然影响后期的水化速率及深度[27]。

3) 结晶尺寸变大

根据 Powers 的测定，在室温下硬化 28d 的水泥石比表面积为 210～230m^2/g；经 60～90℃蒸养以后，其比表面积减少 20%～40%；而在 200℃压蒸养护 6h，其比表面积降至 70m^2/g。这表明，湿热养护时水化产物颗粒尺寸增大变粗，分散度降低。而且，恒温加热时间越长，温度越高，新生物的结构也越粗。

水泥石的结构及物理力学性能，不仅取决于水泥的水化程度，而且与新生物粒子的分散度和体积浓度，以及新生物填充水泥石自由空间的程度有关。新生物比表面积越大，体积浓度越高，则颗粒间形成的接触点也必然增多，强度也就越高。因此，新生物粒子的粗化对水泥石强度是不利的；此外，还使水泥石干缩及蠕变减少，弹性增长而塑性降低。

4) 水泥石的结构不均匀

由于蒸汽养护时水化反应加速，形成了水化物浓度较高的区域包裹未水化颗粒并阻碍其水化的状况。例如，20℃时形成浓度均匀的结构，其水化物浓度相当于胶空比为 0.7，相应的强度则较高；而蒸汽养护时，形成了水化物浓度不均匀的结构，其中约 50% 浆体的胶空比为 0.8，其余部分的胶空比为 0.6，后者所对应的低强度区将决定其整体强度。

5) 结晶压力对结构的影响

蒸汽养护在加速凝聚结晶结构形成并使强度快速增长的同时，部分晶体仍在增长，由此而引起的结晶压力使结构内部产生拉应力，这就有可能使结构发生变化和削弱。

6) 亚稳相的解体及变态

此外，还有一些其他的物理化学因素可能造成水泥石结构的缺陷和强度的损失，但由于这些过程极为复杂，对水泥石及混凝土结构的影响尚有待深入研究。

3. 物理变化

新成型的混凝土在热介质的作用下将发生一系列的物理变化。这些物理变化对其结构形成及物理力学性能的影响最为显著，尤其在初始结构强度尚很低、对结构破坏过程抵御能力很小的升温期，结构形成及破坏的矛盾尤为突出。由物理变化造成的混凝土结构损伤程度，集中表现为混凝土在热养护过程中的最大体积变形或养护后的残余变形(体积膨胀)，也可用其孔隙率的变化来表征。现分别对热养护各时期影响混凝土结构形成的物理因素进行定性分析。

1) 升温期混凝土的物理变化

升温期是造成混凝土结构破坏的主要阶段。影响这个阶段混凝土结构形成及破坏的主要物理因素有各组分的热膨胀、混凝土的化学减缩与干燥收缩、热质传输过程等。体积变形就是由这些因素引起的体积变化的综合表现。升温期的体积变形急剧增长，并可能在升温期末及恒温之初达到最大值。然而，升温期的混凝土强度较低，尚不能抵抗各种结构破坏因素所造成的内应力，以致产生大量孔缝，而使结构受到损伤。与此同时，这种受损伤的结构，随着水化作用的进行而趋于稳定，因此降温后体积膨胀不能完全消除，这就造成热养护结束时的残余变形[28]。

(1) 各组分的热膨胀及气相的剩余压力。

新成型混凝土的组分有集料、水、水泥浆及空气(湿空气)，这些组分受热时均会膨胀。在20~80℃，各组分热膨胀系数如下：湿空气为$(700 \sim 9000) \times 10^{-6}℃^{-1}$；水为$(255 \sim 744) \times 10^{-6}℃^{-1}$；水泥石为$(40 \sim 60) \times 10^{-6}℃^{-1}$；集料为$(30 \sim 40) \times 10^{-6}℃^{-1}$。

由于水的热膨胀系数较大，未硬化水泥浆的热膨胀系数可能大于水泥石。可见，在升温期中，水的热膨胀超过固体物料的10倍以上，气相的热膨胀则大于固体物料100倍。因此，气相和液相的热膨胀对混凝土结构的危害最大，混凝土试件受热体积增量的97%是由气、液两相造成的。

若混凝土的含气量为2%~4%，且被液体包裹的气泡充满湿空气，随着气泡的加热，其内部出现了超出介质压力的剩余压力，温度越高，剩余压力越大，在常压湿热养护时，混凝土气孔内剩余压力的理论值为0.065~0.124MPa。在温度梯度的作用下，水分向冷端迁移，使试件中心集中了最高水量。随后，在湿度梯度的作用下，水分又向热端迁移，以致在蒸养开始的4~8h后冷端出现最低负压。由此可知，减缩是造成冷端负压的主要原因。

配比相同的混凝土蒸汽养护时内部压力的变化特征与上述情况类似，即升温期压力上升，恒温期压力下降，只是具体压力值随介质温度、湿度及加热条件不同而异。影响湿热养护时混凝土内部气相剩余压力的主要因素有加热速度及程度、内部及外部热质传输过程及养护条件。加热时试件封闭与否，其水化过程实际上无原则性差异。然而，混凝土内部却产生了不同的剩余压力。因此，可以认为内外传质过程，尤其是传质方向，对剩余压力有较大影响。水分由外向内的传输过程越剧烈，内部气相压力就越大。向内传输的水分试图使混凝土内部受热膨胀的气相封闭住，使其本身受热膨胀的压力与向内部传输膨胀的水分对它的附加压力叠加，形成了超出介质压力的剩余压力。在混凝土初始结构强度较低的阶段，这种剩余压力足以使固体组分产生位移，从而使孔缝增多，密实度降低。当制品较厚时，随厚度的增加而直线增长的混合料静水压力，将阻碍深处气相的膨胀，而表面层则疏松、肿胀、开裂。

(2) 混凝土的化学减缩和干燥收缩。

热养护时水泥-水系统的体积变化，根据起因不同，可分为化学减缩和干燥收缩。化学减缩是指水泥-水系统的总绝对体积在水化反应后出现减缩。减缩的机理有：(颗粒的完全湿润使吸附空气自其表面排出；)由于颗粒表面的湿润及内部孔隙吸附水分，使薄膜水中的定向分子排列得更加紧密；水泥颗粒及水化产物密度不同。影响减缩的因素很多，减缩因矿物成分不同而不同，C_3A 的减缩最大[29~31]；此外，随着水泥活性、细度及水灰比的增加，减缩也将增大。化学减缩可能引起三种结果：整个系统外形尺寸缩小，即结构的自密实和强化；系统内部形成内真空，使系统补充吸收水分；使系统中形成新的孔隙，即减缩孔(过渡孔)。上述三种情况可能同时发生。干燥收缩是指混凝土在低湿介质中水化时由于失水而发生收缩。新成型混凝土中的毛细管充水时，无凹液面形成，毛细管压力为 0，混凝土处于充水湿胀状态。当介质相对湿度降低时，其蒸汽分压低于毛细孔内蒸汽分压时，混凝土的毛细孔蒸发失水并形成凹液面，随着毛细管负压增大，体系即发生收缩；介质相对湿度越小，失水越快，体系内部毛细管形成的负压越大，则产生的收缩也越大；当然，对于自由体系，发生收缩的同时也将使其密实度增大；而对于受到约束的体系，收缩变形使体系内部产生拉应力，导致体系有开裂风险。

(3) 混凝土的热质传输。

混凝土热养护时的加热方法主要有接触加热和模板传热两种。前者是指制品表面与蒸汽直接接触，从而发生对流及冷凝换热；后者，蒸汽与制品无直接换热发生，需经模板传热。热质传输的特征及速度在很大程度上取决于制品表面与介质的接触方式。就热质传输而言，常压与高压湿热养护的不同主要在于有无超压升温阶段及降压冷却阶段，而混凝土在常压升温、恒温及降温阶段中的热物理过程的特征都是较为接近的。

就接触加热时的升温阶段而言，因为新成型混凝土的内部结构尚未定型，所以从热质传输的观点来看，这个阶段既危险又关键，特别是在 10℃ 以下的升温阶段尤为重要。若控制不当，混凝土组分在内部及外部热质传输及内部剩余压力的共同作用下无约束的热膨胀，将使混凝土的结构受到严重破坏。因此快速升温时，常产生较大的破坏作用。水分及气体在混凝土内部的传输使部分孔连通，形成定向孔缝，还使刚形成的晶体骨架遭到一定的破坏。制品在密闭模中进行热养护是用模板传热的典型方法。这时，制品内部的热质传输与载热体的类型及性质无关，也与在饱和蒸汽中的接触加热完全不同。在此条件下，热量以传导的方式由外向内传递。内部的湿迁移对混凝土传热过程的影响比接触加热时小，对于密实混凝土尤其如此。经模板传热时，由于混凝土和介质之间无传质过程发生，而内部的湿迁移对加热过程影响又不大，所以制品的加热时间将比接触加热时长，结构破坏也较小。

2) 恒温期混凝土的物理变化

当介质温度升至给定的最高温度时，即进入恒温养护阶段。随着制品内部温度场趋于均衡，在整个恒温过程中实际上基本稳定不变。恒温过程中，混凝土(制品)表面温度不变，由于水化放热效应使其内部温度仍不断升高，内部水分及气体继续加热膨胀。由于固体骨架的热膨胀比水或气体的小几十至几百倍，所以孔内的压力增大。恒温阶段中，水泥水化反应剧烈地进行着，混凝土的毛细管多孔结构逐渐形成。随着水化反应的进行，减缩也在增加，这也有助于总压力梯度的平衡，所以混凝土气相中的剩余压力也逐渐减小，在一定条件下还可能出现负压，它将使表面的冷凝水在内真空的作用下被吸收。经模板传热的恒温期中，制品截面内的温度、湿度及压力均逐渐趋于均衡，各梯度均渐减小以至消失。由于制品中心的放热反应略迟于表层混凝土，所以在某一时刻制品中心温度可能超过表层温度[32]。

3) 降温期混凝土的物理变化

在降温降压期内混凝土的结构也已定型。这时在其内部发生的物理变化包括：温差的产生、水分的蒸发、体积的收缩及拉应力的出现。一般情况下，制品除蒸发散热外，还由于对流及辐射散热而冷却。釜内介质降压速度越快，对流及辐射散热成分就越少，而蒸发散热的成分则增加，但总的散热量则保持不变。所以，快速降压时，制品最终的含湿量要比慢速冷却时低得多。制品由于蒸发、对流、辐射散热而冷却，毛细管多孔体的干燥理论基本适用于这种情况。当降温过快及蒸发面的蒸发负荷过大时，由此引起的内应力若超过硬化混凝土的极限抗拉强度，也必将引起混凝土的结构损伤。

综上所述，能使混凝土快硬早强的各项措施，如高活性水泥、早强剂、低水灰比干硬性混凝土、强制成型及提高预养温度等，均有助于初始结构强度的提高并减小体积变形。确定养护条件及养护制度时，也应考虑要有利于混凝土的结构形成，并减少结构破坏因素的影响。

1.3.2 蒸养混凝土的体积变形

混凝土在蒸养过程中涉及复杂的物理化学作用，升温过程对混凝土热物理性质有重要影响。浇筑好的混凝土主要包括以下组分：骨料、水泥石、水(液相)以及夹带进的少量气泡等，在 20～80℃时，这几种组分的体积膨胀差异明显，水和气泡的膨胀分别是固体骨料膨胀作用的 10 倍或 100 倍以上。蒸养升温期间，温度变化使混凝土各组分的形态发生改变，尤其是其中的水和气泡易于发生迁移，从而改变原来的位置，并引起正处于凝结硬化过程中的混凝土内部结构发生变化[2]。水、湿空气的热膨胀系数较大，在升温期的破坏作用占主要地位，且如果温度升高至一定程度，一部分水还将转化成气态，加重对混凝土的破坏作用。微观结构研究和生产实践表明，蒸养后的砂浆和混凝土将产生体积膨胀现象，习惯上称为蒸养肿胀变形[33,34]，混凝土的蒸养肿胀变形会对其长期性能及构件质量产生重要影响。

钱荷雯等[33]试验研究表明，蒸养过程中的游离水、空气及其他组分体积膨胀对蒸养后水泥石强度存在显著不利影响，不同预养期的水泥石在蒸养前，其结合水量(水化程度)随着预养期的延长而增加，但经同一蒸养制度的湿热处理后，水泥石的结合水量基本一致，不随预养期长短而变化；水泥石的最终强度与蒸养后的最终水化程度关系不大，而与蒸养前的水化程度密切相关。这主要是因为温度提高后引起了水泥石内部自由水、空气等发生体积膨胀所造成的破坏作用，肿胀变形就是这些物理作用的外在表现。

吴中伟等[34]采用螺旋测微器测量了试件在蒸养恒温温度 100℃ 条件下的肿胀变形，研究表明，砂浆和混凝土初期结构强度为 2MPa 时开始蒸养，其在蒸养过程中产生的肿胀变形(残余变形)最小，同时表明采用二次振捣和蒸养时用外力抑制砂浆及混凝土膨胀等措施，可有效提高蒸养效果并减少试件的肿胀变形。Erdem 等[35]认为蒸养混凝土的预养(静停)时间应为混凝土初凝所需的时间，从而使混凝土不产生过大的肿胀变形，并且有利于蒸养混凝土的后期强度发展。Alexanderson[36]观察到，当预养时间为 4～7h 时，蒸养混凝土的肿胀变形几乎可以忽略，且蒸养混凝土后期强度不会倒缩。

除了上述物理作用产生的体积膨胀，蒸养混凝土还可能因钙矾石产生的膨胀而破坏。此外，DEF 破坏一旦发生，混凝土结构将无法修复，故 DEF 方面的研究一直在工程混凝土研究中引起高度关注[37~40]。Taylor 等[41]对蒸养条件下延迟生成钙矾石的微观结构、化学及膨胀机理等进行了总结和分析。Batic 等[42]采用 X 射线衍射仪(X-ray diffraction, XRD)技术定量分析方法，对不同养护条件下 DEF 进行了研究，认为延迟生成钙矾石的膨胀不仅随着蒸养恒温阶段温度的提高而增大，而且随着蒸养时间的延长而增大。研究表明[43~47]，水中养护混凝土的膨胀比空气中养护的大，即外界水的供应将加速延迟钙矾石的形成。

Odler 等[48]认为延迟钙矾石膨胀的程度与水泥的组成有关,特别是 C_3A 和 SO_3 的含量；水灰比也是影响因素之一，水灰比增加，膨胀值增大。

Escadeillas 等[49~51]认为热养护条件下，硫酸盐的类型对延迟钙矾石生成有重要作用，硫酸钙试验没发生膨胀反应，硫酸钠试验则发生了膨胀反应，原因在于孔溶液的碱度不同，高碱度水平会增加发生延迟钙矾石病害的风险。此外，蒸养混凝土延迟生成钙矾石破坏还与蒸养结束后的常温养护湿度有关。

总体说来[52]，早期养护的最高温度、混凝土集料性质、孔隙率及水泥的 SO_3 含量是影响混凝土延迟生成钙矾石而诱发膨胀的主要原因。为了防止蒸养混凝土发生延迟钙矾石反应而造成体积膨胀，目前，通常采用较低的蒸养恒温养护温度进行预制构件生产。

蒸养混凝土在后期还将表现出一定的收缩和徐变。研究表明[53~55]，混凝土在蒸养后的收缩值要比标养混凝土小，减少程度为 10%～40%，徐变值比标养混凝土可减少 30%～50%。

研究表明，蒸养过程中的一些物理变化对水泥石性能(如强度等)起主导作用，而这些物理作用主要是因为温度提高后引起了水泥石内部自由水、空气等发生体积膨胀所造成的破坏作用，肿胀变形就是这些物理作用的外在表现。蒸养混凝土肿胀变形越大，对其蒸养后性能的损伤作用越强。既有的研究工作主要集中在蒸养制度对蒸养混凝土肿胀变形的影响等方面，有关蒸养过程各阶段混凝土的变形行为以及不同组成(掺加矿物掺合料)混凝土的肿胀变形规律未见系统的研究成果，且有关蒸养水泥基材料肿胀变形的关键控制因素也有待进一步探索。

1.3.3 蒸养混凝土力学性能和耐久性

蒸养混凝土的力学性能和耐久性直接影响预制构件的质量，众多学者对此进行了研究。一般认为，混凝土制品本身的密实度及水化产物的数量对蒸养粉煤灰硅酸盐混凝土的强度影响很大，在混凝土制品密实度基本相同的条件下，水化产物数量越多，则制品强度越高。蒸养制度和胶凝材料组成对蒸养混凝土性能有重要影响[56~58]。混凝土在蒸养之前应尽量静停足够的时间，这样有利于提高混凝土耐久性和强度[35,58]；同时，针对不同胶凝材料组成的混凝土及其技术性能要求，蒸养各阶段的时间、升温速度、降温速度及恒温养护温度都宜通过试验确定，并在蒸养过程中严格控制，以确保获得性能良好的蒸养混凝土。

Kim 等[59~61]分别研究了普通水泥混凝土在 5℃、20℃和 40℃养护条件下的强度变化情况。结果表明，高温养护时混凝土早期强度高，但后期强度发展慢，28d 龄期时蒸养混凝土强度低于常温养护混凝土。

一些学者[62~68]也对比研究了掺加矿物掺合料混凝土与纯水泥混凝土在相同蒸养制度下养护后的性能。结果表明,蒸养纯水泥混凝土的后期强度发展不如较低温度混凝土,而掺用混合水泥或掺加矿物掺合料(如粉煤灰、矿渣、硅灰等),可较好地改善蒸养混凝土的后期强度增进率。Mak 等[69]试验发现,掺加 8% 硅灰的混凝土在早期约 70℃水化后发生了显著的自干燥,影响了后期强度发展。其他试验也表明[70~75],早期较高水化温度对混凝土强度发展的影响与胶凝材料组成类型、取代量和试验条件等因素有关。Yazici 等[76]对 50% 掺量高钙粉煤灰混凝土在不同温度下的性能进行研究,认为大掺量粉煤灰混凝土适合预制构件生产,蒸养加速了 1d 龄期的强度,适合要求快速脱模的工程使用。

Ramezanianpour 等[77]和 Subramanian[78]试验发现,蒸养结束后再置于 65%相对湿度下养护对混凝土强度发展产生较大负面影响。同时,Zhang 等[79]研究表明,水泥中的石膏类型对蒸养混凝土强度和水化有较大的影响。为量化表征蒸养对混凝土强度的影响,Ba 等[80]结合大量试验研究结果,建立了考虑蒸养影响的低水胶比混凝土抗压强度经验模型。总体上看,蒸养制度条件是影响蒸养混凝土抗压强度发展的主要因素。在实践中宜结合蒸养混凝土脱模强度目标要求和具体的材料组成,选择合适的蒸养条件,以尽量减少蒸养条件对混凝土强度发展的不利影响。

由于蒸养条件带来的热效应可能对混凝土耐久性产生不利影响,蒸养混凝土耐久性的研究一直都是人们关注的焦点。20 世纪 60 年代,中国建筑材料科学研究总院进行了蒸养粉煤灰硅酸盐材料和矿渣硅酸盐材料的耐蚀性研究,试验使用的原材料是石灰、砂、粉煤灰和矿渣。结果表明,蒸养粉煤灰和矿渣硅酸盐制品具有比普通硅酸盐水泥制品更好的耐蚀性[81]。水化产物的碱度达到 1.3 时,蒸养粉煤灰硅酸盐混凝土具有很好的碳化稳定性,且制品碳化后强度不会降低[82]。

许多研究和工程实践均表明,纯水泥混凝土经蒸养后的耐久性远不如常温养护条件下的同类混凝土。Detwiler 等[83]的试验表明,在较高温度下养护的纯水泥混凝土对氯离子渗透性的抵抗力明显变差,认为水泥浆体孔结构粗化是主要原因,且养护温度越高,水泥浆体总孔隙率也越大。其后续研究[84,85]表明,复合掺入硅灰和矿渣对混凝土氯离子的渗透性有显著的改善效果,对比发现,在其试验条件下,将混凝土水灰比从 0.50 降至 0.40 对氯离子渗透性的改善效果远不如掺入 5%的硅灰或 30% 的矿渣。还有一些学者进行了相关研究,Hooton 等[86]对掺加硅灰或硅灰矿渣复合的混凝土加速养护的抗氯离子能力进行了研究。刘宝举等[87]和彭波等[88]对高强混凝土抗氯离子渗透性进行了研究。这些均表明掺加矿物掺合料有利于提高蒸养混凝土的抗氯离子渗透性。Ramezanianpour 等[77]认为,虽然掺加粉煤灰、矿渣明显提高了抗氯离子渗透性,但随着矿物掺合料掺量增多,对于湿养护要求更高。

彭波等[88]研究了蒸养制度的技术参数对城市地铁预制管片用高强混凝土抗氯离子渗透、抗碳化耐久性的影响，采用灰色理论研究了不同蒸养参数对混凝土耐久性影响的显著程度，并针对蒸养高强混凝土抗渗性及抗碳化建立了数学模型。研究结果表明，蒸养高强混凝土耐久性主要受升温速度、恒温温度的影响，其次是静养时间和恒温时间。田耀刚等[89]研究了蒸养高强混凝土的碳化性能并提出了其预测模型。

谢友均等[62,87]研究了蒸养混凝土的抗冻性能，认为掺矿物掺合料蒸养混凝土的抗冻性明显优于蒸养普通混凝土。杨全兵[90]研究了蒸养混凝土在冻融循环和除冰盐共同作用下的耐久性，认为蒸养混凝土抗盐冻性能明显低于自然养护混凝土，少量引气剂可改善蒸养混凝土抗盐冻耐久性。

毛细吸水性与混凝土在服役环境中的劣化密切相关，一般可用毛细吸水速率表征混凝土的孔结构及毛细管的张力等。Tasdemir[91]和 Shafiq 等[92]认为蒸养混凝土吸水性随着强度提高而降低，但其对养护条件的敏感性大于强度，尤其对于低强度混凝土。Ho 等[93]研究了蒸养混凝土的毛细吸水性，发现纯水泥混凝土蒸养后的吸水性不及 3d 的标养混凝土，而掺入硅灰后吸水性能明显改善。

综上所述，已有关于蒸养混凝土力学性能的研究成果主要针对其强度指标，对于生产和应用实践中发现的蒸养混凝土脆性较大和易于开裂的问题缺乏较为深入的研究；在蒸养混凝土耐久性研究方面，已有的研究虽已明确蒸养过程将对混凝土性能产生不利影响，但缺乏蒸养对混凝土性能的损伤程度和影响范围的相关定量研究，对蒸养混凝土性能梯度变化的研究尚未见报道，且关于蒸养混凝土性能损伤的理论研究亦不系统。从探索更好改善蒸养混凝土(构件)的微观结构及其耐久性的技术途径来看，目前关于蒸养混凝土结构与性能的研究仍显粗略，需进一步细化及深入。

1.4 存在的问题

如前所述，国内外学者针对蒸养混凝土及其预制构件(制品)已开展了较多的相关研究，也取得了很多成果。然而，在实际生产实践中，蒸养混凝土制品仍然时常存在外观裂损、易脆裂等质量问题，导致其耐久性问题甚至影响结构长期安全服役。这些质量问题的存在与人们仍未完全揭示蒸养混凝土的性能与组成、结构、工艺之间的相互关系密切相关，蒸养混凝土仍有诸多问题亟待进一步研究。

(1) 蒸养过程中混凝土水化、微结构及性能的发展变化未有系统研究。既有针对蒸养混凝土的研究大多侧重于从生产实际需求的角度，寻求改善蒸养混凝土预制构件性能的合理技术工艺措施和混凝土的原材料组成参数。目前对蒸养混凝土这一复杂体系在蒸养热效应与水化放热效应协同作用下，体系内形成的复杂温度场、湿度场与水化反应场及其影响未有深入研究，对该问题的深入探索将有助于揭示蒸养混凝土热损伤的热力学机制。

(2) 蒸养温度对混凝土力学性能特别是断裂性能、动态力学性能的影响研究不足。

(3) 蒸养混凝土多尺度结构特征及其关键影响因素研究亟待深入。

随着建造技术的发展，蒸养混凝土预制构件构造趋于复杂，原材料属性差异大。例如，高速铁路所用的蒸养混凝土预制构件(如轨道板、大型箱梁等)，不仅其混凝土强度等级较高(通常为 C50~C60)、水胶比低、原材料组分多且组分属性差异大，而且构件具有体量大(如典型的 32m 单箱单室箱型截面预应力混凝土简支梁，高 3m，顶板宽约 12m，底板宽约 6m，重量约 900t；CRTSⅢ型蒸养混凝土轨道板，长度为 5.6m，宽度为 2.5m，厚度为 0.2m，重量达 7t，如图 1.4.1 所示)、配筋密集、构造复杂、性能要求高等特点，这些结构设计与材料组成特点对其生产质量控制提出了更高的要求，蒸养工艺对构件质量的影响也将更为显著。

(a) 高速铁路采用的32m箱梁　　　　　　　　(b) CRTSⅢ型轨道板

图 1.4.1　高速铁路蒸养预制梁体及轨道板

1.5　本书主要内容

本书是作者研究团队多年来在蒸养混凝土领域的研究成果的系统总结，旨为阐明蒸养混凝土的基本特性及其与组成、工艺、微结构之间的相关关系，介绍蒸养混凝土热损伤及其抑制基本理论与技术，从而为蒸养混凝土预制构件的安全服役提供技术保障。本书主要内容如下。

(1) 蒸养过程中混凝土的水化行为、微结构的形成与演变规律。

蒸养过程是蒸养混凝土区别于现浇混凝土的主要工艺过程，对蒸养混凝土性能有重要影响。本书通过先进测试分析方法，着重研究蒸养过程中的温度场、肿胀应力以及胶凝材料组分的水化动力学特征，分析蒸养过程中水泥石的物相组成与孔隙结构演变特征，水泥石-骨料、水泥石-钢筋界面过渡区结构特征及其演变行为。这些研究将为理解蒸养混凝土热损伤提供理论依据。

(2) 蒸养混凝土的静动态力学特性。

本书详细介绍了胶凝材料组成、蒸养温度等主要因素对蒸养混凝土抗压强度、抗折强度、静弹性模量、动弹性模量、剪切模量、阻尼比等力学参数的影响，分析了压缩荷载下蒸养混凝土的应力、应变行为，调查了带缺口梁三点弯曲荷载作用下蒸养混凝土的断裂性能，探索了基于霍普金森压杆试验测试的蒸养混凝土抗冲击性能及其应变率效应等。

(3) 蒸养混凝土的变形性能。

针对蒸养混凝土的特点，重点阐述蒸养过程中混凝土的肿胀变形特征及其主要影响因素，提出并建立蒸养混凝土肿胀变形分析模型；同时，通过试验阐明蒸养混凝土的干燥收缩变形和徐变变形。

(4) 蒸养混凝土的耐久性。

蒸养混凝土耐久性一直是各方关注的重点。本书基于典型服役环境条件，主要介绍蒸养混凝土的抗氯离子迁移性能、抗碳化性能及其在酸雨(化学)浸烘(热力学)多重作用下的抗侵蚀性能；同时，阐述蒸养混凝土在冰冻、冻融循环作用下的耐久性。通过本书可对蒸养混凝土耐久性有较为全面的理解。

(5) 蒸养混凝土的热损伤。

在对蒸养混凝土性能与微结构理解的基础上，本书全面介绍了蒸养混凝土热损伤的基本内涵、表现形式、发生机制及抑制方法等内容。

最后，结合混凝土可持续发展要求，本书对蒸养混凝土发展趋势进行展望，对高性能蒸养混凝土、绿色高性能早强混凝土(如免蒸养早强混凝土)的基本特征和技术途径进行了分析。

参 考 文 献

[1] 庞强特. 混凝土制品热养护工艺原理(一)[J]. 混凝土及建筑构件, 1981, 12: 55-56.

[2] 庞强特. 混凝土制品工艺学[M]. 武汉: 武汉工业大学出版社, 1990.

[3] 铁道部丰台桥梁厂, 铁道部科学研究院铁道建筑研究所. 混凝土的蒸汽养护[M]. 北京: 中国建筑工业出版社, 1978.

[4] 杜珂, 张凯, 杨秀文. 预制构件行业的发展现状[J]. 现代制造技术与装备, 2019, (10): 200-202.

[5] 杨秀敏纲, 王勤征, 刘建永, 等. 立体预制·全装配式混凝土结构关键技术的研究[J]. 建筑结构, 2020, 50(S2): 465-472.

[6] 汪加蔚, 谢永江. 中国铁路混凝土制品居国际前列[J]. 混凝土世界, 2010, (2): 18-27.

[7] 奚飞达. 我国水泥混凝土制品标准化工作现状及发展趋势[J]. 混凝土世界, 2010, (2): 72-77.

[8] Palou M T, Kuzielová E, Žemlička M, et al. The effect of curing temperature on the hydration of binary Portland cement[J]. Journal of Thermal Analysis and Calorimetry, 2016, 125(3): 1301-1310.

[9] Han F H, Zhang Z Q, Liu J H, et al. Hydration kinetics of composite binder containing fly ash at different temperatures[J]. Journal of Thermal Analysis and Calorimetry, 2016, 124(3): 1691-1703.

[10] 韩方晖, 刘娟红, 阎培渝. 温度对水泥-矿渣复合胶凝材料水化的影响[J]. 硅酸盐学报, 2016, 44(8): 1071-1080.

[11] Kjellsen K O, Detwiler R J, Gjorv O E. Development of microstructures in plain cement pastes hydrated at different temperatures[J]. Cement and Concrete Research, 1991, 21(1): 179-189.

[12] Patel H H, Bland C H, Poole A B. The microstructure of concrete cured at elevated temperatures[J]. Cement and Concrete Research, 1995, 25(3): 485-490.

[13] Escalante-Garcia J I, Sharp J H. Effect of temperature on the hydration of the main clinker phases in Portland cements: Part I, Neat cements[J]. Cement and Concrete Research, 1998, 28(9): 1245-1257.

[14] Kjellsen K O, Detwiler R J, Gjorv O E. Pore structure of plain cement pastes hydrated at different temperatures[J]. Cement and Concrete Research, 1990, 20(6): 927-933.

[15] Lothenbach B, Winnefeld F, Alder C, et al. Effect of temperature on the pore solution, microstructure and hydration products of Portland cement pastes[J]. Cement and Concrete Research, 2007, 37(4): 483-491.

[16] Gallucci E, Zhang X, Scrivener K L. Effect of temperature on the microstructure of calcium silicate hydrate (C-S-H)[J]. Cement and Concrete Research, 2013, 53: 185-195.

[17] Bahafid S, Ghabezloo S, Duc M, et al. Effect of the hydration temperature on the microstructure of Class G cement: C-S-H composition and density[J]. Cement and Concrete Research, 2017, 95: 270-281.

[18] 阎培渝, 韩方晖. 基于图像分析和非蒸发水量的复合胶凝材料的水化程度的定量分析[J]. 硅酸盐学报, 2015, 43(10): 1331-1340.

[19] 阎培渝, 覃肖, 杨文言. 大体积补偿收缩混凝土中钙矾石的分解与二次生成[J]. 硅酸盐学报, 2000, 28(4): 319-324.

[20] 阎培渝, 杨文言. 模拟大体积混凝土条件下生成的钙矾石的形态[J]. 建筑材料学报, 2001, 4(1): 39-43.

[21] Han F, Zhang Z. Hydration, mechanical properties and durability of high-strength concrete under different curing conditions[J]. Journal of Thermal Analysis and Calorimetry, 2018, 132(2): 823-834.

[22] Zhang Z, Yan P. Hydration kinetics of the epoxy resin-modified cement at different temperatures[J]. Construction and Building Materials, 2017, 150: 287-294.

[23] Han F, Zhang Z, Wang D, et al. Hydration kinetics of composite binder containing slag at different temperatures[J]. Journal of Thermal Analysis and Calorimetry, 2015, 121(2): 815-827.

[24] Long G, Li Y, Ma C, et al. Hydration kinetics of cement incorporating different nanoparticles at elevated temperatures[J]. Thermochimica Acta, 2018, 664: 108-117.

[25] Lin F, Meyer C. Hydration kinetics modeling of Portland cement considering the effects of curing

temperature and applied pressure[J]. Cement and Concrete Research, 2009, 39(4): 255-265.

[26] Taylor H F W. Cement Chemistry[M]. London: Thomas Telford, 1997.

[27] Kjellsen K O, Detwiler R J, Gjorv O E. Backscattered electron imaging of cement pastes hydrated at different temperatures[J]. Cement and Concrete Research, 1990, 20(2): 308-311.

[28] 贺智敏, 龙广成, 谢友均, 等. 蒸养水泥基材料的肿胀变形规律与控制[J]. 中南大学学报 (自然科学版), 2012, 43(5): 1947-1953.

[29] Tazawa E, Miyazawa S. Influence of cement and admixture on autogenous shrinkage of cement paste[J]. Cement and Concrete Research, 1995, 25(2): 281-287.

[30] Geiker M, Knudsen T. Chemical shrinkage of Portland cement pastes[J]. Cement and Concrete Research, 1982, 12(5): 603-610.

[31] Tazawa E, Miyazawa S. Influence of constituents and composition on autogenous shrinkage of cementitious materials[J]. Magazine of Concrete Research, 1997, 49(178): 15-22.

[32] 马昆林, 贺炯煌, 龙广成, 等. 蒸养温度效应及其对水泥基材料热伤损的影响[J]. 材料导报, 2017, 31(12): 171-176.

[33] 钱荷雯, 王燕谋. 湿热处理混凝土过程中预养期的物理化学作用[J]. 硅酸盐学报, 1964, 3(3): 217-222.

[34] 吴中伟, 田然景, 金剑华. 水泥混凝土湿热处理静置期的研究[J]. 硅酸盐学报, 1963, 2(4): 182-189.

[35] Erdem T K, Turanli L, Erdogan T Y. Setting time: An important criterion to determine the length of the delay period before steam curing of concrete[J]. Cement and Concrete Research, 2003, 33(5): 741-745.

[36] Alexanderson J. Strength losses in heat cured concrete[C]//The Swedish Cement and Concrete Research Institute Proceedings, Stockholm, 1972.

[37] 薛君玕. 论形成钙矾石相的膨胀[J]. 硅酸盐学报, 1984, 12(2): 251-257.

[38] Sahu S, Thaulow N. Delayed ettringite formation in Swedish concrete railroad ties[J]. Cement and Concrete Research, 2004, 34(9): 1675-1681.

[39] Shayan A, Quick G W. Microscopic features of cracked and uncracked concrete railway sleepers[J]. ACI Materials Journal, 1992, 89(4): 348-361.

[40] Collepardi M. Damage by delayed ettringite formation--A holistic approach and new hypothesis[J]. Concrete International, 1999, 21(1): 69-74.

[41] Taylor H F W, Famy C, Scrivener K L. Delayed ettringite formation[J]. Cement and Concrete Research, 2001, 31(5): 683-693.

[42] Batic O R, Milanesi C A, Maiza P J, et al. Secondary ettringite formation in concrete subjected to different curing conditions[J]. Cement and Concrete Research, 2000, 30(9): 1407-1412.

[43] Zhang Z Z, Olek J, Diamond S. Studies on delayed ettringite formation in heat-cured mortars II. Characteristics of cement that may be susceptible to DEF[J]. Cement and Concrete Research, 2002, 32 (11): 1737-1742.

[44] Fu Y, Xie P, Gu P, et al. Significance of pre-existing cracks on nucleation of secondary ettringite in steam cured cement paste[J]. Cement and Concrete Research, 1994, 24(6): 1015-1024.

[45] Diamond S, Ong S. Combined effects of alkali-silica reaction and secondary ettringite deposition

in steam cured mortars[J]. Ceramic Transactions, 1994, 40: 79-90.

[46] Pavoine A, Divet L, Fenouillet S. A concrete performance test for delayed ettringite formation: Part I. Optimization[J]. Cement and Concrete Research, 2006, 36(12): 2138-2143.

[47] Famy C, Scrivener K L, Atkinson A. Influence of storge conditions on dimensional change of heat-cured mortars[J]. Cement and Concrete Research, 2001, 31(2): 795-803.

[48] Odler I, Gasser M. Mechanism of sulfate expansion in hydrated Portland cement[J]. Journal of the American Ceramic Society, 1988, 71(11): 1015-1020.

[49] Shayan A, Quick G W. Microscopic features of cracked and uncracked concrete railway sleepers[J]. ACI Materials Journal, 1992, 89(4): 348-361.

[50] Shao Y, Lynsdale C J, Lawrance C D, et al. Deterioration of heat-cured mortars due to the combined effect of delayed ettringite formation and freeze/thaw cycles[J]. Cement and Concrete Research, 1997, 27(11): 1761-1771.

[51] Escadeillas G, Aubert J E, Segerer M. Some factors affecting delayed ettringite formation in heat-cured mortars[J]. Cement and Concrete Research, 2007, 37(10): 1445-1452.

[52] Collepardi M. A state-of-the-art review on delayed ettringite attack on concrete[J]. Cement and Concrete Composites, 2003, 25(4-5): 401-407.

[53] 谢友均. 超细粉煤灰高性能混凝土的研究与应用[D]. 长沙: 中南大学博士学位论文, 2006.

[54] 刘宝举. 粉煤灰作用效应及其在蒸养混凝土中的应用研究[D]. 长沙: 中南大学博士学位论文, 2007.

[55] 贺智敏. 蒸养粉煤灰混凝土在轨枕中的应用研究[D]. 长沙: 中南大学硕士学位论文, 2003.

[56] Erdoğdu1 S, Kurbetci S. Optimum heat treatment cycle for cements of different type and composition[J]. Cement and Concrete Research, 1998, 28(11): 1595-1604.

[57] 张洪, 林宗寿, 童大懋. 不同石膏影响蒸养硅酸盐水泥制品强度的机理研究[J]. 武汉工业大学学报, 1996, 18(4): 14-16.

[58] Tqrkel S, Alabas V. The effect of excessive steam curing on Portland composite cement concrete[J]. Cement and Concrete Research, 2005, 35(2): 405-411.

[59] Kim J K, Moon Y H, Eo S H. Compressive strength development of concrete with different curing time and temperature[J]. Cement and Concrete Research, 1998, 28(12): 1761-1773.

[60] Kim J K, Han S H, Song Y C. Effect of temperature and aging on the mechanical properties of concrete. Part I. Experimental results[J]. Cement and Concrete Research, 2002, 32(7): 1087-1094.

[61] Kim J K, Han S H, Song Y C. Effect of temperature and aging on the mechanical properties of concrete. Part II. Prediction model[J]. Cement and Concrete Research, 2002, 32(7): 1095-1100.

[62] 谢友均, 冯星, 刘宝举. 蒸养混凝土抗压强度和抗冻性能试验研究[J]. 混凝土, 2003, (3): 32-34.

[63] Liu B J, Xie Y J, Li J. Influence of steam curing on the compressive strength of concrete containing supplementary cementing materials[J]. Cement and Concrete Research, 2005, 35(5): 994-998.

[64] Liu B J, Xie Y J, Zhou S Q, et al. Some factors affecting early compressive strength of steam-curing concrete with ultrafine fly ash[J]. Cement and Concrete Research, 2001, 31(10): 1455-1458.

[65] Liu B J, Xie Y J, Li J. Influence of ultrafine fly ash composite on the fluidity and compressive

strength of concrete[J]. Cement and Concrete Research, 2000, 30 (3): 1489-1493.

[66] 贺智敏, 谢友均, 刘宝举. 蒸养粉煤灰混凝土力学性能试验研究[J]. 混凝土, 2003, (8): 25-27, 48.

[67] Balendran R V, Martin-Buades W H. The influence of high temperature curing on the compressive, tensile and flexural strength of pulverized fuel ash concrete[J]. Building and Environment, 2000, 35(5): 415-423.

[68] Wild S, Sabi B B , Khatib J M. Factors influencing strength development of concrete containing silica fume[J]. Cement and Concrete Research, 1995, 25(7): 1567-1580.

[69] Mak S L, Toriit K. Strength development of high strength concretes with and without silica fume under the influence of high hydration temperatures[J]. Cement and Concrete Research, 1995, 25(8): 1791-1802.

[70] Toutanji H A, Bayasi Z. Effect of curing procedures on properties of silica fume concrete[J]. Cement and Concrete Research, 1999, 29(4): 497-501.

[71] Maltais Y, Marchand J. Influence of curing temperature on cement hydration and mechanical strength development of fly ash mortars[J]. Cement and Concrete Research, 1997, 27(7): 1009-1020.

[72] Paya J, Monzo J, Borrachero M V, et al. Mechanical treatment of fly ashes. Part IV. Strength development of ground fly ash-cement mortars cured at different temperatures[J]. Cement and Concrete Research, 2000, 30(4): 543-551.

[73] Zain M F M, Radin S S. Physical properties of high-performance concrete with admixtures exposed to a medium temperature range 20℃ to 50℃[J]. Cement and Concrete Research, 2000, 30(8): 1283-1287.

[74] Escalante-Garcia J, Sharp J H. The microstructure and mechanical properties of blended cements hydrated at various temperatures[J]. Cement and Concrete Research, 2001, 31(5): 695-702.

[75] Aldea C M, Young F, Wang K J, et al. Effects of curing conditions on properties of concrete using slag replacement[J]. Cement and Concrete Research, 2000, 30(3): 465-472.

[76] Yazici H, Aydin S. Effect of steam curing on class C high-volume fly ash concrete mixtures[J]. Cement and Concrete Research, 2005, 35(6): 1122-1127.

[77] Ramezanianpour A A, Malhotra V M. Effect of curing on the compressive strength, resistance to chloride-ion penetration and porosity of concretes incorporating slag, fly ash or silica fume[J]. Cement and Concrete Composites, 1995, 17(2): 125-133.

[78] Subramanian N S V. Steam curing practice in the production of concrete sleepers: A study[J]. Indian Concrete Journal, 1996, 70(8): 435-440.

[79] Zhang H, Lin Z S, Tong D M. Influence of the type of calcium sulfate on the strength and hydration of Portland cement under an initial steam-curing condition[J]. Cement and Concrete Research, 1996, 25(10): 1505-1511.

[80] Ba M F, Qian C X, Guo X J, et al. Effects of steam curing on strength and porous structure of concrete with low water/binder ratio[J]. Construction and Building Materials, 2011, 25(1): 123-128.

[81] 童雪莉, 廖彩鸿. 蒸汽养护的粉煤灰硅酸盐材料及矿渣硅酸盐材料的耐蚀性研究[J]. 硅酸盐学报, 1963, 2(1): 40-47.

[82] 建筑科学研究院建筑材料室. 蒸养粉煤灰硅酸盐混凝土的水化产物、强度和碳化稳定性[J]. 硅酸盐学报, 1964, 3(2): 128-142.

[83] Detwiler R J, Kjellsen K O, Gjorv O E. Resistance to chloride intrusion of concrete cured at different temperatures[J]. ACI Materials Journal, 1991, 88(1): 19-24.

[84] Detwiler R J, Fapohunda C A, Natale J. Use of supplementary cementing materials to increase the resistance to chloride ion penetration of concretes cured at elevated temperatures[J]. ACI Materials Journal, 1994, 91(1): 63-66.

[85] Cao Y J, Detwiler R J. Backscattered electron imaging of cement pastes cured at elevated temperatures[J]. Cement and Concrete Research, 1995, 25(3): 627-638.

[86] Hooton R D, Titherington M P. Chloride resistance of high-performance concretes subjected to accelerated curing[J]. Cement and Concrete Research, 2004, 34(9): 1561-1567.

[87] 刘宝举, 谢友均. 蒸养超细粉煤灰混凝土的强度与耐久性[J]. 建筑材料学报, 2003, 6(2): 123-128.

[88] 彭波, 胡曙光, 丁庆军, 等. 蒸养参数对高强混凝土抗氯离子渗透性能的影响[J]. 武汉理工大学学报, 2007, 29(5): 27-30.

[89] 田耀刚, 彭波, 丁庆军, 等. 蒸养高强混凝土的碳化性能及其预测模型[J]. 武汉理工大学学报, 2009, 31(20): 34-38.

[90] 杨全兵. 蒸养混凝土的抗盐冻剥蚀性能[J]. 建筑材料学报, 2000, 3(2): 113-117.

[91] Tasdemir C. Combined effects of mineral admixtures and curing conditions on the sorptivity coefficient of concrete[J]. Cement and Concrete Research, 2003, 33(10): 1637-1642.

[92] Shafiq N, Cabrera J G. Effects of initial curing condition on the fluid transport properties in OPC and fly ash blended cement concrete[J]. Cement and Concrete Composites, 2004, 26(4): 381-387.

[93] Ho D W S, Chua C W, Tam C T. Steam-cured concrete incorporating mineral admixtures[J]. Cement and Concrete Research, 2003, 33(4): 595-601.

第 2 章 蒸养过程中混凝土内部温度场
及其效应

混凝土预制构件一般要求混凝土达到较高的早期强度，以缩短脱模时间，加快模具周转，提高生产效率。提高混凝土早期强度的方法较多，我国高速铁路工程结构中的轨枕、轨道板和预应力梁等混凝土结构构件，主要采用蒸汽养护的方法进行工业化生产[1]。早期蒸汽湿热养护极大地提高了蒸养混凝土的早期强度，同时也带来了后期性能不足与耐久性差等问题[2,3]，蒸汽养护过程中的温度变化是导致蒸养混凝土性能演变特征产生变化的主要原因[4,5]。因此为了揭示蒸养混凝土性能演变的特征及其机理需首先开展温度场特征的研究。

养护温度和湿度对混凝土水化和性能均有较为显著的影响，如水化速率、凝结时间、水化物相微结构、收缩特性以及宏观力学性能与耐久性等[6~11]。为了研究蒸养混凝土微结构与性能的演变特征及其机理，首先需要厘清其温度场和湿度场的发展规律。在蒸汽养护和水化的共同作用下，蒸养混凝土早期内部温度和湿度变化十分复杂：一方面，蒸养混凝土的温度场受水泥水化放热和高温蒸汽两个热源共同控制；另一方面，高温蒸汽作用下，混凝土表层及内部水化过程存在一定的区别，导致混凝土中各部分水分消耗不一致，且蒸养混凝土裸露的表面与高温蒸汽之间存在湿热交换。在上述作用下，蒸养混凝土的温度场和湿度场变化比普通养护的混凝土更加剧烈，其过程也更加复杂。

与常温养护的普通混凝土不同，蒸养混凝土是在混凝土成型几小时内即采用蒸汽对其进行湿热养护。蒸养过程分为升温、恒温和降温等阶段，蒸养过程中蒸汽与混凝土之间进行热质交换，混凝土内水泥受到外部高温的影响会加速水化过程；同时，水化作用的放热效应促使温度升高而又进一步加速水化过程，混凝土由最初的液、气、固三相共存的塑性体逐渐形成体积相对稳定的硬化体。显然，蒸养过程中混凝土内部的温度变化非常复杂，不仅受到蒸汽温度的影响，而且受到混凝土内含湿状态(热传导性能)、水化放热速率等影响[12,13]，蒸养温度与水化放热升温相互交织影响混凝土内的温度变化，目前这方面的研究成果主要是针对现场浇筑的大体积混凝土[14~17]，而针对蒸养混凝土的研究较少，特别是蒸养情况下边界条件的选取和蒸养过程中混凝土材料特性随时间变化的关系等，相关的理论与模型研究还有待进一步完善。基于上述内容,本章通过现场试验、室内试验以及理论分析和数值模拟等方法,开展蒸养过程中混凝土内部温度场及其效应的研究。

2.1　现场实体构件的温度场

以某铁路客运专线实际施工现场为例,对高速铁路 32m 混凝土预制箱梁、CRTSⅢ型轨道板内部温度场进行测试,分析实际条件下外部热源对混凝土内部温度场的影响规律。

2.1.1　预制箱梁梁体典型部位温度分布

1. 梁体基本情况简介

所选 32m 预制箱梁截面类型为单箱单室等高度简支箱梁,各典型部位的尺寸见表 2.1.1。

表 2.1.1　32m 箱梁各典型部位的尺寸　　　　　(单位: mm)

梁长	梁高	梁宽		顶板厚度		腹板厚度		底板厚度	
		梁顶	梁底	跨中	梁端	跨中	梁端	跨中	梁端
32600	3035	12600	5500	300	610	450	1050	280	700

梁体采用强度等级为 C50 的混凝土进行浇筑。调研发现,预制箱梁、预制轨道板现场生产质量总体较好,仅少数预制混凝土构件局部存在色泽差、气泡孔、微细裂缝等传统缺陷。同时,在预制混凝土构件脱模放置堆场后,这些微细裂纹等缺陷会发生扩展。从现场持续半年调研来看,预制箱梁的腹板、倒角、翼缘板外侧、底板上表面等局部区域处存在的微裂缝有进一步扩展的趋势,有必要采取措施消除此类不利影响。

2. 温度测点布置

本次调研正值夏天,中午气温可达 40℃,预制箱梁采用现场自然养护,作者课题组针对该养护条件下的混凝土温度场进行了现场监测。预制箱梁梁体的温度测点布置如图 2.1.1 和图 2.1.2 所示,各截面分别布置 9 个测点。图 2.1.3 是箱梁梁体内部钢筋骨架及各温度测点布置位置。测点布置重点考虑最不利温差位置处,并结合构件的结构特点。

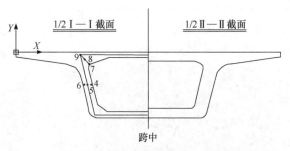

图 2.1.1　箱体跨中截面温度传感器布置位置及编号

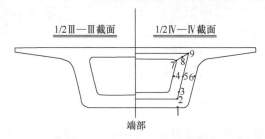

图 2.1.2　箱体端部截面温度传感器布置位置及编号

(a) 现场布置温度测试传感器

(b) 布置的传感器位置

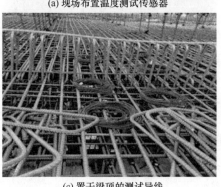

(c) 置于梁顶的测试导线

(d) 梁体钢筋整体框架

(e) 装模后外观整体照片及测点位置

图 2.1.3　箱体各温度测点布置位置

3. 温度测试结果

温度数据从梁体浇筑混凝土开始，每隔 10min 测量一次，所得数据通过整理，结果如图 2.1.4 和图 2.1.5 所示。从图 2.1.4 和图 2.1.5 可以看出，梁体内各测点温度在混凝土浇筑后 12~15h 内迅速上升，温度最高可达 76℃。不同部位的温度有所不同，例如，梁体跨中 6 号测点位置的最高温度为 55℃，而此时 8 号测点位置的温度却已达到 76℃，两点温度差为 21℃。主要原因是混凝土预制梁生产正值盛夏，天气较为炎热，从所测环境温度可知，中午温度已达到 40℃；显然，在此环境下进行混凝土梁的预制生产，宜在高温时段采取有力的覆盖洒水降温措施，避免表面温度过高；另外，也有必要采取一定的降温工艺措施，使混凝土内部温升不至于过高。从整体上看，越靠近表层的测点(如跨中 4 号、6 号；端部 1 号、4

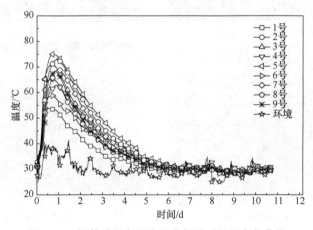

图 2.1.4　梁体端部各测点温度场随时间的变化曲线

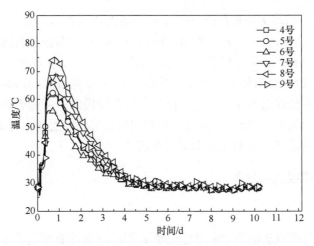

图 2.1.5　梁体跨中部位温度场随时间的变化曲线

号、6 号)，其温升越小；混凝土层越厚，越靠近内部的测点(如跨中 5 号、8 号、9 号；端部 5 号、8 号、3 号)，其温升越大。相较于温度升高的过程，混凝土内温度下降的则较为缓慢，从最高温度下降至环境温度需要 4~5d。

4. 测点应变

在进行梁体温度场测量的同时，也选取几个典型部位对混凝土浇筑及养护过程中梁体内应变值的变化进行测量，应变测量采用的是振弦式应变仪，埋设位置位于梁体端部，同图 2.1.1 中 7~9 号温度传感器埋设位置一致。所测得的应变值随时间的变化曲线如图 2.1.6 所示。

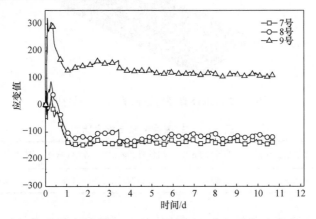

图 2.1.6　梁体端部 7~9 号测点应变值随时间的变化曲线

从图 2.1.6 可知，混凝土梁体端部 9 号测点处在混凝土浇筑养护过程中以拉应变为主，7 号、8 号测点则主要表现为压应变。在混凝土温度升高的前 12~15h，

7~9号测点应变值均为正值(拉应变),且不断增大。9号测点的最大应变为300μm,8号和7号测点的最大应变则分别为100μm和40μm。而在随后温度降低的过程中,应变值开始减小,9号测点应变逐渐减小至130μm,8号和7号测点的应变则由正值逐渐变为负值(即由受拉变为受压),分别降至–100μm和–140μm。说明预制梁混凝土在浇筑过程中,由于不同位置散热快慢的不同造成的温度梯度导致混凝土局部应变的非一致性。产生这种非均匀应变将导致混凝土内部应力不一致、不协调,从而可能导致混凝土内部形成损伤。

2.1.2 预制轨道板温度分布

1. 简介

以 CRTSⅢ型轨道板为对象进行温度场测试。CRTSⅢ型轨道板为双向先张法预应力混凝土轨道板,是我国具有完全自主知识产权的新型轨道板结构,横向设置单排直径为ϕ10mm 的螺旋肋预应力钢丝,纵向设置双排直径为ϕ10mm 的螺旋肋预应力钢筋连接成整体。轨道板设置 9 对承轨台,其纵向间距为630mm,中间对称分布 3 个自密实混凝土填充层灌注及检查孔,如图 2.1.7 所示。采用C60 混凝土、CRB550 级ϕ8mm、ϕ12mm 钢筋以及 HPB300 级ϕ16mm 钢筋,通过在高精度的钢模中完成预应力筋张拉后浇筑混凝土,经过蒸养、放张、脱模、封锚及入水养护等环节制成。轨道板混凝土配合比见表 2.1.2。轨道板生产采用的蒸养制度如图 2.1.8 所示。

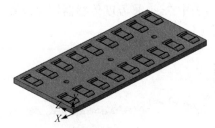

图 2.1.7 CRTSⅢ型轨道板平面结构示意图

表 2.1.2 轨道板混凝土配合比

水泥/(kg/m³)	粉煤灰/(kg/m³)	细骨料/(kg/m³)	粗骨料/(kg/m³)	水/(kg/m³)	减水剂/(kg/m³)	水胶比
366	65	690	1174	125	4.31	0.29

试验根据轨道板面板结构特点选取了几个关键部位共布置 10 个温度传感器(1~10 号)和 3 个振弦式应变计(11~13 号,同时可测温度)采集相关试验数据,传感器的布置如图 2.1.9 所示。其中,温度传感器均布置在沿板厚方向的中间位置。

除 9 号、10 号传感器外,其他温度传感器与板边缘的距离均为 160mm(绑扎在构造钢筋上),7 号、9 号、10 号传感器沿板长方向布置,间距为 220mm(绑扎在构造钢筋上);应变传感器沿板厚方向垂直布置,其中 12 号在板正中心位置,11 号、13 号分别在其上下 50mm 间距处。图 2.1.10 是 CRTSⅢ型轨道板钢筋骨架及现场布置传感器。

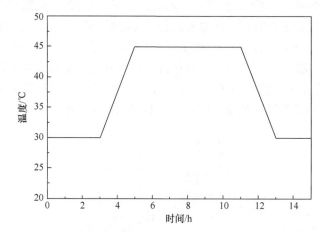

图 2.1.8　轨道板生产采用的蒸养制度

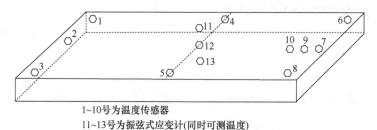

1~10 号为温度传感器
11~13 号为振弦式应变计(同时可测温度)

图 2.1.9　传感器布置示意图

图 2.1.10　CRTSⅢ型轨道板钢筋骨架及现场布置传感器

2. 实测结果

1) 温度场

各测点温度随浇筑时间的变化曲线如图 2.1.11 所示。从图 2.1.11 中可以看出，轨道板从浇筑到蒸养再到入水养护的过程中，内部温度发生了剧烈变化。整体上均呈现温度先快速升高后迅速下降直至入水后趋于稳定的变化趋势。温度的变化主要集中在浇筑后的 24h 内，即蒸养过程及蒸养后置期，其中板芯部位(如 12 号)的最大温升为 20.5℃，表层位置(如 1 号、3 号、6 号、8 号)由于热量更容易向环境中传递，最大温升仅为 13.5℃。分析 11～13 号位置的温度变化(图 2.1.12)可知，11～13 号位置的温度随时间的变化趋势基本一致，说明轨道板混凝土在沿厚度方向基本上没有明显的温度梯度。图 2.1.13 和图 2.1.14 列出了沿板长方向分布的几

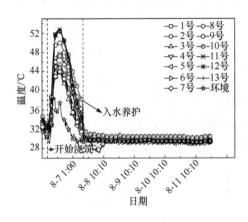

图 2.1.11　各测点温度随浇筑时间的变化曲线

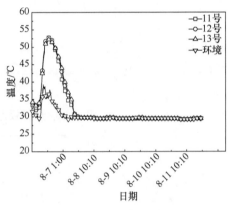

图 2.1.12　沿板厚方向测点温度的比较

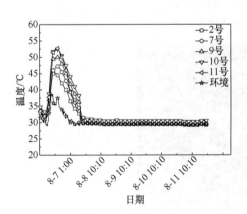

图 2.1.13　沿板长方向测点温度的比较

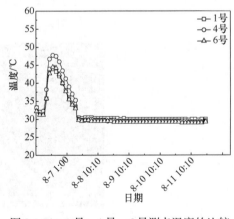

图 2.1.14　1 号、4 号、6 号测点温度的比较

个测点温度随浇筑时间的变化情况。比较各测点在同一时刻的温度可知，在入水养护之前，混凝土沿板长方向出现了一定的温度梯度。离板芯越近，混凝土温度越高，最高温度可达 53℃(如 11 号)，其次是 10 号测点、9 号测点，最高温度达到 52.5℃和 50℃，离板边缘最近的 2 号测点和 7 号测点最高温度则相对较低，分别只有 45℃和 47℃。1 号、4 号、6 号位置同样如此，且 1 号、6 号位置的温度场变化基本一致，说明轨道板混凝土温度场呈对称分布。图 2.1.15 展示了混凝土沿板宽方向上的几个测点的温度变化，从图中可以看出，混凝土在沿板宽方向也表现出一定的温度梯度。

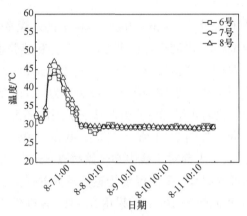

图 2.1.15　沿板宽方向测点温度的比较

2) 应变

图 2.1.16 所示为振弦式应变计测得的轨道板板芯处 3 个测点在混凝土浇筑、蒸养、静置、入水养护过程中应变值的变化。从图 2.1.16 中可以看出，在整个过程中，混凝土应变为负值(即压应变)，其中在预应力筋放张时，应变还产生了两次突变。混凝土的压应变值在蒸养过程中(前 12h)是逐渐增大的，且不同位置在同一时刻的应变是不同的，即混凝土内部的局部应变是不均匀的。

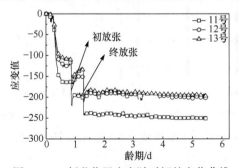

图 2.1.16　板芯位置应变随时间的变化曲线

2.2　室内模拟试验试件的温度场

上述对现场实体构件温度场进行了测试。以下进一步通过室内模拟试验研究蒸养过程对混凝土内温度场的影响。由于蒸养过程中骨料相不参加水化反应，为了更显著地获得蒸养过程对水泥基材料内部温度及水化过程的影响，以下去除混凝土中的骨料，采用基准水泥(去除掺合料的影响)成型净浆试件(水泥：水=1：0.3，质量比)进行试验。

在实验室分别制作尺寸为 40cm × 40cm × 40cm 的水泥净浆试件 2 个，一个采用蒸养，另一个采用标养，以用于对比研究标养条件和蒸养条件下试件内部的温度变化特征。此外，还设计了边长分别为 30cm、20cm 和 10cm 的立方体试件，用于探究不同试件尺寸对温度效应的影响。以边长为 40cm 的立方体试件为例说明温度传感器的布置，沿着水平和垂直方向从表层到内部每隔 5cm 布置一个温度传感器，进行温度测量，如图 2.2.1 所示。其余 30cm、20cm 和 10cm 立方体试件沿试件的垂直方向，从上表面对角线中心开始每隔 5cm 布置一个温度传感器，图 2.2.2 为温度监测过程照片。采用温度传感器及数据采集系统进行数据的测量和采集，温度数据采集间隔为 10min，采用 MATLAB 软件绘制典型时间的温度分布云图。

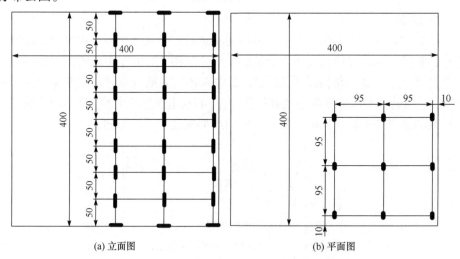

(a) 立面图　　　　　　　　　　(b) 平面图

图 2.2.1　40cm 立方体温度传感器布置立面图和平面图(单位：mm)

图 2.2.2　蒸养试件温度监测过程

2.2.1　养护制度的影响

1. 蒸养

图 2.2.3 为蒸养过程中 40cm 立方体试件的温度分布云图,选取蒸养过程中的四个典型时间节点,分别为静停期结束时(2h)、升温期结束时(4h)、中心温度最高时(7h)、恒温期结束时(12h)。

由图 2.2.3(a)可知,静停期结束时,即试件成型后 2h 时,试件内部温度变化不大,试件中心和表层温度相差在 3℃以内,温度约为 30℃。由图 2.2.3(b)可知,静停期结束后开始升温,2h 内蒸养温度匀速上升至 60℃,此时试件成型约 4h,在此阶段试件内外出现了明显的温度变化。立方体试件的棱边和表层的温度较高,其中棱边最高温度约 75℃,表层的最高温度约 65℃,试件中心温度也升至 45℃,试件内外最大温差约 30℃;图 2.2.3(c)为恒温结束时(12h)试件内部的温度分布云图,由图 2.2.3(c)可知,当升温结束时,内部中心温度最高,约 120℃,而表层温度约 100℃,试件温度转变为内部高,表层低,但是由于蒸养作用,试件周围温度较高,所以整个试件温度也较高。图 2.2.3(d)为试件中心出现最高温度时的温度分布云图,由图 2.2.3(d)可知,蒸养过程中试件中心温度出现最高温度大约在试件成型后 7h,即恒温期开始后 3h,中心温度最高达 135℃,与此同时,表层温度也达到约 110℃,内部温度较表层温度高约 25℃。

试件刚成型时,水泥水化速率较慢,试件内热量积累较少,外部暂无热量传入,因此静停期(0～2h)试件内各处温度无明显升高(图 2.2.3(a)),试件内部和表层

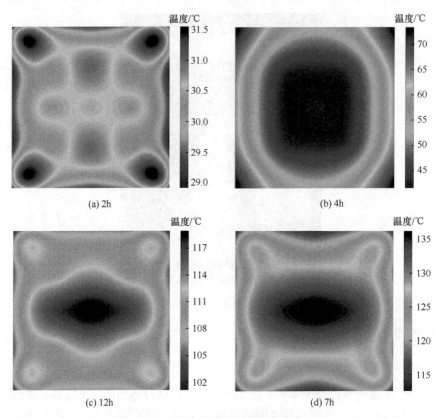

图 2.2.3 试件在蒸养过程中温度分布云图

之间的温度差不显著。升温期(2～4h)蒸养箱内开始加热(图 2.2.3(b))，试件的各棱边和表层首先受到高温蒸汽的加热，此时表层在高温和高湿作用下，水化速率快，并释放大量水化热，在蒸汽加热与水泥水化放热的共同作用下，棱边和表层的温度迅速升高，且各棱边两侧受热，其温度升高最快。试件的外表面在高温蒸汽和水化放热的共同作用下，温度迅速升高。在升温期，外部热量向试件内部传递，由于水泥基材料导热系数较小，试件内部中心处受高温蒸汽的影响不显著，试件中心的热量主要来自水泥水化释放的水化热。当蒸养箱内温度升至(60±5)℃后，进入恒温期(4～12h)(图 2.2.3(c))，此时，周围的热量逐渐传入试件内部，在自身水化热和外部传入热量的共同作用下，试件中心处的温度迅速升高，并在恒温约3h 时达到蒸养过程中温度的最大值(图 2.2.3(d))。随着水化反应的进行，试件内部温度逐渐升高，当内部温度高于表层温度时，热量由内部向表层传递，因此在蒸养过程中，试件表层始终处于高温状态。

2. 标养

在标养条件下，边长为 40cm 立方体试件内部不同时间的温度分布云图如图 2.2.4 所示。为对应蒸养试件，选取标养 7h、标养 9h(中心温度最高)、标养 12h 以及标养 24h 作为典型时间节点。由图 2.2.4 可知，在整个标养过程中，试件内部温度始终高于外部。由图 2.2.4(a)可知，在试件成型 7h 时，水泥已经释放出较多水化热，试件内部温度达到 110℃，而表层温度约 65℃，内部较表层温度高约 45℃。由图 2.2.4(b)可知，在标养 9h 时，试件内部温度达到最大值 125℃，而表层温度也升高至 90℃，内部比表层温度高约 35℃。由图 2.2.4(c) 和(d)可知，当标养时间为 12h 和 24h 时，内部和表层温度较标养 9h 时均有一定降低。

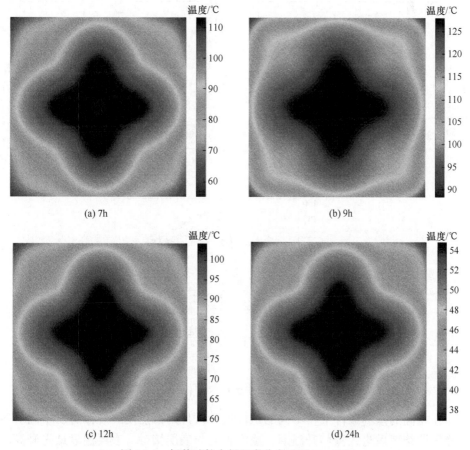

(a) 7h　　　　　　　　　　　(b) 9h

(c) 12h　　　　　　　　　　　(d) 24h

图 2.2.4　标养试件内部温度分布云图(0～24h)

在标养过程中，由于试件成型后即进入温度(20±2)℃、相对湿度 100% 的环境中，外界环境几乎没有向试件内部传递热量，所以试件温度升高主要是水泥水化释放的水化热。不同养护条件下，水泥基材料温度时空变化的测试结果表明，蒸养过程对试件温度时空分布具有重要影响，首先是由于外部热量的传递，表层温度高于内部，之后随着水化放热，试件内部温度逐渐高于表层，但是表层仍然处于较高的温度状态。标养过程中，由于无外部热量向内部传递，试件内部温度始终高于表层。

2.2.2　试件尺寸的影响

图 2.2.5(a)、(b)、(c)分别为不同尺寸立方体试件在蒸养过程中不同位置温度的变化曲线。图 2.2.6 为蒸养过程中试件中心与表层的温度差变化曲线。

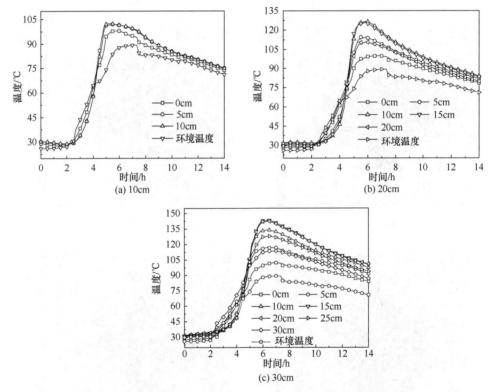

图 2.2.5　蒸养过程中不同尺寸立方体试件竖向中心温度变化曲线

在相同的蒸养条件下，不同的试件尺寸试件内部热发展规律有所不同。蒸养静停期结束后进入蒸养升温期，蒸汽首先与表层接触，表层温度最先升高。随着表层温度高于内部，温度逐渐传入内部。温度升高将加速水泥的水化进程。经过水化热测试，相对于 20℃养护条件，60℃养护条件下水泥总的水化放热量无显著区别，但水化诱导期会缩短，同时最大的水化放热速率是 20℃条件下的 4～5 倍[18]。与此同时，混凝土是不良的导热材料。水化释放的热量迅速累积，从而造成试件内部温度迅速升高。随着试件内的温度超过蒸养室内设置的最高温度(60℃)，使试件温度升高的主导作用的是水泥自身的水化放热。随着试件尺寸增大，蒸养的升温阶段对内部的影响变小，但随着单个试件的水泥用量增加以及内部热量难于向外散失，使得试件能达到的峰值温度有一定的升高。

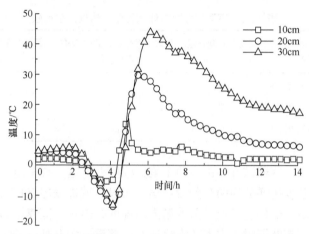

图 2.2.6　蒸养过程中不同尺寸立方体试件中心和表层的温度差变化曲线

　　如图 2.2.5(a)、(b)、(c)所示，尺寸为 10cm、20cm、30cm 的立方体试件在蒸养过程中的峰值温度分别为 102℃、127℃、143.5℃，达到峰值温度的时间分别为 5.28h、5.72h、6.34h。10cm 立方体试件不同位置的温度曲线较为接近。但随着尺寸的增加，20cm 和 30cm 立方体试件不同位置处的温度曲线存在明显的差别。试件表层，温度最先升高，但由于直接接触环境，热量散发较快，最终所达到的峰值温度最低。埋置于中心的温度传感器，初始受蒸汽的影响小，但由于内部热量难以散失，最终达到的峰值温度最大。由图 2.2.5(a)、(b)和(c)可知，10cm 立方体试件中心和表层的温度差别较小，但随着试件尺寸增加，中心和表层温度的差异逐渐增大。

　　图 2.2.6 为上述不同尺寸立方体试件在蒸养过程中中心和表层的温度差随时间的变化曲线。由图可知，在静停期(0～2h)，内外温度分布差异不大，在 5℃以内；升温期(2～4h)，随着蒸养升温，表层温度最先升高，内部温度低于表层；恒温期(4～12h)，随着水泥水化快速进行，水化热在试件内部迅速累积，内部温度快速升高，并高于表层，水泥水化经过加速期和减速期，水泥水化速率逐渐降低，经过一段时间的热量传导，内外温度差异逐渐减小。随着试件尺寸增大，中心与表层的温度差也有变大的趋势，且在升温期表层温度大于中心温度，恒温期开始

后不久，中心温度迅速超过表层温度。

表 2.2.1 为不同尺寸立方体试件中心峰值温度比较。由表可知，立方体试件分别在升温期和恒温期出现两次最大温度差。10cm、20cm 及 30cm 的立方体试件在蒸养过程中的最大温度差分别为 15.2℃、29.4℃ 及 43.2℃，最大温度差随着试件尺寸的增大而增加。其主要原因是，试件的尺寸越大，在试件内部产生的热量越多，且热量更难以向外传导。

表 2.2.1 不同尺寸立方体试件中心峰值温度比较

试件边长/cm	中心峰值温度/℃	中心温度达到峰值所需时间/h	最大温度差(内部温度<表层温度)/℃	最大温度差(内部温度>表层温度)/℃
30	143.5	6.34	13.8	43.2
20	127.0	5.72	14.3	29.4
10	102.0	5.28	6.4	15.2

由上述可知，蒸养试件会出现两个最大温度差。这主要是由于立方体试件和蒸养箱之间的温度传递分为两个阶段：第一阶段，试件表层热量向中心传递，蒸养箱处于升温期，试件温度低于蒸养箱内的温度，热量从蒸养箱通过试件表面向试件内部传递；与此同时，水泥的水化速率随着温度的升高而加快，在蒸养和水泥水化热的协同作用下表面温度迅速升高。此时，表层温度高于内部，热量由外层向内传递；第二阶段，试件内部热量向表层传递；进入恒温期后，水泥快速水化释放大量热，内部温度逐渐高于表层，热量由内向外传递。

2.3 温度场及温度应力的数值模拟

试件内部温度分布的不一致性将导致温度应力产生。蒸养过程中混凝土内部的温度场变化较为复杂，因此，本节进一步采用数值模拟方法对蒸养过程中混凝土内部的温度应力进行分析。

2.3.1 傅里叶热传导方程

混凝土在蒸养过程中，受到外部热源和内部水化反应放热的双重作用，温度场是不断发生变化的。因此，混凝土在蒸养过程中的温度场分析是一个三维瞬态的热传导问题。在进行有限元分析时，首先假设混凝土是各向同性的均质体。取混凝土中的一个微元体，如图 2.3.1 所示，根据热平衡原理，任一微小时间段 dt 内，物体内任一微元体所积蓄的热量等于传入该微元体的热量与微元体内热源所产生的热量之和。假设微元体在 dt 内，温度由 T 变化为 $T+\dfrac{\partial T}{\partial t}dt$，则相应所积蓄的热量 Q 可由式(2.3.1)计算得到：

$$Q=c\rho dxdydz\frac{\partial T}{\partial t}dt \tag{2.3.1}$$

式中，c 为混凝土的比热容；ρ 为混凝土的密度；T 为温度；t 为时间。

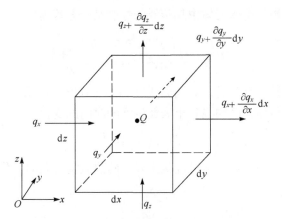

图 2.3.1　混凝土微元体热传导分析示意图

同一时间内，微元体沿 x 轴方向传入和传出的热量之差，即净热量满足式(2.3.2a)：

$$\Delta Q_x = q_x dydzdt - \left(q_x + \frac{\partial q_x}{\partial x}dx\right)dydzdt = -\frac{\partial q_x}{\partial x}dxdydzdt \tag{2.3.2a}$$

式中，ΔQ_x 为微元体沿 x 轴方向净热量；q_x 为沿 x 轴方向的热流密度。

类似地，沿 y 轴和 z 轴方向的净热量为

$$\Delta Q_y = -\frac{\partial q_y}{\partial y}dxdydzdt \tag{2.3.2b}$$

$$\Delta Q_z = -\frac{\partial q_z}{\partial z}dxdydzdt \tag{2.3.2c}$$

即传入微元体的净热量为

$$\Delta Q = -\left(\frac{\partial q_x}{\partial x} + \frac{\partial q_y}{\partial y} + \frac{\partial q_z}{\partial z}\right)dxdydzdt \tag{2.3.2d}$$

根据热传导定律，热流密度与温度梯度成正比，即满足式(2.3.3)：

$$q_x = -k_x\frac{\partial T}{\partial x},\quad q_y = -k_y\frac{\partial T}{\partial y},\quad q_z = -k_z\frac{\partial T}{\partial z} \tag{2.3.3}$$

式中，k_x、k_y、k_z 分别为微元体沿 x、y、z 轴方向的导热系数。对于混凝土材料，已假设其为各向同性的均质体，因此 $k_x = k_y = k_z = k$。

如果微元体内含有内热源，且放热速率为 $\dot{q}$，则 dt 时间内，微元体内部放热可用式(2.3.4)表示为

$$\dot{E}_g = \dot{q}\,dx\,dy\,dz\,dt \tag{2.3.4}$$

那么，由能量平衡可得微元体中热传导的控制微分方程为

$$c\rho\frac{\partial T}{\partial t} = k\left(\frac{\partial^2 T}{\partial x^2} + \frac{\partial^2 T}{\partial y^2} + \frac{\partial^2 T}{\partial z^2}\right) + \dot{q} \tag{2.3.5}$$

常见的边界条件有三类，分别如式(2.3.6a)～式(2.3.6c)所示。

第一类边界条件，已知混凝土表面温度随时间的变化：

$$T(x, y, z, t) = \overline{T} \tag{2.3.6a}$$

第二类边界条件，给定通过混凝土表面的热流随时间的变化：

$$k\frac{\partial T}{\partial n} = q^s \tag{2.3.6b}$$

第三类边界条件，给出混凝土周围介质温度及混凝土的换热系数：

$$k\frac{\partial T}{\partial n} = h(T_f - T) \tag{2.3.6c}$$

式中，$\overline{T}$ 为混凝土表面温度；q^s 为边界上的热流；h 为对流传导系数；T_f 为混凝土周围介质温度。初始条件为

$$T(x, y, z, t = 0) = T_r \tag{2.3.7}$$

2.3.2　混凝土水化过程中的放热

众所周知，水泥的水化反应是一个放热过程，在混凝土的凝结硬化过程中将产生大量的热量。混凝土的产热率 $\dot{q}$ 可用式(2.3.8)来计算：

$$q(t) = C \cdot \frac{dQ_c}{dt} \tag{2.3.8}$$

式中，C 为单位混凝土内的水泥用量；Q_c 为在非绝热条件下，单位质量水泥水化反应所产生的热量，其与水泥的品种和温度有关。在实际情况中，水泥的水化都是在非绝热条件下进行的，水化放热的快慢是随着周围温度变化的，而温度又是时间的函数。1970 年，Bazant 根据 Arrhenius 方程，提出了水泥水化速率的表达式：

$$Q_{c}(t) = Q_{\max}^{*}\left[1 - \exp(-rt_{e})\right], \quad t_{e} = \int_{0}^{t}\exp\left[\frac{E}{R}\left(\frac{1}{T_{r}} - \frac{1}{T}\right)\right]dt \tag{2.3.9}$$

式中，$Q_{\max}^{*}$ 为绝热条件下水化反应的总放热量；r 为用来控制函数形状的系数；t_{e} 为等效时间；E 为表面活化能，J/mol；R 为普适气体常量，$R \approx 8.3145\text{J/(mol·K)}$；$T_{r}$ 为参考温度，通常取 20℃。

2.3.3　有限元模型的构建

对方程(2.3.5)两端进行拉普拉斯变换，两边同除以 $c\rho$ 后，再进行拉普拉斯逆变换，得到

$$\alpha * \nabla^{2}T + \beta * \dot{q} = T - T_{r} \tag{2.3.10}$$

式中，$*$ 为卷积运算符；∇^{2} 为拉普拉斯算子；$\alpha = k/c\rho$；$\beta = 1/c\rho$。

将式(2.3.10)和式(2.3.6a)～式(2.3.6c)代入基于 Gurtin 变分原理的泛函，得到泛函：

$$\varphi = \int_{V}(T \times T + \alpha \times \nabla T \times \nabla T - 2\beta \times \dot{q} \times T - 2T_{r} \times T)dV$$

$$+ 2\int_{S_{2}}\beta \times q^{s} \times TdA + \int_{S_{3}}h\beta \times (T_{f} - T)(T_{f} - T)dA \tag{2.3.11}$$

建立时空坐标系，用 Serendipity 单元划分温度场，得到

$$T = \sum_{i=1}^{n}N_{i}(x,y,z,t)T_{i}^{e} = NT_{e} \tag{2.3.12}$$

式中，N_{i} 为温度插值函数：

$$N_{i} = (1 + \theta\theta_{i})\bar{N}_{l} \tag{2.3.13}$$

其中，θ 为时间轴上的局部坐标；$\bar{N}_{l}$ 为等参元的插值形函数，在空间域上构造，通常表示为单元局部坐标的函数。

T_{e} 为节点温度

$$T_{e} = \left[T_{1}^{(0)}, T_{2}^{(0)}, \cdots, T_{n^{e}}^{(0)}, T_{1}^{(\Delta t)}, T_{2}^{(\Delta t)}, \cdots, T_{n^{e}}^{(\Delta t)}\right] \tag{2.3.14}$$

式中，$T_{1}^{(0)}, T_{2}^{(0)}, \cdots, T_{n^{e}}^{(0)}$ 为节点 $t = 0$ 时刻的温度；$T_{1}^{(\Delta t)}, T_{2}^{(\Delta t)}, \cdots, T_{n^{e}}^{(\Delta t)}$ 为节点 $t = \Delta t$ 时刻的温度。

式(2.3.11)中的温度梯度向量 ∇T 可写为

$$\nabla T = \begin{Bmatrix} \dfrac{\partial T}{\partial x} \\[2mm] \dfrac{\partial T}{\partial y} \\[2mm] \dfrac{\partial T}{\partial z} \end{Bmatrix} = \begin{bmatrix} \dfrac{\partial N_1}{\partial x} & \dfrac{\partial N_2}{\partial x} & \cdots & \dfrac{\partial N_{2n^e}}{\partial x} \\[2mm] \dfrac{\partial N_1}{\partial y} & \dfrac{\partial N_2}{\partial y} & \cdots & \dfrac{\partial N_{2n^e}}{\partial y} \\[2mm] \dfrac{\partial N_1}{\partial z} & \dfrac{\partial N_2}{\partial z} & \cdots & \dfrac{\partial N_{2n^e}}{\partial z} \end{bmatrix} T_e \tag{2.3.15}$$

坐标变换在空间域中进行，采用等参元的坐标变换方式：

$$x = \sum_{i=1}^{n^e} \bar{N}_l x_i, \quad y = \sum_{i=1}^{n^e} \bar{N}_l y_i, \quad z = \sum_{i=1}^{n^e} \bar{N}_l z_i \tag{2.3.16}$$

将方程(2.3.12)和方程(2.3.15)代入式(2.3.11)中，得到基于 Gurtin 变分原理的单元泛函矩阵表达式：

$$\varphi_e = \int_V (T_e^{\mathrm{T}} N^{\mathrm{T}} N T_e + T_e^{\mathrm{T}} \alpha B^{\mathrm{T}} B T_e - 2T_e^{\mathrm{T}} N^{\mathrm{T}} \beta \dot{q} - 2T_e^{\mathrm{T}} N^{\mathrm{T}} T_r) \mathrm{d}V$$
$$+ 2\int_{S_2} T_e^{\mathrm{T}} N^{\mathrm{T}} \beta q^{\mathrm{s}} \mathrm{d}A + \int_{S_3} h\beta (T_f T_f - 2T_e^{\mathrm{T}} N^{\mathrm{T}} T_f + T_e^{\mathrm{T}} N^{\mathrm{T}} N T_e) \mathrm{d}A \tag{2.3.17}$$

令 φ_e 取极值，得

$$K_e T_e = F_e \tag{2.3.18}$$

式中，单元刚度矩阵 K_e 为

$$K_e = \int_V (N^{\mathrm{T}} \times N + \alpha \times B^{\mathrm{T}} \times B) \mathrm{d}V + \int_{S_1} h\beta \times N^{\mathrm{T}} \times N \mathrm{d}A \tag{2.3.19}$$

单元热力向量 F_e 为

$$F_e = \int_V (N^{\mathrm{T}} \times \beta \times \dot{q} + N^{\mathrm{T}} \times T_r) \mathrm{d}V - \int_{S_2} N^{\mathrm{T}} \times \beta \times q^{\mathrm{s}} \mathrm{d}A + \int_{S_3} h N^{\mathrm{T}} \times \beta \times T_f \mathrm{d}A \tag{2.3.20}$$

根据边界条件和初值条件，即可求出单元刚度矩阵和单元热力向量，然后按照普通有限元方法进行组集，并求解线性方程组，得到 $t = \Delta t$ 时刻的温度。最后，通过向前差分的方式，在求得各单元节点 $t+n\Delta t$ 时刻温度场之后，把它们作为 $t+(n+1)\Delta t$ 时刻的初始条件进行迭代，继而得到 $t+(n+1)\Delta t$ 时刻的温度场。

温度应力计算采用弹性本构模型来反映混凝土的应力和应变关系，基本方程为

$$\sigma = E \cdot \varepsilon_T \tag{2.3.21}$$

$$\varepsilon_T = \alpha \times \Delta T \tag{2.3.22}$$

弹性模量通过蒸养过程中力学性能测试试验得到，蒸养过程中混凝土的弹性模量 $E(\mathrm{GPa})$ 和时间 $t(\mathrm{h})$ 之间的关系可以用式(2.3.23)表示：

$$E = 40.7 - 43\mathrm{e}^{-0.1538t} \tag{2.3.23}$$

2.3.4　温度场及应力场模拟结果

通过有限元方法对蒸养过程中 40cm 立方体试件温度随时间和空间的变化进行模拟计算，并采用强度等级 C60 的混凝土，监测蒸养过程中其中心点的温度变化，作为温度模拟的验证，试件中心点的计算结果和试验结果如图 2.3.2 所示。可以发现，通过有限元方法得到的中心点温度数据与试验测试数据非常接近，表明模拟结果较为准确。

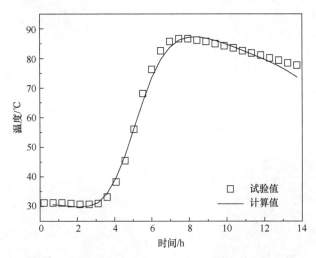

图 2.3.2　40cm 立方体试件中心点温度计算值和试验值

图 2.3.3～图 2.3.11 为模拟得到的温度与温度应力云图，温度单位为℃，温度应力单位为 Pa。图 2.3.3 和图 2.3.4 分别为静停期结束(2h)和升温期结束(4h)时中心竖向截面的温度和温度应力云图。由图 2.3.3(a)可知，2h 时试件截面温度梯度较小，所产生的温度应力也非常小。随着开始蒸养升温，混凝土试件的表面和棱边处温度迅速升高，其中棱边处的温度变化最为显著，此时最高温度为 50.9℃，最大的温度应力出现在棱边处，大约为 0.8MPa，如图 2.3.4 所示。中心处的温度梯度很小，所产生的温度应力也较小。

蒸养恒温阶段温度与温度应力云图如图 2.3.5～图 2.3.10 所示。从温度云图可知，随着水化放热，试件温度逐渐升高，到第 6h 时，试件温度已高于蒸养的恒温温度 60℃。同时，随着内部热量的累积，内部温度已高于表层，如图 2.3.11 所示。但此时试件内外温度差略低于升温结束时(4h，图 2.3.4)。由图 2.3.5～图 2.3.10 可知，试件截面的最大温度差在 5h 和 6h 时分别为 3.1℃和 6.4℃，试件截面的最大温度差在 7～12h 时均为 14℃ 左右；试件截面的最大温度应力在 5h 和 6h 时为 0.5MPa 左右，截面的最大温度应力在 7～12h 时处在 1.4～2.3MPa。截面最大的温度应力出现在试件棱边处，其次是试件表层，试件内部的温度应力较小。图 2.3.11

为降温 2h(即成型后 14h)时试件截面的温度和温度应力云图，从图中可以看出，试件最大温度应力出现在降温过程中，此时，截面的最大温度应力达到 4.1MPa。

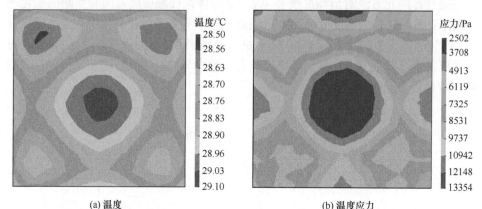

(a) 温度   (b) 温度应力

图 2.3.3   2h 时试件截面的温度与温度应力云图

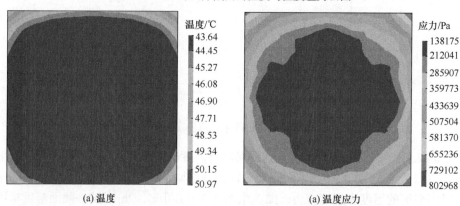

(a) 温度   (a) 温度应力

图 2.3.4   4h 时试件截面的温度与温度应力云图

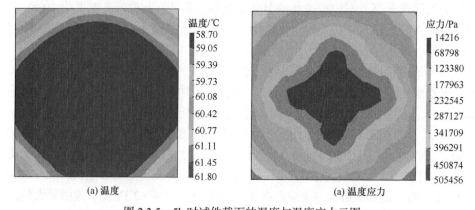

(a) 温度   (a) 温度应力

图 2.3.5   5h 时试件截面的温度与温度应力云图

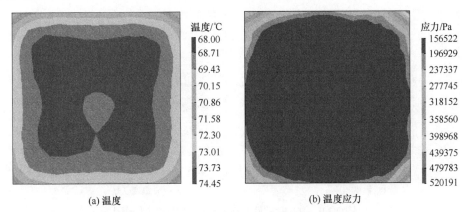

图 2.3.6　6h 时试件截面的温度与温度应力云图

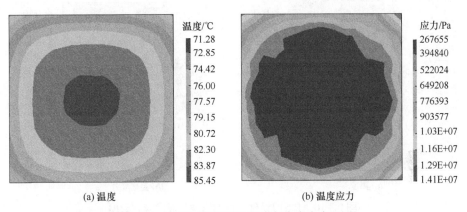

图 2.3.7　7h 时试件截面的温度与温度应力云图

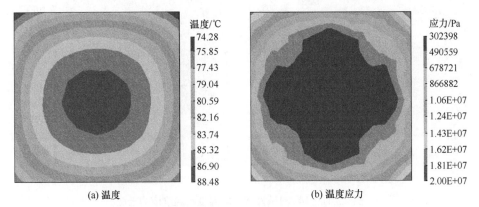

图 2.3.8　8h 时试件截面的温度与温度应力云图

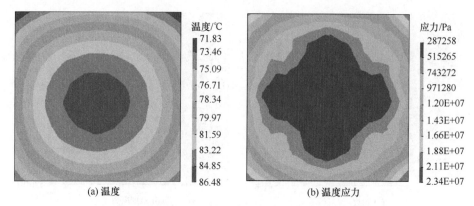

(a) 温度　　　　　　　　　　　　　　　(b) 温度应力

图 2.3.9　10h 时试件截面的温度与温度应力云图

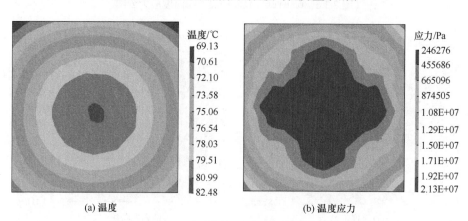

(a) 温度　　　　　　　　　　　　　　　(b) 温度应力

图 2.3.10　12h 时试件截面的温度与温度应力云图

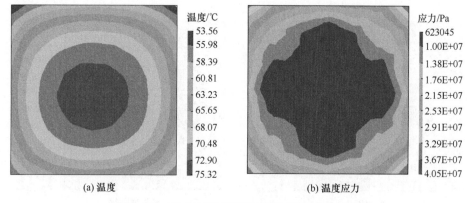

(a) 温度　　　　　　　　　　　　　　　(b) 温度应力

图 2.3.11　14h 时试件截面的温度与温度应力云图

由温度场的试验研究可知，试件在升温期表层温度高，混凝土是热的不良导体[19]，进入恒温期之后，随着中心处水化热的快速累积，试件中心的温度逐步高过表层的温度。试件内部热量的传递，由表层向内部传递转变为由内部向表层传递。通过图 2.2.6 蒸养过程中试件表层和中心温度差值分析可知，在蒸养过程中试件内存在两个温度差峰值。由图 2.3.3～图 2.3.11 可知，蒸养过程中的温度应力与温度差的变化特征具有一致性。同时，从温度和温度应力云图分析可知，温度变化最剧烈的部位是棱边处，其次是表层，试件内部的温度梯度最小。同时，混凝土内部的应力较小，蒸养过程中内部温度应力在 0.6MPa 以内。然而，试件棱边和表层的温度应力大于试件内部，特别在降温期，试件棱边处的最大温度应力达到 4MPa。因此，极有可能导致混凝土的棱边和表层区域产生微裂纹或开裂。需要采取适当的措施控制降温速率，减少温度应力对混凝土结构的损伤。

2.4　蒸养过程中混凝土内部的肿胀应力

2.4.1　肿胀应力的试验测试

外部热源作用下，混凝土内不同物相将产生体积膨胀变形，当存在周围约束条件时将建立内部应力，宏观上体现为蒸养试件的肿胀变形，这类变形通常是不可逆的残余变形，对蒸养混凝土的长期性能产生不利的影响[5]。因此，有必要掌握蒸养过程中混凝土内部肿胀应力的变化规律。

蒸养混凝土在硬化过程中的体积变形比普通养护的混凝土更为复杂。一方面，各组分在高温蒸汽的热作用下，产生体积膨胀；另一方面，随着水化反应的进行，低水胶比水泥基材料将产生较为显著的化学减缩和自收缩。已有研究结果表明[5,20,21]，水泥基材料中初始游离的自由水、含气量和静停时间会显著影响蒸养混凝土的肿胀变形。养护温度条件对水泥基材料的体积稳定性有显著影响，养护温度越高收缩速度越快，将增大蒸养混凝土开裂的风险[22~24]。适量矿物掺合料对混凝土体积稳定性也有一定影响[25~27]。上述体积变形将对蒸养混凝土的肿胀应力产生影响。以下通过试验研究蒸养过程中试件内部肿胀应力的变化规律及其主要影响因素。

1. 试验方法

1) 测试装置

标准圆环约束测试可用于定量分析砂浆或混凝土的抗裂能力[28]，但不适用于早期有显著膨胀的蒸养试件，下面采用改进的双环约束试验方法，研究有膨胀变形的水泥基材料的肿胀应力[29,30]。

双环测试装置如图 2.4.1 所示，内外为钢环，中间填充测试试件(本次试验采用水泥浆)，水泥浆体环外径和内径分别为 12cm、5cm，外内钢环的壁厚分别为

16mm 和 4mm，高 8cm；在内钢环内侧和外钢环外侧距底面 4cm 处粘贴应变片，在对称的 4 个位置上分别粘贴 4 个应变片，应变片型号为 BX120-5AA，灵敏系数为(2.08±1)%；同时采用空白组进行温度补偿，消除温度的影响；应用 IMC 采集系统进行应变采集，采集频率为 1min/次。

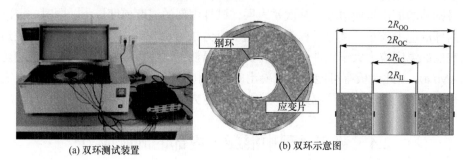

(a) 双环测试装置   (b) 双环示意图

图 2.4.1   双环测试示意图

试验前，在一块略大于外环外径的方形光滑板上，铺置一层聚乙烯薄膜，并涂油，以减少混凝土和钢环与底板之间的摩擦阻力；将两个圆环置于方形板上，调整钢环的位置使两圆环的圆心重合。装置置于程控水浴箱内，采用恒温水浴箱来模拟蒸汽养护制度，连接应变片与应变采集仪；搅拌好的浆体均匀注入双环内，振捣密实，抹平之后开始应变监测。采用的养护制度为静停 2h，2h 升温至 60℃，恒温 8h，之后 1h 降温至室温，本次试验降温期采用自然降温方式；应变测试至蒸养恒温结束。

2) 应力计算

文献[29]～[31]研究表明，通过测试钢环的应变，可以由式(2.4.1)和式(2.4.2)计算出钢环和混凝土边界上的径向力。

$$P_{\text{IN}} = -\varepsilon_{\text{IN}} E_{\text{S}} \left(\frac{R_{\text{IC}}^2 - R_{\text{II}}^2}{2R_{\text{IC}}^2} \right) \qquad (2.4.1)$$

$$P_{\text{OUT}} = \varepsilon_{\text{OUT}} E_{\text{S}} \left(\frac{R_{\text{OO}}^2 - R_{\text{OC}}^2}{2R_{\text{OC}}^2} \right) \qquad (2.4.2)$$

式中，ε_{IN} 和 ε_{OUT} 分别为内外钢环上应变片所测试到的应变均值；E_{S} 为钢环弹性模量；R_{II}、R_{IC}、R_{OC} 以及 R_{OO} 分别为内钢环内半径、内钢环外半径、外钢环内半径以及外钢环外半径。

通过计算得到的 P_{IN} 和 P_{OUT} 可以计算出环形试件 R_{IC} 处的环向残余应力[29]，如式(2.4.3)所示：

$$\sigma\left(R_{\mathrm{IC}}\right)=P_{\mathrm{IN}}\left(\frac{R_{\mathrm{OC}}^{2}+R_{\mathrm{IC}}^{2}}{R_{\mathrm{OC}}^{2}-R_{\mathrm{IC}}^{2}}\right)-P_{\mathrm{OUT}}\left(\frac{2R_{\mathrm{OC}}^{2}}{R_{\mathrm{OC}}^{2}-R_{\mathrm{IC}}^{2}}\right) \tag{2.4.3}$$

2. 钢环应变

图 2.4.2(a)为蒸养过程中水灰比为 0.3 的水泥及掺 30%掺合料四组试件体积变化对外钢环所产生的环向应变结果，受拉应变为正，所用掺合料为 I 级粉煤灰和 S95 矿渣。由图 2.4.2(a)可知，在蒸养过程中，各试件的体积变化对外钢环所产生的应变大致可分为四个阶段。

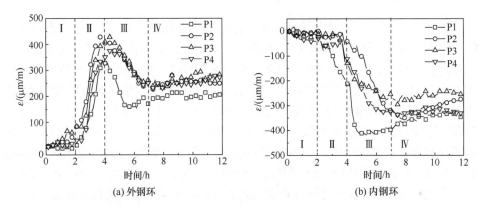

图 2.4.2　蒸养过程中不同组、成试件体积变化对钢环所产生的环向应变

第 I 阶段为成型后的静停阶段(0～2h)，该阶段各体系的体积变化对钢环所产生的应变均较小，说明该阶段试件尚未发生显著体积变形。

第 II 阶段为开始升温到升温结束阶段(2～4h)，在该阶段，各组试验中钢环所受的拉应变随温度的上升均显著增大并达到最大值。图 2.4.2(a)显示，单掺 30%粉煤灰的 P2 组钢环内出现较大的拉应变，其次是单掺 30%矿渣的 P3 组以及 20%粉煤灰和 10%矿渣复掺的 P4 组，纯水泥的 P1 组钢环内部拉应变最小，这说明该阶段各组水泥基材料均出现显著的体积膨胀，即肿胀变形，且肿胀变形在该阶段达到最大。与纯水泥相比，掺入矿物掺合料增大了水泥基材料的肿胀变形，但在矿物掺合料掺量相同条件下，粉煤灰和矿渣复掺所产生的肿胀变形低于单掺。

第 III 阶段为升温结束到恒温 3h 阶段(4～7h)，在该阶段钢环内的拉应变均开始缓慢降低，且纯水泥的 P1 组钢环内的拉应变降低较为显著，这说明在恒温阶段初期，水泥基材料的肿胀变形有一定的降低。

第 IV 阶段为恒温 3h 后到恒温结束(7～12h)，在该阶段各组水泥基材料对应钢环内的拉应变未出现显著的增大和降低，这说明该阶段各组试件的肿胀变形基本保持稳定。

由以上分析可知，蒸养过程中的升温阶段是导致水泥基材料肿胀变形显著增大的主要时期，且当升温结束后，各试件的肿胀变形有一定的减小，最后逐渐趋于稳定。

图 2.4.2(b)为蒸养过程中内钢环所受的压应变，与外钢环不同，无论水泥浆体产生收缩还是膨胀，对内钢环均是产生压缩作用，故内钢环上的应变均是压应变。可以看出，在水泥浆体早期的膨胀和水化收缩作用下，内钢环在 2～7h 内产生了明显的压应力作用。相比较而言，纯水泥浆体对内钢环产生的压应力最大。与外钢环类似，7h 之后内钢环的应变值也逐渐趋于稳定。

3. 约束浆体的应力

图 2.4.3 为采用式(2.4.3)计算得到的各组试件的应力结果，其中负值表示压应力。由图 2.4.3 可知，在成型后的静停阶段(0～2h)，各试件的体积变化导致钢环产生的应变较小，但是从开始升温到升温结束阶段(2～4h)，各体系压应力快速增加。4～7h，试件压应力又逐渐减小，随后，各体系体积膨胀导致钢环受到的应变趋于稳定。同样，浆体内应力也可以大致分为和外钢环一样的四个阶段。0～2h 静停阶段，温度较为恒定，水化反应不显著，纯水泥(P1)环向压应力峰值最小，其次是粉煤灰和矿渣复掺组(P4)，单掺粉煤灰组(P2)最大，单掺矿渣组(P3)略小于单掺粉煤灰组；在恒温期中段，P1 的压应力经过快速减小后缓慢增加，P2、P3、P4 的压应力则经过稍长恒温期才开始稳定，经过 3h 60℃恒温之后应力值逐渐趋于稳定。

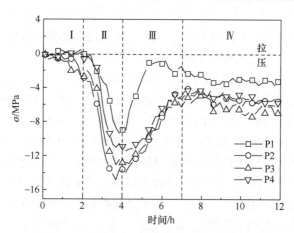

图 2.4.3　蒸养过程中浆体内应力变化

在高温条件下水泥水化速率加快，同一时间内水化耗水量增加，将会加速收缩的发展[22]。蒸养过程中水泥基材料的体积变形也是上述膨胀和收缩共同作用的结果。在 4h 以前蒸养浆体的强度很低，此时水化反应少，收缩变形可以忽略不计，主要发生由水、汽膨胀导致的肿胀变形；进入恒温期后，蒸养室内的温度稳定在

60℃附近，水、汽的热膨胀已达到稳定，同时水化反应快速进行，恒温期开始强度快速增长，内部湿度迅速下降会产生显著收缩。因为 4h 之前水化作用较为缓慢，膨胀占主导作用；4h 之后蒸养进入恒温阶段热膨胀达到峰值并趋于稳定，此时水化反应进入加速期，主要是高温养护条件下，水化反应快速进行，湿度迅速降低导致的自收缩占主导。因此，膨胀和收缩的发生时间可做一个大致的区分，蒸养过程中的膨胀主要发生在升温阶段，收缩主要发生在恒温阶段。此外，蒸养过程中浆体表现出来的整体变形是膨胀，约束条件下环形浆体内将产生压应力。

2.4.2　肿胀应力控制

上述分析得到的蒸养过程中浆体内的应力，可以反映蒸养浆体在硬化过程中的肿胀变形过程与约束条件下蒸养浆体的受力过程。浆体在硬化过程中的体积稳定性及受力条件均会显著影响其性能，因此控制蒸养过程中浆体内应力有重要意义。下面结合浆体的强度、自由水含量和浆体孔结构对蒸养浆体进行应力控制分析。

1）浆体的强度

浆体在 4h 之前抗压强度很低，压力试验机的精度不足以准确测试 4h 之前的强度。为了得到 4h 之前不同配比浆体的强度变化规律，测试了蒸养条件下浆体的凝结时间，浆体初凝表示浆体开始失去塑性，结构强度开始形成，所以将养护条件下的初凝时间作为强度从 0 开始增长的时间起点。图 2.4.4 和图 2.4.5 分别为蒸养过程中各组水泥基材料的凝结时间柱状图和抗压强度随时间的变化曲线。图 2.4.4 为凝结时间的具体结果，P1～P4 初凝时间分别是 3.4h、4.5h、3.5h、3.7h；在蒸养条件下终凝时间和初凝时间较为接近，相差均在 30min 以内。水泥的反应可大致分为五个不同的阶段，即初始反应阶段、诱导阶段、加速阶段、减速阶段以及缓慢

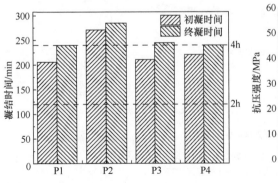
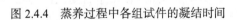

图 2.4.4　蒸养过程中各组试件的凝结时间

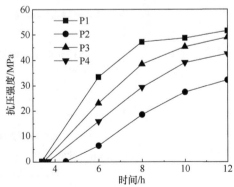

图 2.4.5　蒸养过程中各组试件的抗压强度随时间的变化曲线

反应阶段。通常来说，水泥浆体会在诱导阶段末期发生初凝，终凝则一般发生在加速阶段中期。由初凝时间可知，在 4h 左右浆体逐渐进入水化反应的加速阶段，由初凝时间和终凝时间相隔 30min 左右可知，在蒸养条件下加速阶段水泥反应的速度极快，但所经历的时间较短。由图 2.4.5 可知，蒸养过程中纯水泥组的抗压强度增长要快于掺有矿物掺合料组，不同矿物掺合料对蒸养过程中早期抗压强度的影响有所不同，粉煤灰对早期强度的贡献最小，其强度增长最慢，相对来说，单掺矿渣对早期强度的贡献最大，粉煤灰和矿渣复掺对试件强度的贡献介于两者之间。

2) 自由水含量

从某种意义上来说，水泥的水化过程可以看作自由水(若忽略水化以及其他试验条件的影响，自由水含量最大值与初始用水量相当)、凝胶水和结晶水的定向转变过程，自由水向凝胶水和结晶水的转变代表水泥颗粒的水化，凝胶水和结晶水可统称为结合水。试验已经证实自由水的减少正好对应着结合水的增加。试验表明，水泥石初期结构强度的变化和结合水的变化一致，自由水的减少预示着水泥石初期结构强度的提高[4, 5, 32, 33]。

以下从体系蒸养前的自由水含量方面分析其与蒸养试件肿胀变形(肿胀应力)的关系，因此在测试水泥净浆和砂浆肿胀变形的同时对试件蒸养前自由水含量进行测定。 图 2.4.6 给出了试件在蒸养前自由水含量与其蒸养肿胀变形之间的相关性分析结果。

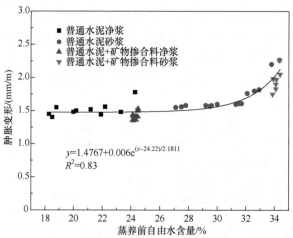

$$y=1.4767+0.006e^{(x-24.22)/2.1811}$$
$$R^2=0.83$$

图 2.4.6   试件蒸养前自由水含量与肿胀变形的相关性
净浆水胶比 0.25，砂浆水胶比 0.35

从图 2.4.6 中的结果可知,试件的肿胀变形与蒸养前的自由水含量之间存在明显的对应关系，当试件的自由水含量较低时(如不大于 30%)，随着自由水含量的增加，试件的肿胀变形几乎保持不变；而当试件中的自由水含量大于 30% 后，试件的肿胀变形随着自由水含量的增加而呈现快速增加的趋势。上述结果是合理的，当自由水含量较低时，体系的初期结构强度较高，结构较为密实，孔隙较少，气相含量也较少；且体系中的水主要被吸附在颗粒表面，颗粒之间相互紧密接触，内部孔隙中存在较少的自由水，故此条件下体系的肿胀变形较小；随着体系自由水进一步增加(如大于 30% 以上)，则蒸养前体系自由水除吸附在固体颗粒表面外，还有一部分自由水填充在体系孔隙中，体系固体颗粒之间结合也较疏松，而且此时因孔中气相含量增大，此条件下随着自由水含量的增加，试件的肿胀变形快速增加。

3) 浆体孔结构

通过压汞法(mercury intrusion porosimetry, MIP)方法分析了蒸养结束之后浆体的孔结构变化规律。图 2.4.7 为不同试件孔隙结构的测试结果。其中图 2.4.7(a)为累积孔隙率测试结果，图 2.4.7(b)为孔径分布的测试结果。由图 2.4.7(a)可知，不同试件的孔隙率有较为显著的区别。P1、P2、P3、P4 的累积孔隙率分别为 17.72%、23.11%、17.07%、20.29%，其中单掺粉煤灰组(P2)的累积孔隙率最大，这主要与粉煤灰在 60℃ 蒸养条件下早期反应程度较低[34]，以及蒸养升温阶段肿胀变形最大有关。由图 2.4.7(b)可知，P1、P2、P3、P4 的最可几孔径分别为 23.8nm、56.5nm、12.8nm、22.5nm，可以发现和累积孔隙率有类似现象，其中 P2 的最可几孔径最大，P3 的最可几孔径最小，P1 和 P4 最可几孔径相近。

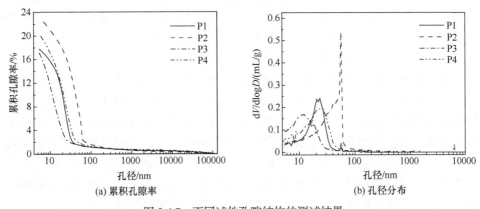

图 2.4.7　不同试件孔隙结构的测试结果

表 2.4.1 为蒸养浆体的孔结构分布量化统计结果，由表 2.4.1 可知：①不同组的多害孔含量相近，均为(1±0.1)%；②单掺粉煤灰组(P2)的累积孔隙率最大，无害孔含量为 5.39%，明显低于其余组，而有害孔含量达到 6.33%，要显著大于其余组；③P3 的累积孔隙率最低，其无害孔含量为 13.41%，明显高于其余组，而少害孔含量为 2.13%，显著低于其余组。

表 2.4.1　蒸养脱模后(14h)的孔结构分布

试件号	孔径分布/%				累积孔隙率/%
	无害孔 <20nm	少害孔 20～50nm	有害孔 50～200nm	多害孔 >200nm	
P1	7.83	8.36	0.59	0.94	17.72
P2	5.39	10.30	6.33	1.09	23.11
P3	13.41	2.13	0.59	0.94	17.07
P4	9.50	8.86	0.94	0.99	20.29

由孔隙率数据可以看出,单掺粉煤灰组 50～200nm 的孔隙数量要显著大于其余组,由表 2.4.1 可以发现,粉煤灰和矿渣复掺时可细化孔结构,无害孔明显增多,而孔径为 50～200nm(有害孔)的孔相对于单掺粉煤灰组(P2)显著减少。熊蓉蓉等[33]指出对蒸养浆体强度影响较大的主要是孔径大于 20nm 的孔,脱模强度和脱模孔隙率有较好的相关性。其中单掺矿渣组(P3)孔隙率最小,但强度仍低于纯水泥组(P1),这可能和单掺矿渣组孔结构有关。

4) 肿胀应力与强度之间的关系及其控制建议

混凝土的蒸汽养护是一个较为复杂的物理化学过程。首先,水泥混凝土在成型后的几个小时内将仍处于塑性阶段,蒸养升温阶段时混凝土结构尚未形成,强度比较低,各组分在受热条件下会出现体积膨胀,特别是水和气体。而水的体积将有 1.5% 的增加[21],饱和空气体积将增大 21.8%。显然,水与饱和空气的膨胀量要远大于混凝土及其他组分,在结构还未形成的蒸养升温阶段将造成显著的膨胀变形,对体系产生不利影响。

研究表明,蒸养升温前自由水含量低于 30% 时,随自由水含量的增加,试件的肿胀变形几乎保持不变。但当自由水含量大于 30% 时,随着自由水含量的增加,肿胀变形量也快速增加[21],同时混凝土的含气量越大,其膨胀也越大[20]。因此可以认为蒸养升温期内的水、汽膨胀是造成蒸养肿胀变形的主要原因。对比蒸养过程中的约束应力和强度发展可知,在蒸养过程中强度形成越早越迅速,则相对应的约束应力峰值也相对较小。可将蒸养过程中的膨胀分为驱动力和抵抗力两部分进行分析。浆体内部水、汽以及固相受热膨胀是导致浆体膨胀的主要驱动力,浆体早期形成的结构强度为抑制膨胀变形的抵抗力。

蒸养升温阶段浆体所形成的强度越高对浆体的体积变形的抑制作用越强。粉煤灰体系的强度发展较为缓慢,将导致其在早期蒸养升温过程产生较大的体积变形,从而对长期强度产生不良影响。由表 2.4.1 可知,粉煤灰和矿渣复掺时能有效改善水泥石早期的孔结构,粉煤灰和矿渣复掺组 P4 强度发展比单掺矿渣组稍低,但其约束应力却比单掺矿渣组小,这是因为矿物掺合料复掺改善了体系的堆积密实度, 产生超叠复合效应[34]。粉煤灰作为一种广泛应用的矿物掺合料, 为改善蒸养粉煤灰混凝土的性能, 宜采用粉煤灰和矿渣复掺, 或加入适当的外加剂促进早期强度形成, 改善微结构。Mei 等[35]的研究发现, 适量的纳米二氧化硅和硫酸钠掺入高掺量粉煤灰混凝土体系, 能有效促进蒸养高掺量粉煤灰混凝土的强度发展、细化孔结构和改善界面过渡区的微结构, 从而抑制因粉煤灰早期火山灰活性低而造成蒸养过程中发生的较大肿胀变形。

综上所述, 在蒸养升温过程中处于塑性状态的水泥基材料会产生一定的体积膨胀。在蒸养升温过程中, 一方面水、汽膨胀造成整体体积出现显著膨胀; 另一方面随着水化的进行, 自由水被消耗, 水泥浆体的强度逐渐形成, 从而对水、汽膨胀产生一定的抑制作用。因此, 为了抑制膨胀变形可以通过加速升温过程或升温前静置期胶凝材料的水化, 促进体系自由水的消耗, 同时加速强度增长。此外, 粉煤灰和矿渣复掺的复合胶材体系, 有效提高了体系堆积密实度并优化了水化作用, 也可对蒸养升温过程中的肿胀变形(应力)起到较好的抑制作用。

2.5　小　　结

(1) 在自然养护下(入模温度 20℃, 最高气温 40℃), 蒸养混凝土箱梁内各测点温度在混凝土浇筑后的 12～15h 内迅速上升, 温度最高可达 76℃, 最大温度差可达 21℃; 蒸养混凝土轨道板的温度离板芯越近则越高, 中心处温度峰值可达 53℃, 最大温度差为 8℃, 小于蒸养混凝土箱梁。

(2) 不同养护条件下室内试件温度场有较为明显的区别, 蒸养条件下的温度场变化比标养条件更加复杂。蒸养升温初期, 蒸养试件表层温度高于内部; 混凝土快速水化期, 中心处热量累积, 温度逐渐高于表层。试件内外温度差随着试件尺寸变大而增加。

(3) 数值模拟结果与实测值较为接近, 试件棱边和表层温度差大于内部, 所产生的温度应力也高于内部。温度应力峰值出现在降温阶段, 最大值可达到 4MPa。

(4) 约束条件下的钢环应变可以较好地反映混凝土在蒸养过程中的体积变化, 混凝土在升温期发生较为显著的膨胀变形, 到升温结束时达到变形峰值, 进入恒温期膨胀开始逐渐减小, 最终趋于稳定; 肿胀变形与试件强度发展及自由水含量存在较明显的相关关系。

(5) 为控制蒸养过程中混凝土(浆体)体系过大的肿胀变形及由此产生的肿胀应力, 可采取提高体系的初始堆积密实度、促进静停期和升温过程中胶凝材料的水化, 加速体系自由水的消耗等技术措施。

参 考 文 献

[1] Rostami V, Shao Y, Boyd A J. Carbonation curing versus steam curing for precast concrete production[J]. Journal of Materials in Civil Engineering, 2012, 24(9): 1221-1229.

[2] He Z M, Liu J Z. Effect of binders combination on porosity of steam-cured concrete[J]. Advanced Materials Research, 2011, 183-185: 1984-1988.

[3] Long G, He Z, Omran A. Heat damage of steam curing on the surface layer of concrete[J]. Magazine of Concrete Research, 2012, 64(11): 995-1004.

[4] 钱荷雯, 王燕谋. 湿热处理混凝土过程中预养期的物理化学作用[J]. 硅酸盐学报, 1964, 3(3): 217-222.

[5] 吴中伟, 田然景, 金剑华. 水泥混凝土湿热处理中静置期的研究[J]. 硅酸盐学报, 1963, 2(4): 182-189.

[6] Barluenga G, Guardia C, Puentes J. Effect of curing temperature and relative humidity on early age and hardened properties of SCC[J]. Construction and Building Materials, 2018, 167: 235-242.

[7] Yalçınkaya Ç, Yazıcı H. Effects of ambient temperature and relative humidity on early-age shrinkage of UHPC with high-volume mineral admixtures[J]. Construction and Building Materials, 2017, 144: 252-259.

[8] Liu B, Xie Y, Zhou S, et al. Some factors affecting early compressive strength of steam-curing concrete with ultrafine fly ash[J]. Cement and Concrete Research, 2001, 31(10): 1455-1458.

[9] Ho D W S, Chua C W, Tam C T. Steam-cured concrete incorporating mineral admixtures[J]. Cement and Concrete Research, 2003, 33(4): 595-601.

[10] Türkel S, Alabas V. The effect of excessive steam curing on Portland composite cement concrete[J]. Cement and Concrete Research, 2005, 35(2): 405-411.

[11] Yazıcı H, Aydın S, Yiğiter H, et al. Effect of steam curing on class C high-volume fly ash concrete mixtures[J]. Cement and Concrete Research, 2005, 35(6): 1122-1127.

[12] Bazant Z P, Najjar L J. Nonlinear water diffusion in nonsaturated concrete[J]. Materials and Structures, 1972, 5(1): 3-20.

[13] Ayano T, Wittmann F H. Drying, moisture distribution, and shrinkage of cement-based materials[J]. Materials and Structures, 2002, 35(3): 134-140.

[14] 王甲春, 阎培渝. 早龄期混凝土结构的温度应力分析[J]. 东南大学学报(自然科学版), 2005, 35(z1): 15-18.

[15] 卢玉林, 魏佳, 梁永朵, 等. 基于有限元法的混凝土固化期温度场分析[J]. 混凝土, 2010, (9): 23-25.

[16] 崔溦, 陈王, 王宁. 早期混凝土热学参数优化及温度场精确模拟[J]. 四川大学学报(工程科学版), 2014, 46(3): 161-167.

[17] 秦观, 魏颂, 王志国. 混凝土箱梁蒸养温度场及温度应力有限元分析[J]. 中国港湾建设, 2010, (1): 11-13.

[18] Han F, Zhang Z, Liu J, et al. Hydration kinetics of composite binder containing fly ash at different temperatures[J]. Journal of Thermal Analysis and Calorimetry, 2016, 124(3): 1691-1703.

[19] Kim K H, Jeon S E, Kim J K, et al. An experimental study on thermal conductivity of concrete[J]. Cement and Concrete Research, 2003, 33(3): 363-371.

[20] 贾耀东. 蒸养高性能混凝土引气若干问题的研究[D]. 北京: 铁道部科学研究院, 2005.

[21] 贺智敏, 龙广成, 谢友均, 等. 蒸养水泥基材料的肿胀变形规律与控制[J]. 中南大学学报(自然科学版), 2012, 43(5): 1947-1953.

[22] Lura P, van Breugel K, Maruyama I. Effect of curing temperature and type of cement on early-age shrinkage of high-performance concrete[J]. Cement and Concrete Research, 2001, 31(12): 1867-1872.

[23] Jiang C H, Yang Y, Wang Y, et al. Autogenous shrinkage of high performance concrete containing mineral admixtures under different curing temperatures[J]. Construction and Building Materials, 2014, 61: 260-269.

[24] Orosz K, Hedlund H, Cwirzen A. Effects of variable curing temperatures on autogenous deformation of blended cement concretes[J]. Construction and Building Materials, 2017, 149: 474-480.

[25] Lothenbach B, Scrivener K, Hooton R D. Supplementary cementitious materials[J]. Cement and Concrete Research, 2011, 41(12): 1244-1256.

[26] Flower D J M, Sanjayan J G. Green house gas emissions due to concrete manufacture[J]. International Journal of Life Cycle Assessment, 2007, 12(5): 282-288.

[27] Yang K H, Jung Y B, Cho M S, et al. Effect of supplementary cementitious materials on reduction of CO_2 emissions from concrete[J]. Journal of Cleaner Production, 2015, 103: 774-783.

[28] ASTM C 1581-04. Standard test method for determining age at cracking and induced tensile stress characteristic of motar and concrete under restrained shrinkage[S]. West Conshohocken: ASTM International, 2004.

[29] Schlitter J L, Senter A H, Bentz D P, et al. A dual concentric ring test for evaluating residual stress development due to restrained volume change[J]. Journal of ASTM International, 2010, 7(9): 1-13.

[30] Schlitter J L, Bentz D P, Weiss W J. Quantifying stress development and remaining stress capacity in restrained, internally cured mortars[J]. ACI Materials Journal, 2013, 110(1): 3-11.

[31] Hossain A B, Weiss J. Assessing residual stress development and stress relaxation in restrained concrete ring specimens[J]. Cement and Concrete Composites, 2004, 26(5): 531-540.

[32] 廉惠珍, 童良, 陈恩义. 建筑材料物相研究基础[M]. 北京: 清华大学出版社, 1996.

[33] 熊蓉蓉, 龙广成, 谢友均, 等. 矿物掺合料对蒸养高强浆体抗压强度及孔结构的影响[J]. 硅酸盐学报, 2017, 45(2): 175-181.

[34] Li M Y, Wang Q, Yang J. Influence of steam curing method on the performance of concrete containing a large portion of mineral admixtures[J]. Advances in Materials Science and Engineering, 2017, 2017: 1-11.

[35] Mei J P, Tan H B, Li H N, et al. Effect of sodium sulfate and nano-SiO_2 on hydration and microstructure of cementitious materials containing high volume fly ash under steam curing[J]. Construction and Building Materials, 2018, 163: 812-825.

第3章　蒸养过程中混凝土胶凝材料体系的水化特性

养护温度对水泥等胶凝材料的水化进程有显著影响[1]。随着养护温度升高诱导期缩短，水化放热速率增加，水化加速期经历时间变短。研究表明，水泥净浆在45℃条件下的水化放热峰值可达25℃条件下的2倍左右，60℃条件下的最大水化放热速率为25℃条件下的4倍左右[2]。当然，养护温度除对水化动力学有显著影响外，也会对水化物相的特性有一定影响[3]。

在较高温度养护条件下，水化产物生成速率加快，水化产物向周围扩散的有序度降低，造成水化产物在空间分布上不均匀。此外，养护温度越高，水化生成的内部C-S-H凝胶(内部水化产物)越致密，造成水分和离子扩散难度加大。因此，养护温度升高会显著提高水泥早期强度的增长速率，但也会导致水泥的最终水化程度降低[4,5]。已有研究表明，在较低温度条件下成型和养护的混凝土的内部微结构相对较均匀，而提高养护温度将会导致水泥石孔结构粗化[6,7]。造成高温养护条件下水泥基材料孔隙粗化的原因是多方面的。高温养护条件下水化快速进行，水化产物来不及扩散是常提到的一个原因；此外，Lothenbach等[8]通过研究5～50℃条件下水泥的水化产物、孔溶液及抗压强度，指出高温养护条件下生成更加密实的内部C-S-H凝胶以及AFt向AFm转变是导致毛细孔隙增加和强度降低的主要原因。温度对水化产物的影响主要有以下两部分：一是影响C-S-H凝胶的组成和密实度；二是对AFt的影响，在高温条件下AFm比AFt更加稳定，AFt会转化为AFm。Gallucci等[9]研究指出，在5～60℃条件下，最终的水化程度不随着温度而改变，但随着养护温度的升高会吸附一部分的硫酸盐和铝离子，C-S-H凝胶的聚合度随着温度的升高会有所提高。研究也发现，C-S-H凝胶的表观密度和背散射图片的灰度存在较好的线性相关性，C-S-H凝胶表观密度的增加和化学结合水降低有关，60℃养护温度条件下C-S-H凝胶中的水硅比(H_2O/SiO_2)比20℃时的低，温度升高，C-S-H凝胶的凝胶孔变少，凝胶孔隙水变少，从而会造成60℃条件下的水泥浆体比相同反应程度条件下的20℃水泥浆体的化学结合水低。Bahafid等[10]研究了7～90℃油井水泥水化微结构的变化，发现养护温度从7℃升至90℃时C-S-H凝胶的堆积密度从1.88g/cm³增至2.10g/cm³，钙硅比从1.93降至1.71，水硅比从5.1降至2.66，C-S-H凝胶的层间孔隙减少，而相应的C-S-H凝胶更加密实。因此，虽然化学结合水与水化程度有较好的线性相关性[11]，但直接用化学结合水表征不同温度条件下的水化程度将存在一定误差[3]。此外，阎培渝等[12,13]和

Taylor 等[14]认为当混凝土内部的温度较高(大于 70℃)时，将会发生延迟钙矾石生成的现象。此外，随着温度升高，C-S-H 凝胶对硫酸根离子以及铝离子的吸附能力增强，温度降低之后 AFm 相也越难以重新转化成 AFt 相[12]。基于上述内容可知，随着养护温度升高，一方面水化生成的 C-S-H 凝胶更加致密，另一方面 AFt 转变为在高温条件下更加稳定的 AFm，而这两方面均会导致所生成的水化产物总体积减小，孔隙增多。

综上所述，蒸养会显著影响混凝土的水化过程，同时造成水化产物特性发生一定的改变。鉴于此，本章主要探讨蒸养过程中混凝土的水化动力学及水化物相特性，包括蒸养制度下蒸养全过程中，不同胶凝体系的水化放热特性、水化动力学分析以及水化进程、水化物相类型与微结构分析等。

3.1　水　化　放　热

水泥水化是一个放热过程，因此调查水化热是研究水泥体系早期水化进程最常用的方法。水泥的水化过程受环境温度的影响，对蒸养这一非稳态过程来说，该环境下水泥体系的水化放热显然明显不同于常温稳态条件。一方面，较高温度的蒸养可以促进水泥的水化进程，水泥水化反应的加速也加快了其放热过程；另一方面，蒸养过程中水泥等胶凝材料的水化反应加速，导致体系微结构快速构筑，短时间内微结构发展变化显著，这又会阻碍水化颗粒与水分的接触，从而阻碍水化作用。因此，蒸养过程与水泥水化是一个相互促进和相互影响的关系。鉴于水泥水化显著影响微结构乃至宏观性能，深入探讨蒸养过程中水泥及其复合体系的水化放热特性具有非常重要的意义。

目前，对于稳态条件下的水泥及其胶凝体系的水化放热速率及放热量均可通过等温量热仪器准确测试得到。然而，对于蒸养这一变温非稳态条件，还难以直接通过量热设备测试得到。鉴于此，为了能够科学分析蒸养过程中水泥体系水化放热特性，本节基于恒温条件下测试得到的水化热数据，并采用 Arrhenius 方程和等效龄期函数计算获得蒸养过程非稳态条件下水泥体系的水化热曲线及放热行为。

3.1.1　胶凝材料组成的影响

图 3.1.1～图 3.1.5 分别为采用基准水泥、Ⅰ级粉煤灰、S95 矿渣粉且水灰比为 0.3 的 100%水泥体系(C)、70%水泥-30%粉煤灰(CF)、70%水泥-30%矿渣(CS)、70%水泥-20%粉煤灰-10%矿渣(CFS)浆体在不同温度下的水化放热速率和水化放热量曲线。从图 3.1.1 可以看出，当水化温度在 20℃时，与水泥体系相比，掺加矿物掺合料时各试样的最大水化放热速率峰值明显降低，且掺加粉煤灰、矿渣体系最

大水化放热速率峰值接近。与水泥体系相比，掺加粉煤灰时诱导期明显延长，而掺加矿渣时诱导期变化不明显，复掺粉煤灰和矿渣时诱导期仍然有所延长，诱导期结束时间介于掺加矿渣体系和粉煤灰体系之间。掺加粉煤灰时水化放热速率峰值也明显推后，复掺粉煤灰和矿渣延后时间低于掺加粉煤灰体系，掺加矿渣体系水化放热速率峰值出现时间与水泥体系接近。粉煤灰的延缓作用是因为粉煤灰表面会吸附大量的 Ca^{2+}，延迟 $Ca(OH)_2$ 成核，而且因为溶液中 Ca^{2+} 浓度的降低造成 C-S-H 凝胶不稳定，需要以缓慢的速率转换为稳定的 C-S-H 凝胶，所以会延缓水泥水化，矿渣虽然也会吸附 Ca^{2+}，但是因为矿渣的活性较高，矿渣会被释放的碱性离子激发发生反应，所以其延缓作用会低于掺加粉煤灰体系；此外，在相同掺量下，粉煤灰的吸水量小于矿渣，溶液中离子浓度达到饱和状态的时间较长，所以其诱导期时间较长。掺加矿物掺合料之后水化放热总量会随之减少，掺加不同矿物掺合料时减少程度不同，掺加相同比例粉煤灰和矿渣时，掺加矿渣体系的水化放热量高于掺加粉煤灰体系。

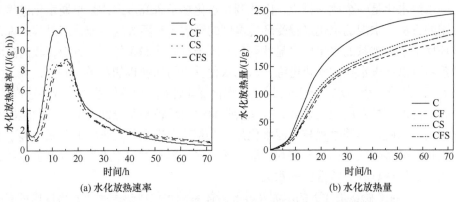

(a) 水化放热速率　　　　　　　　(b) 水化放热量

图 3.1.1　C、CF、CS 及 CFS 浆体在 20℃时的水化放热曲线测试结果

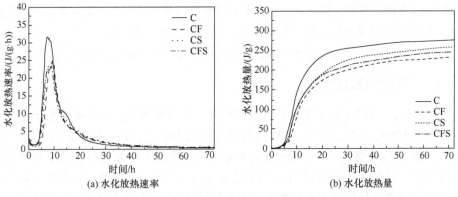

(a) 水化放热速率　　　　　　　　(b) 水化放热量

图 3.1.2　C、CF、CS 及 CFS 浆体在 40℃时的水化放热曲线测试结果

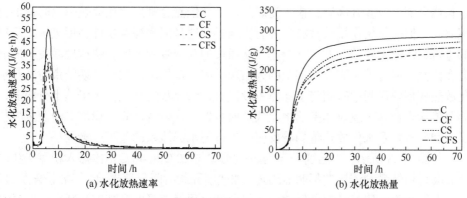

图 3.1.3　C、CF、CS 及 CFS 浆体在 50℃时的水化放热曲线测试结果

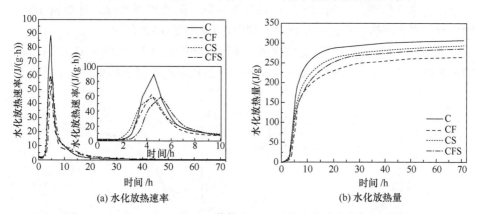

图 3.1.4　C、CF、CS 及 CFS 浆体在 60℃时的水化放热曲线测试结果

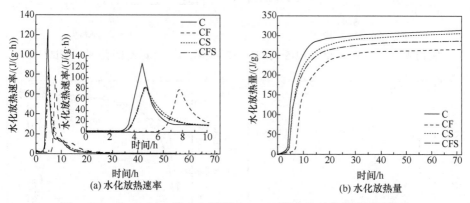

图 3.1.5　C、CF、CS 及 CFS 浆体在 70℃时的水化放热曲线测试结果

如图 3.1.2 所示，当水化温度升高到 40℃时，胶凝材料会迅速与水发生反应，快速生成大量的水化产物，增加了未水化离子的迁移势垒，使得水化反应速率快速下降。此时水泥浆体诱导期的长短与 20℃时相比几乎没有变化。掺入粉煤灰会

延长诱导期。温度升高后,掺入粉煤灰、矿渣依然会推迟水化放热速率峰值的出现时间,但是延缓作用较常温条件有所缩短,这是因为高温条件会促进水化反应的进行,快速生成较多的 $Ca(OH)_2$,从而增加孔溶液的碱度,快速地激发矿渣的潜在活性,促进了矿渣和粉煤灰的火山灰反应。掺加矿渣的诱导期结束时间和水化放热速率峰值到达时间与水泥体系较接近,粉煤灰的延缓作用仍然十分明显,而复掺粉煤灰和矿渣时体系的水化放热曲线处于这两者之间。掺加矿渣及复掺粉煤灰和矿渣体系水化放热量随着反应的进行与水泥体系的差距逐渐缩小。

如图 3.1.3 所示,当温度升高到 50℃时,与 20℃和 40℃相比掺入粉煤灰和矿渣胶凝材料体系的诱导期都明显缩短,加速期开始时间显著提前。掺加粉煤灰时,与水泥体系相比依然具有延后效应,但是延后程度随温度升高有所减小。此时水化放热速率峰值到达时间与水泥体系几乎一致,随养护温度继续升高至 60℃、70℃时,水化放热速率进一步加快,如图 3.1.4 和图 3.1.5 所示。

图 3.1.6~图 3.1.10 分别为水泥(C)、掺 1%硅灰(CSF)、1%纳米 $CaCO_3$(CNC)、纳米 SiO_2(CNS)和 1%纳米 C-S-H(CNCSH)体系在不同温度下的水化放热特性。

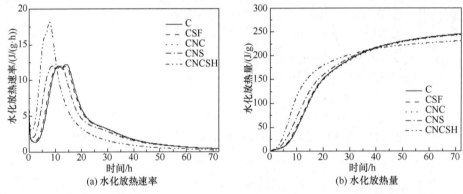

图 3.1.6　C、CSF、CNC、CNS 及 CNCSH 浆体在 20℃时的水化放热曲线测试结果

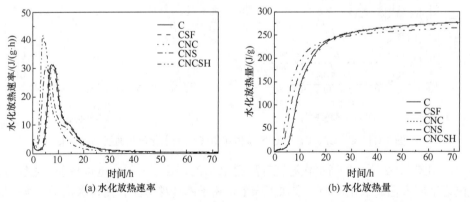

图 3.1.7　C、CSF、CNC、CNS 及 CNCSH 浆体在 40℃时的水化放热曲线测试结果

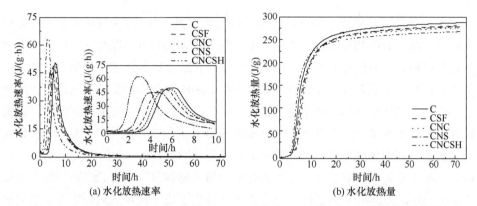

(a) 水化放热速率　　　　　(b) 水化放热量

图 3.1.8　C、CSF、CNC、CNS 及 CNCSH 浆体在 50℃时的水化放热曲线测试结果

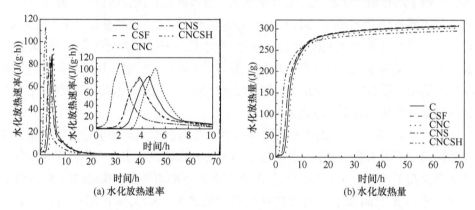

(a) 水化放热速率　　　　　(b) 水化放热量

图 3.1.9　C、CSF、CNC、CNS 及 CNCSH 浆体在 60℃时的水化放热曲线测试结果

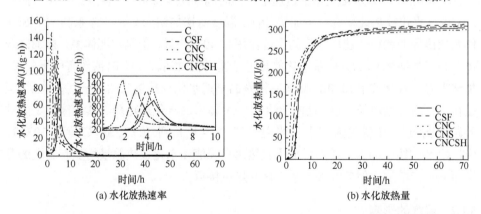

(a) 水化放热速率　　　　　(b) 水化放热量

图 3.1.10　C、CSF、CNC、CNS 及 CNCSH 浆体在 70℃时的水化放热曲线测试结果

由图 3.1.6 可以看出，在 20℃时，掺入硅灰和纳米 $CaCO_3$ 对胶凝材料体系的诱导期长短几乎无影响，而加入纳米 SiO_2 诱导期结束时间提前了约 1.5h，掺入纳

米 C-S-H 使胶凝材料体系的诱导期结束时间提前 2h。掺入硅灰使体系最大放热速率峰值的到达时间相比水泥组提前 0.5h，掺入纳米 $CaCO_3$ 的胶凝材料体系最大放热速率峰值到达时间提前 0.2h。掺入纳米 SiO_2 和纳米 C-S-H 的体系最大放热速率峰值到达时间分别提前了 2.5h 和 5h。纳米 C-S-H 对浆体的促进作用最强，纳米 C-S-H 在水化过程中起晶种作用，促进晶核的成核和生长，使水化产物可以在水泥颗粒和 C-S-H 表面更快生长。纳米 SiO_2 和硅灰的促进作用也很明显，纳米 SiO_2 和硅灰都具有很细的颗粒形态和较高的非晶态 SiO_2 含量，纳米 SiO_2 的活性高于硅灰。纳米 SiO_2 颗粒溶解生成的氧化硅离子与水泥颗粒释放的 Ca^{2+} 和碱离子形成 C-S-H。而纳米 SiO_2 作为活性填料为 C-S-H 提供了成核位点，从而加速了水化进程，缩短了诱导期。纳米 $CaCO_3$ 在早期属于惰性颗粒，在常温条件下对水化的促进作用不明显。掺加纳米 C-S-H 和纳米 SiO_2 在水化前 35h 放热量远大于水泥浆体，说明纳米 C-S-H 和纳米 SiO_2 的活性较大，在水化一开始就参与反应，产生大量热量，生成大量的水化产物并产生聚集，阻碍了其进一步扩散，从而水化放热量增加速度逐渐变缓，掺纳米 SiO_2 体系与水泥浆体最终水化放热量接近，掺纳米 C-S-H 浆体最终水化放热量低于水泥浆体。

如图 3.1.7 所示，当温度升高到 40℃时，复合胶凝材料的水化反应加速，水化放热速率峰值大幅度提高，其中掺加纳米 C-S-H 体系的水化放热速率峰值较其他体系提高了约 9.73J/(g·h)，大于在 20℃条件下的增加值。掺加纳米 SiO_2 体系的诱导期结束时间较水泥及掺加硅灰和掺加纳米 $CaCO_3$ 体系都提前了。纳米 C-S-H 和纳米 SiO_2 水化放热量迅速增长的时间缩短至 23h。当温度进一步升高至 50℃时，水化放热速率进一步加快，但是温度对掺加纳米 C-S-H 体系和纳米 SiO_2 体系的诱导期和放热速率峰值的促进作用与 40℃相近，但是水泥体系，掺加硅灰体系和掺加纳米 $CaCO_3$ 体系水化放热量迅速增长时间较 40℃时依然有所提前。掺加纳米 C-S-H 体系和掺加纳米 SiO_2 体系的早期水化放热量依然高于其他体系，但是在 15h 后开始增长缓慢，且掺加纳米 SiO_2 体系的水化放热量与其他体系之间的差距随温度的升高逐渐缩小。当温度进一步升高到 50℃、60℃乃至 70℃时(图 3.1.8～图 3.1.10)，各体系水化放热速率峰值和水化放热总量均随着温度的升高而进一步增加，但最终各体系水化放热量接近。

3.1.2 温度的影响

根据前述结果可知，水化环境温度升高，体系水化反应速率加快，诱导期结束时间提前，水化放热速率峰值增加。图 3.1.11 和图 3.1.12 分别进一步给出了水化温度对各体系水化放热速率峰值到达时间及峰值大小的影响结果。

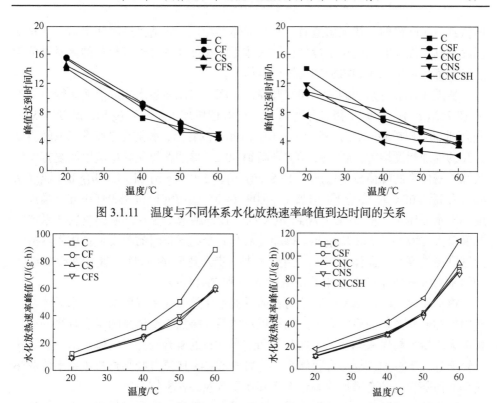

图 3.1.11　温度与不同体系水化放热速率峰值到达时间的关系

图 3.1.12　温度与不同体系水化放热速率峰值的关系

　　从图 3.1.11 可知，温度从 20℃升高到 40℃，水泥体系水化放热速率峰值到达时间提前了 6.8h；温度从 40℃ 升高到 60℃ 时，峰值到达时间提前了 2.6h。温度从 20℃升高到 40℃时掺加粉煤灰、矿渣以及复掺粉煤灰和矿渣时峰值到达时间分别提前了 6.3h、5.3h、6.8h。当温度进一步升高时，水化放热速率峰值到达时间也提前了，但是提前的幅度有所下降。掺加硅灰和纳米材料的胶凝材料体系水化放热速率峰值出现时间早于掺加粉煤灰、矿渣体系。掺加硅灰的胶凝材料体系，20~60℃对水泥的促进作用随着温度的升高而增强。当掺加纳米材料时也呈现出温度低时提前时间较长，随着温度升高提前的幅度减小。相较于 20℃，在 40℃条件下，掺加纳米 SiO_2 和纳米 C-S-H 的体系相较于水泥体系峰值到达时间分别提前了 2.4h 和 3h，提前效果有所增大；随着温度进一步升高到 50℃，提前的时间缩短为 1.5h 和 2h，而温度增加到 60℃，提前时间进一步缩短。说明从 20℃到 40℃，温度升高会加强纳米 SiO_2 和纳米 C-S-H 对水泥诱导期的促进作用，而当温度进一步升高时，这种促进作用的增加速率有所下降。且掺加硅灰、纳米 $CaCO_3$、纳米 SiO_2 和纳米 C-S-H 时，各不同胶凝材料体系之间峰值到达时间的差距逐渐缩小。

　　与水泥体系相比，掺加粉煤灰后推后了峰值到达时间，但是随着温度升高，峰值到达时间提前。掺加矿渣时，与水泥体系相比，峰值到达时间提前，但是随温度升高，提前的幅度小于掺加粉煤灰体系。掺加硅灰和纳米材料的体系峰值到达时间都远早于水泥和掺加矿物掺合料体系。

从图 3.1.12 可知，温度从 20℃升高到 40℃，水泥体系水化放热速率峰值增加了 19.26J/(g·h)；温度从 40℃升高到 50℃时峰值增加了 18.89J/(g·h)；温度从 50℃升高到 60℃时峰值增加了 38.25J/(g·h)。由此可以看出，水化放热速率峰值随温度升高的增加幅度增大。温度从 20℃升高到 40℃，掺加粉煤灰和矿渣以及复掺粉煤灰和矿渣体系的峰值分别增加了 15.83J/(g·h)、15.39J/(g·h) 和 14.32J/(g·h)；温度从 40℃升高到 60℃时峰值分别增加了 36.09J/(g·h)、36J/(g·h) 和 35.94J/(g·h)，增加幅度小于水泥体系。从 20℃升高到 40℃时，掺加纳米 C-S-H 的胶凝材料体系增加幅度最大，增大了 23.67J/(g·h)。掺加硅灰和其余纳米材料的胶凝材料体系峰值随温度升高幅度与水泥体系接近，当温度进一步升高至 60℃时，掺加纳米 $CaCO_3$ 和纳米 C-S-H 体系分别增加了 63.63J/(g·h) 和 71.44J/(g·h)。

掺加粉煤灰、矿渣复合胶凝材料体系的水化放热速率峰值都小于水泥体系，其中掺加矿渣体系的峰值大于掺加粉煤灰体系。掺加矿渣体系随温度升高的增加幅度大于掺加粉煤灰体系。掺加硅灰和纳米材料的复合胶凝材料体系水化放热速率峰值远大于掺加矿物掺合料体系。掺加纳米 C-S-H 复合胶凝材料体系水化放热速率峰值随温度升高增加速率远大于其他复合胶凝材料体系。

图 3.1.11 和图 3.1.12 结果表明，随着温度的升高，胶凝材料体系水化放热速率峰值到达时间提前。放热峰值随温度的升高而增大。通过数学分析可以看到，放热速率峰值到达时间随温度呈线性下降，其中水泥组下降幅度最大，说明温度对水泥影响较大；而水化放热速率峰值随温度升高呈指数增长。掺硅灰、纳米 $CaCO_3$ 和纳米 SiO_2 的胶凝材料体系随着温度的升高，水化放热速率峰值相较于水泥体系影响较小。

3.1.3　蒸养非稳态过程水化热计算

Copeland 等[15]的研究指出，在 4～100℃条件下的水化放热速率符合 Arrhenius 方程(式(3.1.1))，水化放热速率的自然对数($\ln K$)和热力学温度的倒数($1/T$)存在明显的线性相关性。

$$\ln K = -\frac{E_a}{RT} + C \tag{3.1.1}$$

式中，E_a 为活化能，与水泥及反应温度相关；R 为气体常数；T 为温度；C 为常数。

同时，根据 Bazant[16]提出的等效龄期函数，如式(3.1.2)所示。等效龄期是指在相同水化放热量下，水化体系在某一水化温度条件下相对于参考温度下水化一定时间的等效龄期。根据式(3.1.2)，容易得到水化体系在某一温度条件下的等效龄期(时间)。董继红等[17]也利用等效龄期函数研究了不同养护温度条件下水泥浆体的水化放热曲线，发现任一温度条件下的水化放热速率可用等效龄期建立的统一模型进行表达。

$$t_e = \int_0^t \exp\left[Q\left(\frac{1}{T_r} - \frac{1}{T} \right) \right] dt \tag{3.1.2}$$

式中，$Q=E_a/R$；T_r 为参考温度；T 为实际温度；t_e 为等效时间；t 为参考温度条件下的时间段。

上述 Arrhenius 方程和等效龄期函数可以分别定量表示养护温度变化对水化速率和水化进程的影响。养护温度的变化对体系水化速率与水化进程影响的大小主要取决于体系的活化能，因此计算蒸养过程中的水化放热曲线，需要量化养护温度对胶凝体系水化速率与水化进程的影响，首先要获取体系的活化能 E_a。

活化能即化学反应所需要的阈能，其大小可以用于反映化学反应的难易程度。水泥基材料的水化反应是一个复杂的过程，随着水化的进行其水化的控制机理也会随之发生一定的变化，因此体系的活化能也会随着水化的进行发生一定的变化。本节通过等温量热仪测量的不同温度条件下的水化热数据和 Arrhenius 方程(式(3.1.1))，计算得到不同水化放热量条件下胶凝材料体系的活化能，结果如图 3.1.13 所示。

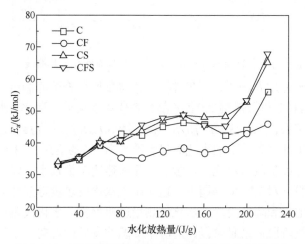

图 3.1.13　不同胶凝体系的活化能随水化放热量的变化

由图 3.1.13 可知，随着水化放热量的累积，体系活化能会发生一定的变化，不同体系活化能总体呈现随水化放热量升高的变化趋势。分析发现，水泥-矿渣体系和水泥-粉煤灰-矿渣体系的活化能 E_a 最高，均为 45.8kJ/mol(平均值)；其次是水泥体系，43.1kJ/mol；水泥-粉煤灰体系最低，38.2kJ/mol。由 Arrhenius 方程可知，养护温度一定的条件下，E_a 越大则反应速率参数 K 值变化越大，即反映了养护温度对体系反应速率的影响。对比本节涉及的四个水化体系，水泥-矿渣体系和水泥-粉煤灰-矿渣体系受养护温度的影响最大，其次是水泥体系，相比之下水泥-粉煤灰体系受养护温度的影响最低。

　　基于测量得到的 20℃ 和 60℃ 条件下的水化热数据和活化能，即可通过 Arrhenius 方程和等效龄期函数计算得到变温条件下的水化放热曲线。计算结果与实测结果如图 3.1.14 所示。从图中可以发现，各体系实测值与预测值基本吻合，说明采用此方法计算变温条件下的水化热曲线是可靠的。

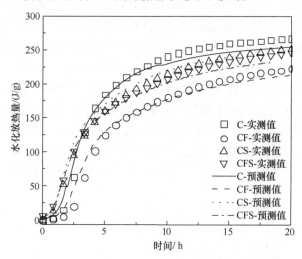

图 3.1.14　等效龄期函数预测得到 60℃ 蒸养下各体系水化放热曲线与实测曲线比较

　　因此，基于上述方法，进一步计算分析得到所调查蒸养制度下(静停 2h、升温 2h、60℃ 恒温 8h 以及降温 2h)各胶凝材料体系水化放热速率、水化放热量随蒸养进程的变化结果，如图 3.1.15 所示。根据图 3.1.15 所示蒸养过程中体系的水化放热曲线，可将蒸养条件下的水化放热大致分为三个阶段：第 I 阶段，对应于静停和升温期内，该阶段内水化放热量、水化放热速率都较小，属于初始水化放热阶段；第 II 阶段，对应于恒温期内，这一阶段水化放热量迅速增大，水化放热速率经历了快速增加和降低阶段，水化放热量迅速累积，水化放热速率达到最大，属快速水化放热阶段；第 III 阶段，对应于降温期及后续龄期，该阶段内水化放热量平缓增加，水化放热速率缓慢，属于缓慢水化放热阶段。通过上述分析可以发现，蒸养非稳态条件下，混凝土在静停期和升温期，水化进程较为缓慢，属于水化诱导期；恒温期内，水化热迅速累积，经历水化加速期和减速期；降温期及之后，缓慢水化阶段，进入水化稳定期(扩散作用期)。

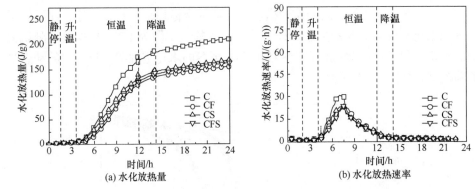

图 3.1.15　典型蒸养制度下浆体水化放热速率和水化放热量曲线

3.2　水化反应动力学

化学反应动力学涉及的两个主要内容是反应速率与反应进程。对水泥基材料而言，可通过分析胶凝材料的反应程度与水化放热的方法来进行其水化动力学研究。以下基于水化反应程度和放热行为，从宏观和细微观角度，分析建立蒸养过程中水泥及其复合胶凝材料体系的水化动力学模型。

3.2.1　基于水化程度的水泥水化动力学模型

假设水泥颗粒为球形，如图 3.2.1 所示，其初始粒径为 d_m，在某一时刻其水化深度为 h，则水化程度 α 可用式(3.2.1)和式(3.2.2)表示：

$$\alpha = \frac{\frac{1}{6}\pi d_m^3 - \frac{1}{6}\pi(d_m - 2h)^3}{\frac{1}{6}\pi d_m^3} \quad (3.2.1)$$

$$h = \frac{d_m(1 - \sqrt[3]{1-\alpha})}{2} \quad (3.2.2)$$

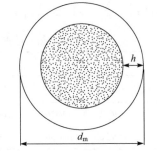

图 3.2.1　水泥球形颗粒水化模型示意图

由式(3.2.2)可知，水泥颗粒的水化深度 h 和 $(1 - \sqrt[3]{1-\alpha})$ 成正比。因此，水泥水化动力学进程可用式(3.2.3)表示：

$$(1 - \sqrt[3]{1-\alpha})^N = kt \quad (3.2.3)$$

式中，k 为反应速率常数；t 为水化时间。

通过试验测试得到相应的水化程度，则可以计算出 $(1 - \sqrt[3]{1-\alpha})$ 的值，将

$(1-\sqrt[3]{1-\alpha})$ 作为纵坐标，时间作为横坐标，横纵坐标均采用对数坐标，便可以得到水泥水化程度与时间的关系曲线，其中曲线的斜率即为 $1/N$。根据上述测试得到的水化进程，可得到恒温 20℃标养和 60℃蒸养的水化进程随水化时间的动力学关系模型，如图 3.2.2 所示。

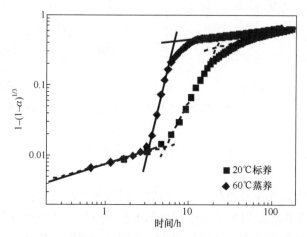

图 3.2.2　水泥颗粒体系的水化进程与水化时间的动力学关系

　　从图 3.2.2 中可以看到，该曲线呈现三阶段变化：第 I 阶段为初始阶段，此时水泥水化进程随时间缓慢变化；第 II 阶段为水化进程随时间的快速增加阶段，水泥水化程度随时间迅速增加；第 III 阶段为水化后续阶段，体系水化进程随时间平缓增加，这三个阶段与图 3.1.1(b) 和图 3.1.4(b) 中的结果基本吻合；进一步分析该曲线，可以得到上述三个阶段的斜率，进行线性拟合得到参数 N 和 k 的取值，见表 3.2.1。

表 3.2.1　蒸养过程中的水泥及其复合体系的水化动力学参数

参数	C		CF		CS		CFS	
	I	II	I	II	I	II	I	II
N	0.4632	1.9436	0.3083	1.2599	0.2538	1.7061	0.2617	1.5003
k	0.0620	0.0184	0.0790	0.0176	0.0851	0.0084	0.0829	0.0109

　　从表 3.2.1 中可知，不同复合胶凝材料体系 I 和 II 阶段的 N 值明显不同，第 II 阶段的 N 值远大于第 I 阶段，说明在这两个阶段决定反应速率的影响因素发生了改变。当 $N<1$ 时，水化反应主要取决于固液相自动催化反应控制；当 $N=1$ 时，由相边界反应控制；当 $N \geqslant 2$ 时，表示水化受扩散过程控制[18]。表 3.2.1 所示结果表明，不同的胶凝材料体系在阶段 I 时，N 值都小于 1，说明此时水化主要受固液相反应控制。第 II 阶段水泥体系 N 的值接近 2，说明此时水化进入水分子扩散

速率控制阶段，CF、CS 和 CFS 体系 N 值介于 1～2，说明此时仍处于固液相反应控制和水分子速率扩散控制的过渡阶段。掺加矿物掺合料提高了第 I 阶段的反应速率，但是减缓了第 II 阶段的反应速率。其中，单掺矿渣的水泥浆体第 I 阶段的反应速率最大，但第 II 阶段的反应速率最小。相反，单掺粉煤灰的第 I 阶段的反应速率较小，第 II 阶段的反应速率较大。而复掺粉煤灰和矿粉后，既显著提高了第 I 阶段的反应速率，又使第 II 阶段的反应速率接近基准水泥体系。

3.2.2　基于水化机理的细微观水化动力学模型

依据水泥颗粒溶解反应与水化产物结晶生长的假设，Krstulović 等[19]认为水泥水化可分为成核与晶体生长(nucleation and crystal growth)、相边界反应(interactions at phase boundaries)、扩散(diffusion)，即 NG-I-D 三个基本过程，且水泥水化反应速率由三阶段中反应速率最低的阶段控制，由此提出了如下水泥水化反应动力学过程方程。

成核与晶体生长(NG)过程可用式(3.2.4)进行描述：

$$\left[-\ln(1-\alpha)\right]^{\frac{1}{n}} = K_1(t-t_0) \tag{3.2.4}$$

相边界反应(I)过程可用式(3.2.5)进行描述：

$$1-(1-\alpha)^{\frac{1}{3}} = K_2(t-t_0) \tag{3.2.5}$$

扩散(D)过程采用式(3.2.6)进行描述：

$$\left[1-(1-\alpha)^{\frac{1}{3}}\right]^2 = K_3(t-t_0) \tag{3.2.6}$$

根据各参数的含义，对式(3.2.4)～式(3.2.6)进行微分，则可得到各阶段水泥水化反应速率的动力学方程，如式(3.2.7)～式(3.2.9)所示。

成核与晶体生长(NG)速率：

$$\frac{\mathrm{d}\alpha}{\mathrm{d}t} = F_1(\alpha) = K_1 n(1-\alpha)\left[-\ln(1-\alpha)\right]^{\frac{n-1}{n}} \tag{3.2.7}$$

相边界反应(I)速率：

$$\frac{\mathrm{d}\alpha}{\mathrm{d}t} = F_2(\alpha) = K_2 \times 3(1-\alpha)^{\frac{2}{3}} \tag{3.2.8}$$

扩散(D)速率：

$$\frac{\mathrm{d}\alpha}{\mathrm{d}t} = F_3(\alpha) = K_3 \times 3(1-\alpha)^{\frac{2}{3}} \bigg/ \left[2-2(1-\alpha)^{\frac{1}{3}}\right] \tag{3.2.9}$$

式中，α 为水化程度；K_1、K_2、K_3 分别为三个水化过程的反应速率常数；t_0 为诱导期结束时间；n 为反应级数。

　　将测得的水化放热量数据转化为动力学所需要的水化程度 α (式(3.2.10))和水化速率 $d\alpha/dt$ (式(3.2.11))：

$$\alpha(t) = \frac{Q(t)}{Q_{\max}} \tag{3.2.10}$$

$$\frac{d\alpha}{dt} = \frac{dQ}{dt} \cdot \frac{1}{Q_{\max}} \tag{3.2.11}$$

式中，Q 为水化放热量；$Q_{\max}$ 为最大水化放热量。将 $Q_{\max}$ 代入式(3.2.10)和式(3.2.11)中，可得到水化程度 α 和实际水化速率 $d\alpha/dt$，再把 α 代入式(3.2.4)~式(3.2.6)，可通过线性拟合求得 n、K_1、K_2、K_3，并将得到的动力学参数代入式(3.2.7)~式(3.2.9)，可分别得到表征 NG、I、D 过程的反应速率 $F_1(\alpha)$、$F_2(\alpha)$、$F_3(\alpha)$ 与水化程度 α 之间的关系，将 $F_1(\alpha)$、$F_2(\alpha)$、$F_3(\alpha)$、$d\alpha/dt$ 与 α 的关系作图，从而分析不同条件下水泥浆体的水化动力学行为及机理。

　　图 3.2.3~图 3.2.5 分别为 20℃恒温、60℃恒温及 60℃蒸养条件各体系水化动力学模型的分析结果。

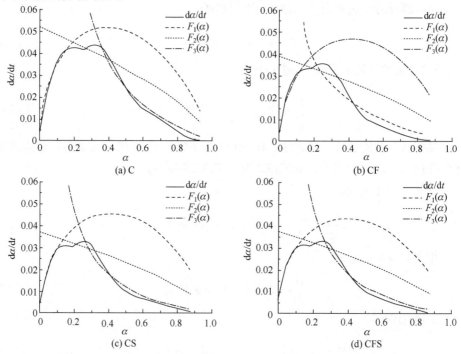

图 3.2.3　C、CF、CS 及 CFS 浆体在 20℃时水化动力学模型拟合结果

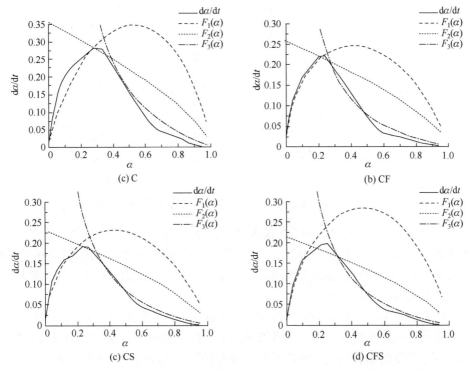

图 3.2.4　C、CF、CS 及 CFS 浆体在 60℃时水化动力学模型拟合结果

由图 3.2.3 可知，在 20℃条件下，所述模型能够较好地模拟掺加粉煤灰或矿渣的复合胶凝材料体系的水化过程，同时各胶凝材料体系的水化动力学过程均经历较为明显的 NG→I→D 三阶段。复合胶凝材料体系的水化比水泥体系更加复杂，水化过程的控制在受到水泥本身水化影响的同时，也受到矿物掺合料的作用。由图 3.2.3(b)可知，加入粉煤灰缩短了 NG 过程，同时也降低了 I→D 转变的水化程度，分析图 3.2.3(c)和图 3.2.3(d)发现，矿渣体系和复掺体系也有类似的影响。

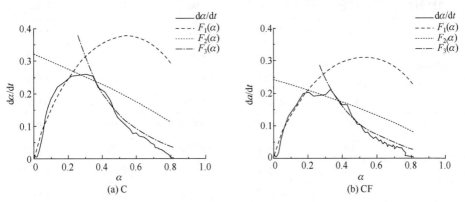

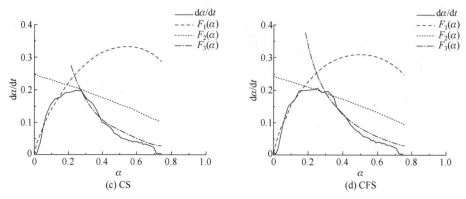

图 3.2.5　C、CF、CS 及 CFS 浆体在蒸养 60℃时水化动力学模型拟合结果

由图 3.2.4 可以发现，60℃恒温养护条件下，仍有较为明显的结晶成核生长(NG)控制阶段和扩散(D)控制阶段，但相比于 20℃养护条件，相边界反应(I)控制阶段明显缩短，并有逐渐消失的趋势，胶凝材料体系的水化过程由 NG 控制快速转变为 D 控制过程的趋势。

蒸养过程中的水化动力学模型模拟结果如图 3.2.5 所示。由图 3.2.5 可知，蒸养条件下不同体系的水化动力学可以采用上述模型表示，与 60℃恒温条件类似，仍有较为明显结晶成核生长(NG)控制阶段和扩散(D)控制阶段，但相比于 20℃养护条件，相边界反应(I)控制阶段明显缩短。这主要与水化反应速率相关，60℃恒温养护和蒸养条件下，水化放热速率峰值都有了很大的提高，具体表现为当水化进入加速期，短时间内水化产物大量积聚，形成水化产物包裹层，导致离子迁移的势垒快速增加，水化过程短时间内由 NG 控制转变为 D 控制。

通过水化动力学模型分析，可得到相应体系的水化动力学参数，具体见表 3.2.2。

表 3.2.2　各体系水化动力学模型拟合参数

养护条件	体系	n	K_1	K_2	K_3
20℃恒温养护	C	2.4320	0.0564	0.0178	0.0054
	CF	2.2423	0.0450	0.0144	0.0034
	CS	2.3755	0.0480	0.0115	0.0024
	CFS	2.7598	0.0447	0.0121	0.0025
60℃恒温养护	C	3.9869	0.2287	0.1177	0.0287
	CF	3.8051	0.2032	0.0764	0.0148
	CS	3.9545	0.2372	0.0713	0.0176
	CFS	4.4475	0.2130	0.0778	0.0170

续表

养护条件	体系	n	K_1	K_2	K_3
蒸汽养护	C	4.5961	0.2177	0.1080	0.0294
	CF	4.0867	0.1998	0.0705	0.0232
	CS	4.3859	0.2006	0.0825	0.0183
	CFS	4.1032	0.2241	0.0743	0.0175

基于表 3.2.2 结果，可以发现蒸养过程中的 n 值大于水化温度恒定为 60℃时的值，其中蒸养过程中基准水泥的 n 值最大，掺加矿渣体系 n 值大于复掺粉煤灰和矿渣及单掺粉煤灰体系。复掺粉煤灰和矿渣时，K_1 的值与水泥体系接近，大于分别单独掺加粉煤灰和矿渣。掺加不同矿物掺和料时 K_2 值的变化规律与 n 值类似，掺加矿渣体系大于掺加粉煤灰体系时的值。蒸养条件下动力学参数的规律整体与60℃恒温条件下近似，但是蒸养过程的 n 值会远大于恒温条件，这是因为与恒定温度相比，蒸养过程经历了不同的温度变化过程，引起的水化过程更为复杂，因此反应级数相对较高。蒸养过程中的反应速率常数 K_1、K_2 和 K_3 小于 60℃恒温时的值，但大于 20℃恒温条件下的相应数值。

3.3　蒸养各阶段的水化反应进程

通过测试蒸养过程中的化学结合水和 $Ca(OH)_2$ 含量可以在一定程度上反映水泥等胶凝材料体系的水化进程。图 3.3.1(a)~(h)分别给出了蒸养过程中，不同的胶凝材料体系(C、CF、CS、CFS 符号含义同前)的热重 (thermogravimetry, TG)分析测试和微商热重(derivative thermogravimetry, DTG)结果。

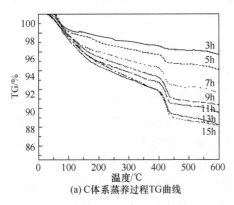

(a) C体系蒸养过程TG曲线

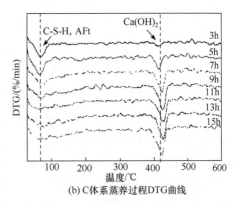

(b) C体系蒸养过程DTG曲线

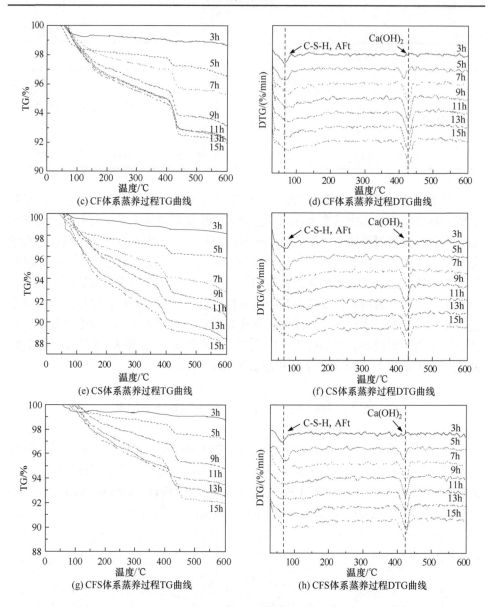

图 3.3.1　C、CF、CS 和 CFS 体系在蒸养过程中的 TG、DTG 图谱

图 3.3.1 中 DTG 曲线中从室温到 100℃左右的吸热峰主要对应 C-S-H 凝胶和钙矾石的分解；400～450℃对应 Ca(OH)$_2$ 的分解。随着水化反应的进行，AFm 相吸热峰逐渐增加。Ca(OH)$_2$ 的吸热峰也逐渐增大。掺加矿渣体系的氢氧化钙吸热峰在蒸养早期大于掺加粉煤灰体系，而在蒸养后期掺加粉煤灰体系的 Ca(OH)$_2$ 吸热峰逐渐增强。这主要是由于各胶凝材料组成及其水化反应存在差异。

基于热重分析曲线得到水泥体系、水泥-粉煤灰体系、水泥-矿渣体系以及水泥-粉煤灰-矿渣体系在蒸养过程中的化学结合水含量和 Ca(OH)$_2$ 含量(质量分数)，结果如图 3.3.2 所示。

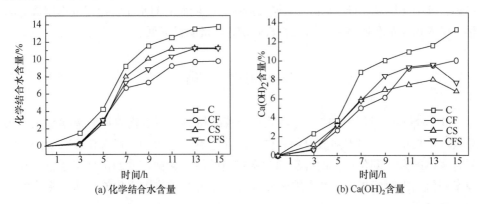

图 3.3.2　不同胶凝材料体系在蒸养过程中的化学结合水和 Ca(OH)$_2$ 含量变化曲线

由图 3.3.2(a) 可以看出，随着水化反应的进行，试样的化学结合水含量逐渐增多。在静停阶段化学结合水增长较慢，此时水化温度保持在 20℃，水化速率较慢，产生的水化产物较少。进入升温阶段后化学结合水含量较静停阶段明显增多，此时温度从 20℃ 缓慢升高，由于环境温度的改变会促进水化反应的进行，产生大量的水化产物。在恒温阶段(5～7h)化学结合水增长速度最快，这是因为环境温度的升高以及浆体迅速水化产生大量水化热，进一步促进水化反应，从而在这个阶段会产生大量的水化产物。在恒温阶段(7～13h)，化学结合水含量依然呈上升趋势，但是增加速度变慢。在降温阶段化学结合水增长速率明显变缓。在整个蒸养过程中化学结合水的增长呈 S 型指数增长趋势。单掺粉煤灰、矿渣以及复掺粉煤灰和矿渣时化学结合水含量显著降低。这是因为浆体中水泥的质量分数降低，产生的水化产物数量会减少。在静停阶段，单掺粉煤灰、矿渣以及复掺粉煤灰和矿渣体系的化学结合水含量接近。升温阶段掺加粉煤灰、矿渣的化学结合水的增长速率与水泥体系接近，说明此时的化学结合水也主要来自水泥水化。因此，单掺粉煤灰、矿渣以及复掺粉煤灰和矿渣体系的化学结合水含量接近。进入恒温阶段后由于温度对水泥水化的促进作用生成了大量的 Ca(OH)$_2$，使矿渣的活性被激发，发生火山灰反应生成大量 C-S-H 凝胶，增加了复合胶凝材料体系中化学结合水含量。在高温条件下会对粉煤灰的玻璃体的网状结构产生破坏，硅氧键和铝氧键被解聚，增强了粉煤灰的活性，使其水化程度提高，化学结合水含量增加，所以其化学结合水的增长速率会高于水泥体系。当掺量相同时，CS 体系的化学结合水含量会高于 CFS 和 CF 体系，与蒸养过程中复合胶凝材料体系水化放热曲线一致。在恒温阶段(7～13h)水化速率逐渐变缓，由此产生的化学结合水含量增长速率变慢。当进入降温阶段后，化学结合水含量增长速率进一步降低。分析图 3.3.2(b) 的结果亦可知，在静停结束时，水泥体系产生的 $Ca(OH)_2$ 含量仅为 2.34%，水泥-粉煤灰体系仅有 0.67%，说明此时水化程度很低。随着水化进行，$Ca(OH)_2$ 含量逐渐增多，其中在恒温初期，$Ca(OH)_2$ 增长最多。说明此时对水泥水化促进作用最为明显；掺入粉煤灰和矿渣后，体系的 $Ca(OH)_2$ 含量明显降低。

3.4 小　　结

(1) 粉煤灰、矿渣的掺入会降低复合胶凝材料体系水化放热速率和水化放热总量。小掺量纳米材料对胶凝材料体系水化也有显著影响。掺入粉煤灰会使水泥复合浆体的诱导期延后，而硅灰和纳米材料的掺入会使体系的诱导期缩短和放热速率峰值出现时间提前，其中纳米 C-S-H 的掺入显著增加水化放热速率峰值和水化放热量。

(2) 温度升高对不同胶凝材料体系水化的影响趋势类似：最大放热速率峰值到达时间随温度升高呈线性下降，放热速率峰值随温度升高呈指数增长。其中矿渣的温度敏感性高于粉煤灰。纳米 SiO_2 的温度敏感性高于硅灰和其他纳米材料。

(3) 采用 Arrhenius 方程和等效龄期函数可较为准确地计算分析得到蒸养过程中的水泥体系的水化放热曲线。蒸养过程中水泥体系的水化放热曲线(水化进程曲线)可分为三个阶段：第 I 阶段为初始水化放热阶段，对应静停和升温期，水化放热量少和水化放热速率低，水化作用缓慢；第 II 阶段为快速水化放热阶段，对应于恒温期，此阶段内水化放热量快速增加，水化放热速率经历快速增长和快速下降阶段，水化进程快速增加；第 III 阶段为水化放热平缓增加阶段，对应于降温期及后续阶段，水化作用与放热缓慢进行，逐渐进入水化稳定期。

(4) 养护温度越高，水泥水化动力学反应级数 n 和反应速率常数 K_1、K_2、K_3 越大，60℃蒸养条件下反应级数 n 稍大于 60℃恒温养护，而反应速率常数 K_1、K_2 和 K_3 则稍小。

(5) 蒸养对水泥、水泥-粉煤灰、水泥-矿渣体系的水化产物生成速率的影响较显著，但对水化物相的种类影响较小。

(6) 在整个蒸养过程中，试件化学结合水含量呈现 S 型变化趋势，在静停期内，试件化学结合水含量非常少，进入升温期和恒温期后，化学结合水含量快速增加，至恒温阶段后期至降温阶段，化学结合水含量趋于稳定。

参 考 文 献

[1] Palou M T, Kuzielová E, Žemlička M, et al. The effect of curing temperature on the hydration of binary Portland cement[J]. Journal of Thermal Analysis and Calorimetry, 2016, 125(3): 1301-1310.

[2] Han F, Zhang Z, Liu J, et al. Hydration kinetics of composite binder containing fly ash at different temperatures[J]. Journal of Thermal Analysis and Calorimetry, 2016, 124(3): 1691-1703.

[3] 韩方晖, 刘娟红, 阎培渝. 温度对水泥-矿渣复合胶凝材料水化的影响[J]. 硅酸盐学报, 2016, 44(8): 1-10.

[4] Kjellsen K O, Detwiler R J, Gjørv O E. Development of microstructures in plain cement pastes hydrated at different temperatures[J]. Cement and Concrete Research, 1991, 21(1): 179-189.

[5] Patel H H, Bland C H, Poole A B. The microstructure of concrete cured at elevated temperatures[J]. Cement and Concrete Research, 1995, 25(3): 485-490.

[6] Escalante-Garcia J I, Sharp J H. Effect of temperature on the hydration of the main clinker phases in Portland cements: Part I. Neat cements[J]. Cement and Concrete Research, 1998, 28(9): 1245-1257.

[7] Kjellsen K O, Detwiler R J, Gjørv O E. Pore structure of plain cement pastes hydrated at different temperatures[J]. Cement and Concrete Research, 1990, 20(6): 927-933.

[8] Lothenbach B, Winnefeld F, Alder C, et al. Effect of temperature on the pore solution, microstructure and hydration products of Portland cement pastes[J]. Cement and Concrete Research, 2007, 37(4): 483-491.

[9] Gallucci E, Zhang X, Scrivener K L. Effect of temperature on the microstructure of calcium silicate hydrate (C-S-H)[J]. Cement and Concrete Research, 2013, 53: 185-195.

[10] Bahafid S, Ghabezloo S, Duc M, et al. Effect of the hydration temperature on the microstructure of class G cement: C-S-H composition and density[J]. Cement and Concrete Research, 2017, 95: 270-281.

[11] 阎培渝, 韩方晖. 基于图像分析和非蒸发水量的复合胶凝材料的水化程度的定量分析[J]. 硅酸盐学报, 2015, 43(10): 1331-1340.

[12] 阎培渝, 覃肖, 杨文言. 大体积补偿收缩混凝土中钙矾石的分解与二次生成[J]. 硅酸盐学报, 2000, 28(4): 319-324.

[13] 阎培渝, 杨文言. 模拟大体积混凝土条件下生成的钙矾石的形态[J]. 建筑材料学报, 2001, 4(1): 39-43.

[14] Taylor H F W, Famy C, Scrivener K L. Delayed ettringite formation[J]. Cement and Concrete Research, 2001, 31(5): 683-693.

[15] Copeland L E, Kantro D L, Verbeck G. Chemistry of hydration of Portland cement [C]//Fourth International Symposium the Chemistry of Cement, Washington DC, 1960.

[16] Bazant Z P. Constitutive equation for concrete creep and shrinkage based on thermodynamics of multiphase systems[J]. Materials and Structures, 1970, 3(1): 3-36.

[17] 董继红，李占印. 水泥水化放热行为的温度效应[J]. 建筑材料学报, 2010,13(5): 675-677.

[18] 吴学权. 矿渣水泥水化动力学研究[J]. 硅酸盐学报, 1988,16(5): 423-429.

[19] Krstulović R, Dabić P. A conceptual model of the cement hydration process[J]. Cement and Concrete Research, 2000, 30(5): 693-698.

第4章　蒸养混凝土微结构的形成与演变

混凝土的性能与其组成及微结构密切相关。蒸养混凝土在早期的蒸养过程中，水泥水化反应受升温影响而加快，微结构的形成和演化过程更加激烈和复杂[1,2]。在现有的蒸养制度下，混凝土从加水拌和开始，经过了静停、升温、恒温养护及降温等阶段[3,4]。每个阶段混凝土所处的温度和湿度环境都不同，从而影响其微结构的形成过程[5]。同时，混凝土作为一个多尺度多相混合体，体系内固、液、气三相对环境温度和湿度的响应特征存在差异，且各相之间相互影响。因此，蒸养混凝土微结构的形成及演变过程极其复杂，明显不同于常温养护混凝土[6~8]。本章从蒸养水泥石、水泥石-骨料界面以及蒸养混凝土三个层面，主要探讨蒸养混凝土微结构的形成与演变特征，以便进一步理解其相应宏观特性。

4.1　蒸养过程中水泥石的微结构演变

4.1.1　自由水含量变化

新拌水泥浆体经蒸养过程逐渐水化凝结硬化形成硬化水泥石的过程，实际上是体系自由水因水化作用而不断减少的过程，也是体系内部微结构构筑演变的过程[9~11]。因此，以下采用低场核磁共振(nuclear magnetic resonance, NMR)方法测试新拌水泥浆体在蒸养过程中自由水的变化规律，从而理解蒸养过程中水泥石微结构的形成特点。

1. 试验方法

采用基准水泥制备了水灰比(W/C)分别为0.3、0.35、0.4的水泥浆体样品。在进行 NMR 试验之前，先在 25℃室温环境下手动拌和相应配比的水泥浆体大约100g，然后将拌和均匀的浆体分别装入两个外径 25mm、高度 55mm 的圆柱形玻璃瓶中，各 10g 左右。在装入浆体的过程中要注意保证浆体直接沉入瓶底，避免挂在瓶壁上。在室温下静置 3h 后，分别放入两个用保鲜膜覆盖的水浴加热锅中进行蒸养，两个水浴加热锅的恒温温度分别为 60℃和80℃，典型蒸养制度如图 4.1.1 所示。在蒸养期间，确保玻璃瓶的盖子是打开的，即浆体是可以和蒸汽接触的。处理至一定时间，先将试样置于分析天平上称重，随后放入核磁共振仪样品管中

进行横向弛豫时间 T_2 测试。

　　所使用的核磁共振仪主频为 21MHz,磁场强度为 0.53T。通过分析软件可以将测得的横向弛豫时间曲线拟合成多指数函数。通过一系列的参数设置,可以减小测试过程中的系统误差。设备调试完成后,即可将装有水泥浆体样品的玻璃瓶置入 NMR 测试管内进行测试。测试时保持试验环境温度为(25±0.1)℃。为了减弱信号强度衰减导致的磁场梯度,选用合适的脉冲信号[12~14]。通过内置的同步迭代重建技术,将采样数据反演成 T_2 分布[15~18]。然后,用相对振幅的权重计算得到加权 T_2[19,20]。

　　2. 水灰比及蒸养温度的影响

　　通过对不同水灰比(0.3、0.35、0.4)的水泥净浆在图 4.1.1 所示的典型蒸养制度下养护,然后进行低场核磁共振测试,可以得到蒸养各阶段水化水泥石内的水分含量及孔结构变化。

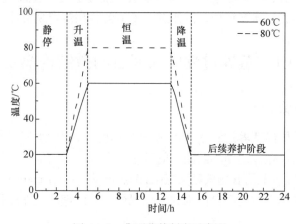

图 4.1.1　典型蒸养制度示意图

　　图 4.1.2 是蒸养不同阶段水化水泥浆体中 [1]H 质子横向弛豫时间 T_2 的反演图谱。从图中可以看出,水泥浆体在蒸养过程中 T_2 反演图上有 3 个信号峰值,分别对应水化水泥浆体内不同孔隙中的液态可移动水[21~24]。最强的信号峰对应的 T_2 时间为 0.1~10ms,占浆体内氢质子总信号量的 98%。随着蒸养的进行,水泥浆体内 [1]H 质子 T_2 信号峰逐渐向左移动,且峰面积在不断减小。T_2 信号峰的峰面积与浆体内自由水的含量呈线性关系,且横向弛豫时间越小,水分子所处的孔隙也越小[24,25]。即在整个蒸养过程中,水化水泥浆体内的自由水在不断减少,且逐渐由大孔中的自由水向更小孔隙中自由水减少。从过程上看,在蒸养的第 3h 到第 9h(即升温阶段和恒温阶段前 4h),T_2 信号峰的变化最为明显。而对比 60℃蒸养和 80℃蒸养发现,温度越高,水化水泥浆体内自由水的变化越快。

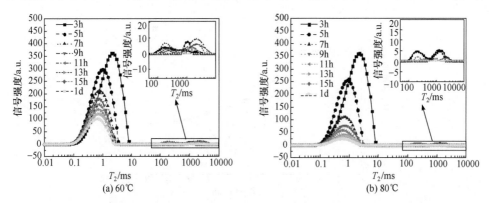

图 4.1.2　蒸养不同阶段水化水泥浆体中 ^1H 质子横向弛豫时间 T_2 的反演图谱

如前所述,横向弛豫时间反演图谱上信号峰的面积代表水泥浆体内自由水的含量。图 4.1.3 给出的是两种恒温温度下,水灰比分别为 0.3、0.35、0.4 的水泥浆中

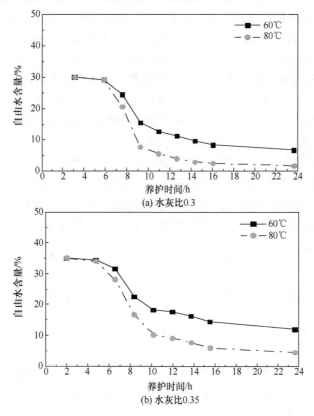

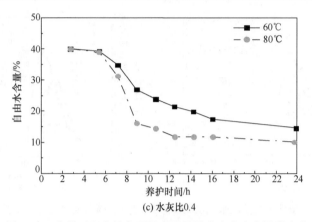

(c) 水灰比0.4

图 4.1.3 蒸养过程中单位质量水泥浆体内自由水含量的变化

自由水含量(质量分数)演变的对比结果。从图中可以看出,浆体里的自由水在蒸养过程中表现出不断减少的规律。其中,在升温阶段和恒温阶段前 4h 自由水含量下降最快。主要有两方面原因:在升温阶段,水泥浆体发生水化反应还不剧烈,此时自由水含量的降低主要归因于浆体与环境之间的湿度差以及不断升高的环境温度,自由水从浆体内部不断向外部环境迁移;而到了恒温阶段(特别是在前 2h),水泥浆体水化反应加速,此时自由水的减少主要归因于水化反应的消耗。从恒温阶段第 4h 开始,自由水含量降低速率开始变得缓慢,证明此时水泥熟料颗粒周围已经被大量水化产物包裹,凝胶孔内的自由水接触熟料颗粒变得困难,水化反应减慢。同时,结果显示 80℃蒸养条件下,浆体内自由水含量的下降比 60℃时快很多,特别是在蒸养周期升温阶段及恒温阶段前 2h。说明在更高的温度下,浆体内早期水分蒸发得更快,而在恒温阶段,水化反应也更剧烈。图 4.1.4 是水灰比对浆体内自由水含量演变的影响结果。从图中可以看出,在所研究的范围内,水灰比对浆体自

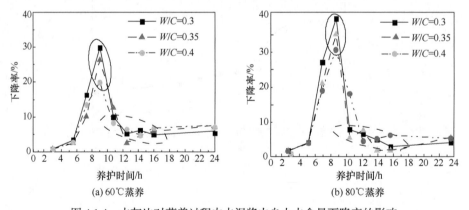

(a) 60℃蒸养　　　　　　　(b) 80℃蒸养

图 4.1.4 水灰比对蒸养过程中水泥浆内自由水含量下降率的影响

由水含量下降率的影响较小，3 种水灰比浆体在蒸养过程中的自由水含量均呈现两阶段变化规律：5～9h 内的快速降低期(见图 4.1.4 中实线圈)；9～15h 内的缓慢降低期(如虚线圈所示)。

4.1.2　孔结构演变特征

为了较好地表征蒸养过程中水泥浆体孔结构的形成与演变特征，以下联合 NMR 方法和 MIP 方法进行体系孔结构的测试计算分析。

1. 基于 NMR 方法的孔结构分析

按照 4.1.1 节采用的 NMR 方法，可以获取所测硬化水泥浆体的孔结构信息，其测试原理如下。根据快速扩散模型，水泥基材料内的等效孔径与孔内可移动 ^1H 质子的横向弛豫时间 T_2 成正比[26,27]，即

$$r_i = 2\rho_2 \cdot T_{2i} \tag{4.1.1}$$

式中，r_i 为各级孔的等效孔径；T_{2i} 为横向弛豫时间；ρ_2 为表面弛豫率，其值等于孔壁水分子层层厚 λ 除以水分子的表面弛豫 $T_{2,s}$：

$$\rho_2 = \frac{\lambda}{T_{2,S}} \tag{4.1.2}$$

由此，可通过 T_2 来计算蒸养过程中浆体内自由水所在孔隙的等效孔径[28~31]。图 4.1.5 是计算得到的蒸养过程中水灰比为 0.3 的水泥浆体内不同孔径范围孔中所含氢质子的横向弛豫信号强度。通过图 4.1.5 可看出，在蒸养过程中，低水灰比(0.3)水泥浆体内的自由水绝大部分(90%以上)都填充在孔径范围为 10～485nm 的毛细孔中，而只有很少的自由水被限制在孔径为 3.5nm～40μm 和 40～400μm 的毛细孔中。随着蒸养的进行，这些填有水的孔在不断变小，孔内的水也在不断地被水化反应所消耗。对于恒温 60℃蒸养，从开始升温到降温结束，水泥浆体的毛细孔峰值半径从 120nm 减小到 30nm；而对于 80℃蒸养，毛细孔峰值半径则从 120nm 减小到 30nm。与此同时，60℃蒸养条件下，水泥浆体气孔从 112μm 减小至 73.7μm；而在 80℃蒸养条件下，水泥浆体毛细孔从 74μm 减小至 48.5μm。另外，还可以看到，在蒸养过程的升温阶段和恒温阶段前 4h，试样毛细孔内的弛豫信号强度减小更快，说明自由水消耗得更快，水化反应更剧烈。相较于 60℃蒸养，80℃蒸养条件下水泥浆体在蒸养过程早期的化学反应更剧烈。图 4.1.6 和图 4.1.7 分别给出了水灰比为 0.35 和 0.4 的浆体在两种蒸养温度下各阶段的弛豫信号强度。

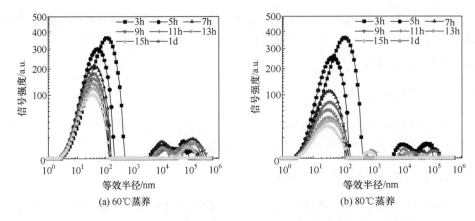

(a) 60℃蒸养　　　　　　　　(b) 80℃蒸养

图 4.1.5　水灰比为 0.3 的浆体在蒸养过程中不同孔径对应的弛豫信号强度

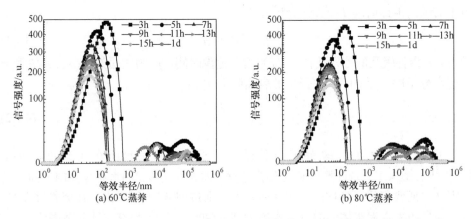

(a) 60℃蒸养　　　　　　　　(b) 80℃蒸养

图 4.1.6　水灰比为 0.35 的浆体在蒸养过程中不同孔径对应的弛豫信号强度

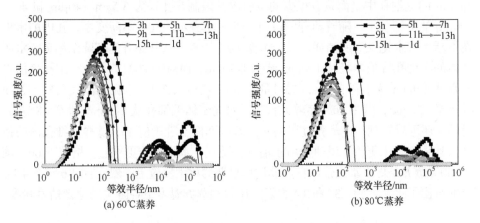

(a) 60℃蒸养　　　　　　　　(b) 80℃蒸养

图 4.1.7　水灰比为 0.4 的浆体在蒸养过程中不同孔径对应的弛豫信号强度

相似的质子弛豫信号变化规律可以在水灰比为 0.35 和 0.4 的浆体内看到。值得注意的是，水灰比越大，浆体内的弛豫信号越强，在细毛细孔和粗毛细孔中的信号量也更多。这说明不同于低水灰比浆体，较高水灰比(0.4)浆体里的水在未开始蒸养时，有较多自由水是分布在毛细孔中的。随着水化进行，凝胶孔、毛细孔里的水不断减小，直至弛豫信号消失。

2. 基于 MIP 方法的孔结构分析

由上述可知，NMR 方法可以基于孔隙中水的信息较好地实时分析得到蒸养过程中浆体体系孔径分布特征，是一种间接方法。以下进一步采用 MIP 方法对蒸养过程中水泥石的孔结构演变特征进行分析。

MIP 方法的基本原理是基于 Washburn 方程[32~34]。根据该方程，假设水泥浆体中的微孔为圆柱状，则其等效孔径 d 与非浸润液体(即汞)的压力 p 成反比：

$$d = -\frac{4\sigma\cos\theta}{p} \tag{4.1.3}$$

式中，σ 为汞的表面张力；θ 为汞与孔壁表面的接触角；p 为施加的压力；d 为等效孔径。

为通过 MIP 方法测试分析蒸养过程中试件孔结构的变化特征，试验采用上述相同的基准水泥分别拌制水灰比为 0.3 和 0.5 的浆体，制作成成型尺寸为 40mm × 40mm × 40mm 的净浆小试件，在室温下静置 3h，然后放入蒸养箱中按图 4.1.8 所示制度进行蒸汽养护并选取相应测试试样(图中 a、b、c 三点分别对应选取试样时间点)，采用异丙醇溶液浸泡脱水终止水化和处置试样，然后按照相应的操

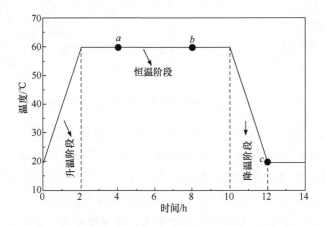

图 4.1.8　蒸养制度和压汞测孔试验所取试样的时间示意图

作程序进行压汞测试。图 4.1.9 是水灰比为 0.3 和 0.5 的水泥浆体在 60℃蒸养条件下的孔径分布曲线。图 4.1.10 是其最可几孔径分布曲线。从图中结果可以发现，随着蒸养时间的延长，水泥浆体内的孔隙率不断下降，且在 4～8h，下降得更快，最可几孔径也经历了一个不断变小的过程，蒸养第 4h，水灰比 0.3 和 0.5 的水泥浆体，最可几孔径分别为 574.3nm 和 1175.3nm；至蒸养结束时，水泥浆体的最可几孔径下降至 31.9nm 和 71nm。

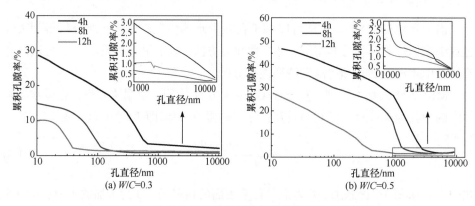

图 4.1.9　蒸养过程中所测硬化浆体的累积孔隙率结果

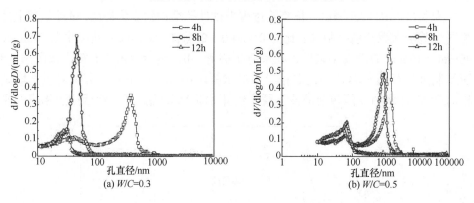

图 4.1.10　蒸养过程中所测硬化浆体最可几孔径分布结果

图 4.1.11 给出了不同蒸养时间下水泥石内累积孔隙率和中值孔径大小的结果。从图中可以明显看到，不同水灰比的水泥石的中值孔径和累积孔隙率差异显著，表明初始自由水含量对水泥石在蒸养过程中孔结构的演变有非常大的影响。在 12h 蒸养结束时，水灰比为 0.5 的水泥净浆累积孔隙率大约为水灰比为 0.3 的浆体的 2 倍。与此同时，其中值孔径也更大。这主要是由于水灰比为 0.5 的水泥浆体中存在较多自由水形成毛细孔隙。

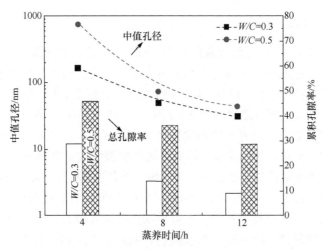

图 4.1.11 不同水灰比水泥石的中值孔径和累积孔隙率测试结果

4.2 蒸养过程中水泥石-骨料界面结构演变

4.2.1 SEM 下的水泥石-骨料界面过渡区特征

1. 试验方法

采用扫描电子显微镜(scanning electron microscope, SEM)观测骨料与水泥石之间的界面过渡区。首先按照不同的配合比手工拌和水泥浆体，将浆体分别倒入一个尺寸为 22mm × 20mm × 10mm 的塑料模具中,同时将一颗切割成边长为 8mm 立方体的大理石骨料置于浆体中，振捣密实后用小刀刮去表面多余浆体，如图 4.2.1 所示。静置 3h 后，将这些试件放入一个温控水浴槽中进行蒸养，水浴箱内温度控制按图 4.1.8 进行。另外，放置一组试件进行 20℃标养作为对比。至测试龄期，迅速取出试件并进行相应处理，之后将试件表面的水泥石磨掉，使大理石与水泥石之间的界面裸露出来，然后放入真空干燥器中干燥 24h，再采用 FEI Quanta 200 型扫描电子显微镜对试件的水泥石和骨料界面区域(距离骨料边缘 20μm 以内)分别进行观测。显微镜的加速电压为 20kV,观测模式是二次电子模式。

图 4.2.1 成型的水泥石-骨料界面试件

2. 结果与讨论

图 4.2.2 给出了蒸养各阶段及标养 3d 水泥石-骨料界面过渡区的典型 SEM 图像。通过对界面过渡区微裂纹的识别和宽度统计，可以得到界面过渡区孔结构特征信息。对于不同养护龄期的试样，试验选取了 6 张 SEM 图片进行微裂纹平均宽度和总长的统计，统计结果如图 4.2.3 所示。从图中可以发现，水泥石与骨料界面区存在一些微裂纹。蒸养试件的微裂纹平均宽度和总长都要大于标养试件，且随着水泥水化，水化产物的生长，界面过渡区微裂纹的宽度逐渐减小。在 60℃蒸养条件下，界面区微裂纹宽度减小较为缓慢。图中结果显示，从蒸养 4h 到 12h，微裂纹平均宽度由 29.89μm 减小至 23.81μm。对比 20℃保湿养护条件下 3d 龄期的试件发现，尽管二者水化程度相似，但蒸养试件界面区微裂纹的平均宽度还是远大于标养条件下的试件(14.55μm)。微裂纹总长同样表现出相似的规律，经过 12h 蒸养的试件，界面过渡区微裂纹总长为 811.3μm，而 3d 标养试件界面过渡区微裂纹总长只有 690μm。水泥水化的过程中，水泥石与骨料之间的初始孔隙中存在较多

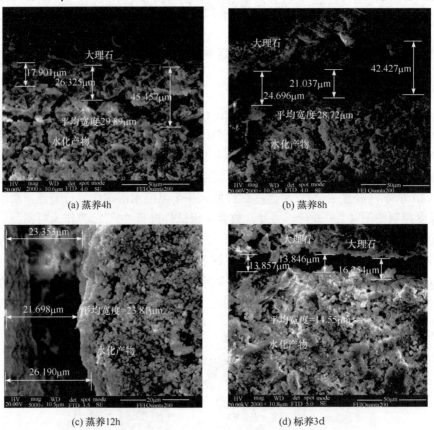

图 4.2.2　蒸养各阶段及标养 3d 水泥石-骨料界面过渡区 SEM 图像(水灰比 0.3)

的水汽，在高温条件下，水汽膨胀对水化产物的生长和扩散造成了阻力，一方面使得水泥石-骨料界面区的初始孔隙不易被水化产物填补，另一方面也造成水化硅酸钙凝胶的密度增大。蒸养结束后，温度降低，各相体积产生收缩，也易形成孔隙。

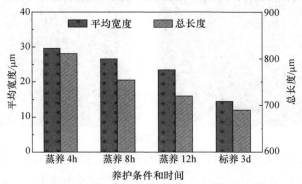

图 4.2.3　不同养护条件和时间下水泥石-骨料界面过渡区微裂纹平均宽度和总长度

混凝土在拌和过程中，拌和用水会在粗骨料周围形成一层水膜，这导致在靠近骨料的界面区(10～50μm)部位，局部水灰比要高于基体。图 4.2.4 给出了在不同蒸养阶段，基体与界面过渡区水泥水化产物的形貌特征。从图中可以看到，界面

(a) 蒸养4h

(b) 蒸养8h

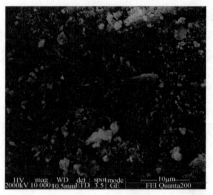

(c) 蒸养12h

图 4.2.4　蒸养过程中水泥石-骨料界面过渡区和水泥浆基体形貌和微结构的区别(水灰比 0.5)

过渡区内的水化产物明显比基体中的要稀疏，孔隙更加粗大。在早期，特别是发生显著泌水时，这种现象更加明显。氢氧化钙和钙矾石等晶体的尺寸在界面过渡区也较大。板状的氢氧化钙晶体会有一定的择优取向性，且晶体本身的黏结能力较差，使得蒸养混凝土的界面过渡区更加脆弱。经过 8h 蒸养后，水泥石基体区未观察到有明显的钙矾石存在，但此时在界面过渡区发现有针状的钙矾石。蒸养结束后，基体和界面过渡区的形貌差别更明显。

4.2.2　BSEM 下的水泥石-骨料界面过渡区特征

采用背散射扫描电镜(backscatter scanning electron microscopy, BSEM)测试方法，分析研究了蒸养条件下水泥石-骨料之间的界面结构，主要讨论温度条件(20~80℃)和胶凝材料组分(基准水泥(C)、I 级粉煤灰(FA)、S95 矿渣(GGBS))两个因素对界面过渡区结构的影响。

1. 试验方法

将制备好的不同配合比的试样采用异丙醇溶剂快速置换法进行终止水化处理。由于 BSEM 测试对试样的平整度要求非常高，需要对试件进行环氧树脂固化后再进行抛光打磨。抛光后的试件如图 4.2.5 所示。

图 4.2.5　抛光后的试件

2. 结果与分析

对制备好的不同养护条件下的水泥石-骨料界面试件进行 BSEM 测试，并对各界面过渡区宽度(界面过渡区厚度)进行量测，结果分别如图 4.2.6 和图 4.2.7 所示。从图中可以看出，在骨料与水泥石的交界处存在宽度不等的明显区别于基体的区域即为界面过渡区，沿着骨料边界每隔一定距离读取相应位置的界面过渡区的宽度，即可得到水泥石与骨料界面过渡区的大致范围和平均宽度。基于图中量测的过渡区厚度结果并结合统计分析可得到，基准水泥石-骨料界面过渡区范围在 20℃标养、60℃ 及 80℃蒸养条件下的平均宽度分别为 50.18μm、86.38μm 和 118.6μm，而复掺粉煤灰和矿渣浆体的平均宽度分别为 61.27μm、79.23μm 和 122.55μm；同时也可看到，不同试件界面过渡区的孔隙率也明显大于水泥石基体。结果表明，与标养条件相比，蒸养条件的两种试件的界面过渡区明显更大；同时，复掺粉煤灰和矿渣试件在标养条件下的界面过渡区宽度要大于同条件基准水泥石-骨料界面过渡区的宽度，但 60℃蒸养条件下复掺粉煤灰和矿渣水泥石-骨料界

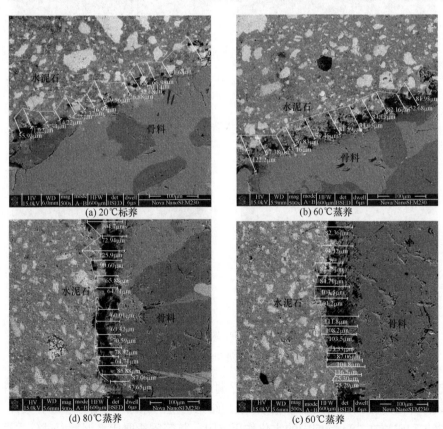

图 4.2.6　不同养护温度下硬化基准水泥石-骨料界面试件的 BSEM 照片

(a) 20℃标养

(b) 60℃蒸养

(c) 80℃蒸养

图 4.2.7　不同养护温度下硬化复掺粉煤灰和矿渣水泥石-骨料界面试件的 BSEM 照片

面过渡区的宽度小于同条件基准水泥石-骨料界面过渡区的宽度,80℃蒸养条件下两试件界面过渡区宽度则基本相似。上述结果产生的原因主要是:①标养条件下,粉煤灰和矿渣在 28d 龄期内的水化作用有限,其等质量取代水泥后,试件水泥熟料浓度降低，故其界面过渡区宽度较大；蒸养条件促进了粉煤灰和矿渣的水化作用，且粉煤灰和矿渣比表面积较大，其掺入后体系颗粒表面吸附的水膜层厚度较小，从而使得其蒸养后的界面过渡区宽度减小；②较高温度的蒸养过程导致初始体系水汽膨胀，特别是水泥石-骨料界面处水膜层较厚，产生的膨胀力更大，另外较高温度蒸养生成的水化产物体积降低，从而导致此条件下界面过渡区宽度比标养条件下的大。

4.2.3　水泥石-骨料界面过渡区的显微硬度

1. 试验方法

采用 MC010 系列显微硬度分析系统测试不同养护温度下水泥及复掺粉煤灰和矿渣水泥石-骨料界面过渡区的显微硬度，试验装置如图 4.2.8 所示，测试荷载采用 0.0981N，当面夹角为 136° 的倒金字塔式四棱锥金刚石压头压入试件表面并达到 0.0981N 后，停留 15s 后抬起，在试件表面留下一定尺寸的压痕。按 MC010 仪器给出的维氏硬度计算公式进行计算，如式(4.2.1)所示。

$$\text{HV} = 0.102\frac{F}{S} = 0.102 \times 2F\frac{\sin(\theta/2)}{d^2} = 0.1891\frac{F}{d^2} \tag{4.2.1}$$

式中，HV 为维氏硬度，MPa；F 为测试荷载，N；S 为压痕的面积，mm^2；d 为压痕对角线的算术平均值，mm；θ 为金刚石压头的面夹角，(°)。

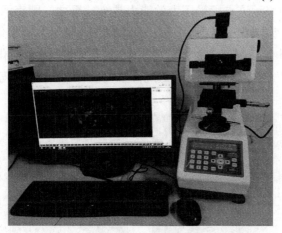

图 4.2.8　MC010 系列显微硬度分析系统

水泥石-骨料界面过渡区的显微硬度测试采用点阵测量，其具体测点的选择采用折线法[35~37]，如图 4.2.9 所示。

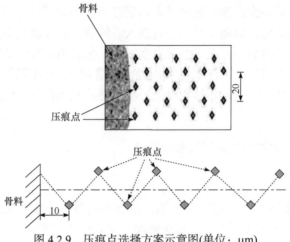

图 4.2.9　压痕点选择方案示意图(单位：μm)

2. 结果与分析

图 4.2.10 分别给出了水泥石-骨料、复掺 30% 粉煤灰(FA)和矿粉(GGBS)水泥石-骨料界面试件在养护温度 60℃、龄期 28d 条件下的显微硬度测试压痕照片。从图中可以看出，从骨料延伸至硬化水泥石内部各条线上的压痕点面积随着压痕点与骨料距离的增大而呈现减小的趋势。距离骨料最近的压痕点面积最大，明显大于水泥石内部压痕点。根据所采用的恒定压力显微硬度测试方法可以推知，压痕面积越大，表示该点承受压力的能力越小；反之，则表示测试点承受压力的能力越大。当然，由于实际水泥石组分较为复杂，包括水泥水化产物、未水化完全的熟料颗粒内核，所测各点的压痕面积(尺寸)呈现出不同的变化规律，需要采用专用的统计分析方法进行逐一甄别和分析，从而理解不同试件的显微硬度特性和分布规律。

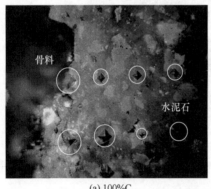
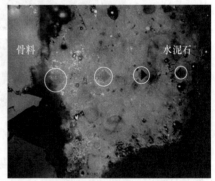

(a) 100%C　　　　　　　　　(b) 70%C+20%FA+10%GGBS

图 4.2.10　界面过渡区显微硬度测试照片(60℃，28d)

根据测试得到的压痕面积，结合相应的计算公式可得到各测点的显微硬度。为了清晰描述每条线上压痕点显微硬度的变化情况，分别将 6 条线上每个压痕点的显微硬度画成曲线，如图 4.2.11 和图 4.2.12 所示。从图中可以看出，两种硬化水泥石靠近骨料位置压痕点的显微硬度最低，且随着养护温度的升高逐渐降低。显微硬度随着与骨料表面距离的增大先急剧上升后逐渐趋于稳定。不同试件的显微硬度上升段的范围是不同的。对水泥石而言，在标养条件下其显微硬度上升段为 30μm 左右，60℃养护条件下则达到 50μm 左右，而 80℃养护条件下可以达到 70μm 左右。对于复掺粉煤灰和矿渣水泥石而言，同样可以发现类似水泥石的趋势，说明随着养护温度的升高，硬化水泥石和骨料界面过渡区的范围增大。同时，在相同养护温度下，水泥石与骨料界面过渡区的显微硬度值明显高于复掺粉煤灰和矿渣水泥石。

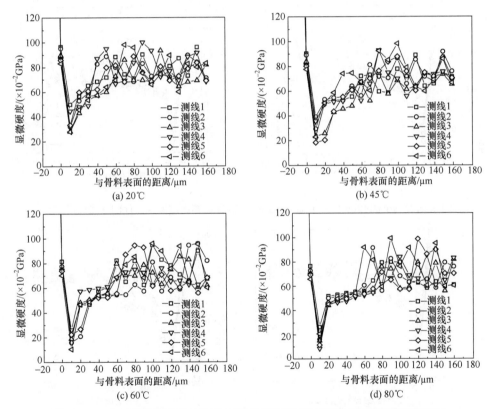

图 4.2.11　在不同养护温度条件下水泥石-骨料界面过渡区试件的显微硬度结果

分析可知，图 4.2.11 和图 4.2.12 中水泥石的显微硬度具有较大的随机性。这是由每个压痕点所包含的物相及其比例所决定的。为了更加直观地看出养护温度对水泥石-骨料界面过渡区显微硬度和范围的影响，将图 4.2.11 和图 4.2.12 中 6 条线上的测点取平均值来描述界面过渡区的显微硬度，结果如图 4.2.13 所示。

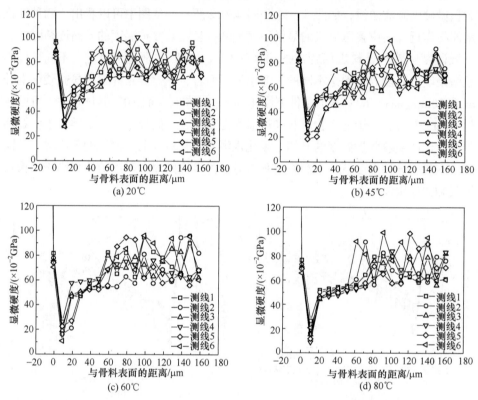

图 4.2.12　70%C+20%FA+10%GGBS 水泥石-骨料界面过渡区试件的显微硬度结果

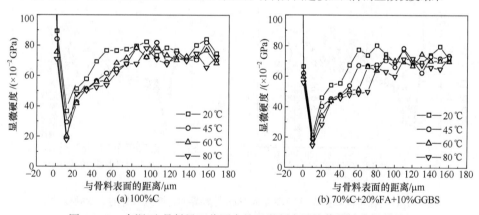

图 4.2.13　水泥石-骨料界面范围内的显微硬度平均值统计分析结果

从两种水泥石与骨料界面过渡区的显微硬度结果可以看出，显微硬度值均随着与骨料表面距离的增加而先急剧上升然后达到某一稳定数值附近。因此，可以对上述曲线进行回归分析。常用的几种回归数学模型有指数模型、双曲线模型、对数模型和 Peal 模型等[38~41]。由于 Peal 模型具有水平渐近线，且其参数的物理意义与本节研究对象有相关性，故采用 Peal 模型按式(4.2.2)进行回归分析，结果如图 4.2.14 所示。

$$HV=L/(1+Ae^{-Bx}) \tag{4.2.2}$$

式中，HV 为显微硬度，MPa；x 为测点与骨料表面的距离，μm。当 $x=0$ 时，$HV_0=L/(1+A)$，即骨料与水泥石接触表面的显微硬度；当 $x\to\infty$时，$HV\to L$，即为水泥石的平均显微硬度值。

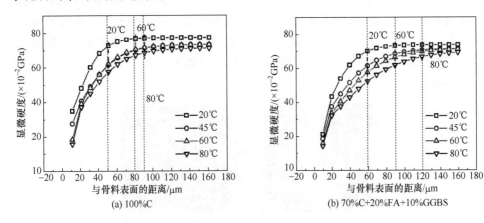

图 4.2.14 基于 Peal 模型的蒸养水泥石-骨料界面过渡区范围内显微硬度分布

从图 4.2.14 中可以看出，硬化纯水泥浆体与骨料界面过渡区的范围在标养条件下为 50μm 左右，而 45~80℃养护条件下其界面过渡区的范围为 80~90μm。复掺粉煤灰、矿渣浆体与骨料界面过渡区的范围在标养条件下为 60μm 左右，45~60℃养护条件下达到 85μm 左右，而 80℃养护条件界面过渡区范围达到 120μm 左右。表明蒸养条件下，水泥石-骨料界面过渡区宽度比标养条件下有所增大。这与前述 BSEM 测试结果较为吻合。

4.3 蒸养水泥石-钢筋界面过渡区特征

蒸养混凝土构件在实际服役条件下一般都配有大量钢筋。在钢筋约束条件下，蒸养混凝土的微结构是如何发展的，蒸养水泥石-钢筋界面区结构相比常温养护混凝土又有何不同，是值得研究的问题。本节采用显微 CT 扫描的方法，对蒸养水泥石-钢筋界面过渡区结构进行研究。

4.3.1　试验方法

　　将成型水灰比 0.3 的基准水泥净浆装入两个内径 14mm，高度 20mm，底部用有机玻璃板密封的圆柱形聚氯乙烯(polyvinyl chloride，PVC)管中，然后将 2 根直径 5mm、长度 20mm 的光圆钢筋分别插入水泥净浆中间，手工轻轻振捣 1min，使浆体与钢筋接触密实。表面敷上塑料薄膜，然后分别将两个试件进行 60℃蒸养和 20℃常温养护。对于蒸养试件，蒸养结束后至 1d 龄期，将试件放入 20℃水中进行补充养护至 28d 龄期。到 28d 龄期后，采用工业级显微 CT 对两个试件进行扫描，如图 4.3.1 所示。扫描仪射线源电压为 150kV，电流为 200mA。测试时曝光时间为 0.59s，射线源到投影板的距离(SOD)为 47.49mm，旋转角度为 360°，所得投影图像分辨率为 9.77μm/px。通过内置的 CT Analyser 软件实现投影的重构，得到试样的二维切片图，再通过 Avizo 软件进行滤波、阈值分割、三维可视化等处理和分析。

图 4.3.1　显微 CT 扫描测试试样步骤

4.3.2　基于显微 CT 方法的界面结构特征

　　图 4.3.2 和图 4.3.3 分别是经过 20℃常温养护和 60℃蒸养的水泥石-钢筋界面试件显微 CT 三维渲染图，其中亮白色的圆柱体是放置在水泥石中间的光圆钢筋，周边为经过灰度阈值分割后得到的试件内部的孔隙相。对比图 4.3.2 和图 4.3.3 可以发现，水泥石-钢筋界面周围都分布有大量大小不一的孔隙。需要说明的是，由于未知原因，常温养护浆体中出现了一条贯穿裂缝，该裂缝从钢筋表面一直延

伸到试件表层的 PVC 管壁。

图 4.3.2　20℃常温养护水泥石-钢筋界面试件显微 CT 三维渲染图
中间为模拟钢筋柱，周边为模拟水泥石孔隙

图 4.3.3　60℃蒸养水泥石-钢筋界面试件显微 CT 三维渲染图
中间为模拟钢筋柱，周边为模拟水泥石孔隙

　　为了进一步分析水泥石-钢筋界面的孔隙情况，提取了距离钢筋表面 0.5mm 范围内水泥石的孔隙，并由此计算了水泥石-钢筋界面的孔隙率及孔径分布。与此同时，对远离钢筋界面的水泥石区，截取厚度为 3mm 的同心圆管用以统计浆体里的孔隙率及孔径分布情况。水泥石-钢筋界面区及水泥石区的选取如图 4.3.4 所示。

　　图 4.3.5 给出两种不同温度养护条件下水泥石-钢筋界面区及水泥石区的累积孔隙率。可以看到，水泥石-钢筋界面区的孔隙等效直径的范围为 10～500μm(受

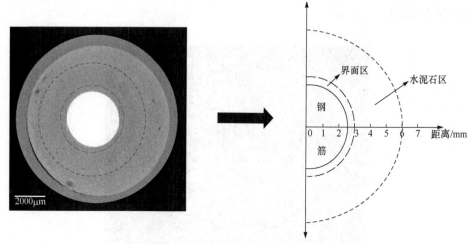

图 4.3.4 水泥石-钢筋界面区及水泥石区取样点示意图

限于测试精度，所能测到的最小孔孔径为 9.77μm)。60℃蒸养试件的界面区孔隙率要高于 20℃常温养护的试件，60℃蒸养试件界面区的累积孔隙率为 10.42%，而 20℃常温养护试件界面区累积孔隙率仅为 5.73%，蒸养试件几乎是常温养护的 2 倍。与此同时，蒸养试件的水泥石区累积孔隙率为 6.50%，小于其界面区的累积孔隙率，但仍然略高于常温养护试件，常温养护试件水泥石区累积孔隙率为 5.23%。图 4.3.6 是两种不同温度养护条件下水泥石-钢筋界面区及水泥石区孔隙的孔径分布图。从图中可以看到，常温养护试件界面区孔的总个数为 35861 个，要远大于蒸养试件(22147 个)，但是大部分是直径小于 40μm 的小孔，占比达到孔总数的 87.3%，而蒸养试件在这一孔径范围的孔只占 65.3%。孔径在 40~320μm 范围内的孔个数，蒸养试件要高于常温养护试件。蒸养试件为 7678 个，占总个数的 34.3%；常温养护试件为 4551 个，占总个数的 12.5%。这说明蒸汽养护对水泥石-钢筋界面区的孔结构造成了粗化。而对于水泥石区，孔的总数较界面区有所减少。从孔径的分布上看，在常温养护条件下水泥石区的孔径分布仍然是小于 40μm 的孔占据绝大多数，共有 26699 个，占总孔个数的 84.6%；40~320μm 的孔占 14.3%；大于 320μm 的孔总共只有 128 个，占比 0.4%。相对而言，蒸养试件水泥石区与界面区区别明显，大孔占比进一步增多，小于 40μm 的孔占 61.3%；40~320μm 的孔占比 38.0%；大于 320μm 的孔占比为 0.7%。综上所述，蒸养对水泥石-钢筋界面区及水泥石区的孔隙率及孔径分布影响较显著，造成孔隙明显增多和粗化。

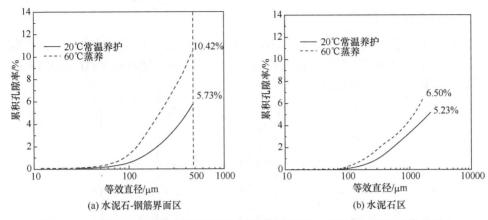

图 4.3.5 蒸养和常温养护条件下水泥石-钢筋界面区及水泥石区累积孔隙率的对比

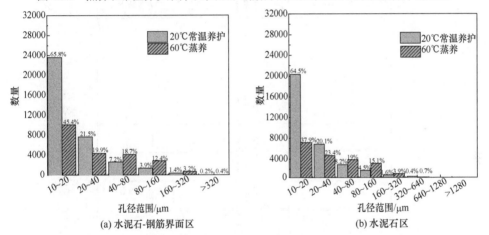

图 4.3.6 蒸养和常温养护条件下水泥石-钢筋界面区及水泥石区的孔径分布

4.4 蒸养水泥石的物相组成与特性

4.4.1 物相组成

1. 试验方法

采用 PANalytical X'Pert Pro MPD 衍射仪对基准水泥、单掺粉煤灰或矿渣和复掺粉煤灰、矿渣在不同养护温度下蒸养水泥石进行 X 射线衍射(X-ray diffraction, XRD)测试。扫描范围为 5°~65°,步长为 0.0167°,每步扫描时间 59.69s,每个样品总扫描时间约 30min。电压为 40kV,电流为 40mA。

将得到的 XRD 图谱采用数据分析软件 Highscore Plus 和晶体结构分析软件 Jade 6.0 进行全谱拟合分析,得到试样中各物相的含量。

2. 试验结果与分析

图 4.4.1～图 4.4.4 分别给出了 20℃、45℃、60℃及 80℃养护温度下，基准水泥(C)、复掺粉煤灰(FA)和矿渣(GGBS)混凝土 1d、28d 龄期时的 XRD 图谱结果以及其中晶体含量的分析结果。

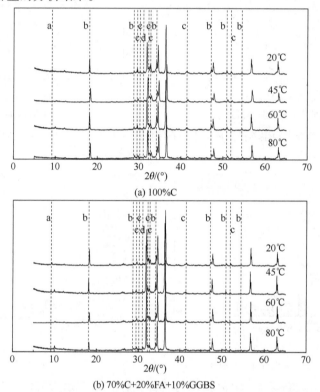

(a) 100%C

(b) 70%C+20%FA+10%GGBS

图 4.4.1　不同温度条件下 1d 龄期时两组试样的 XRD 测试分析结果
a. 钙矾石；b.氢氧化钙；c. 硅酸三钙；d.硅酸二钙

从图 4.4.1～图 4.4.4 所示的结果可知，1d 龄期体系中主要存在钙矾石(AFt)、氢氧化钙(CH)以及熟料等晶体，随着养护温度的升高，基准水泥试样和复掺粉煤灰矿渣试样中的总晶体含量、熟料含量均呈现显著的降低趋势，根据总晶体含量和熟料含量可得到体系中钙矾石、氢氧化钙晶体含量则随着养护温度升高而呈现增加趋势，这一变化趋势主要是温度升高和体系水化反应进程所致；从图 4.4.3 和图 4.4.4 所示 28d 龄期试样的试验结果可以看到，此时不同条件下试样的 XRD 图谱呈现不同的变化，各体系中钙矾石、氢氧化钙晶体及熟料晶体的峰值呈现不同的变化趋势，从其定量分析结果可以看到，掺 30%FA 体系在 28d 龄期的总晶体含量明显较小外，其他 3 个体系在 20～60℃温度条件下的总晶体含量基本保持在 35%左右，但随着养护温度进一步升高，各体系总晶体含量则又呈现明显降低趋势；相对于 1d 龄期，28d 龄期各体系熟料晶体含量明显减小，但随温度升高变化率较小。根据所测试样晶体总含量和熟料晶体含量，可得到 28d 龄期下各体系中晶体水化产物的数量，如图 4.4.4(c)所示。至 28d 龄期时，单掺 30%FA 水泥石中晶体水化产物的含量最低，且单掺 30%FA 和单掺 30%GGBS 水泥石中晶体水化产物的含量均随养护温度的升高而降低。基准水泥石和复掺粉煤灰、矿渣水泥石中晶体水化产物的含量相差不大，且随养护温度的升高没有明显变化。

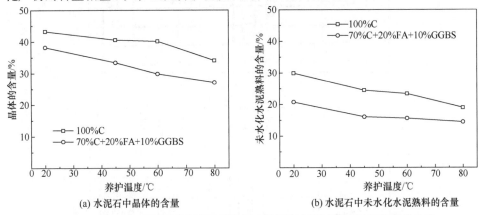

(a) 水泥石中晶体的含量 　　(b) 水泥石中未水化水泥熟料的含量

图 4.4.2　基于 XRD 测试分析得到的 1d 试样晶体含量随养护温度的变化结果

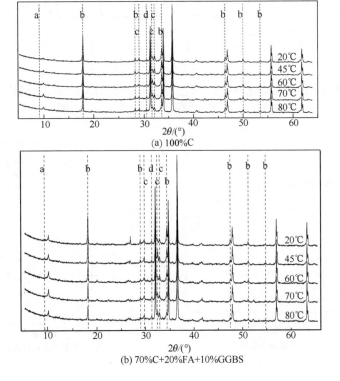

(a) 100%C

(b) 70%C+20%FA+10%GGBS

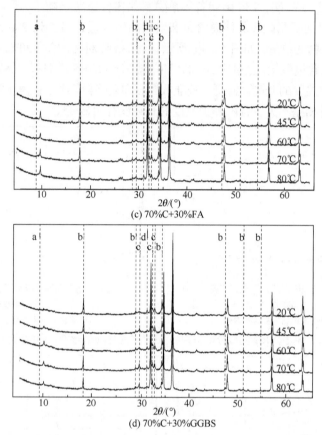

(c) 70%C+30%FA

(d) 70%C+30%GGBS

图 4.4.3　不同温度条件下 28d 龄期时四组试样的 XRD 测试分析结果

a. 钙矾石；b. 氢氧化钙；c. 硅酸三钙；d. 硅酸二钙

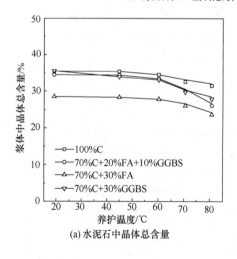

(a) 水泥石中晶体总含量

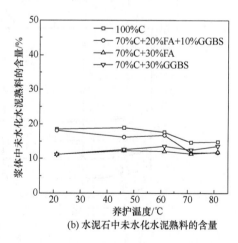

(b) 水泥石中未水化水泥熟料的含量

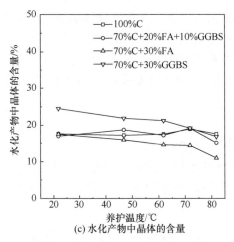

图 4.4.4　基于 XRD 测试分析得到的 28d 试样晶体含量随养护温度的变化结果

4.4.2　物相微纳观力学特性

1. 试验方法

为进一步理解蒸养水泥石水化物相的纳观力学特性,以下采用纳米压痕方法对不同条件蒸养水泥石物相性质进行研究。纳米压痕试验对测试样品有较高的要求,特别是样品测试表面的粗糙程度对测试结果会产生直接的影响。为满足样品要求,采用如下步骤进行样品制备:首先将指定龄期的 10mm×10mm×10mm 小立方体试件用无水乙醇浸泡 48h,以终止其水化;然后将终止水化的样品进行干燥处理,处理完毕后的样品用环氧树脂进行冷镶;待环氧树脂固化后,采用不同型号的碳化硅砂纸(240 目、400 目、800 目、1200 目、2000 目)对样品依次进行打磨,使得样品上下表面平行;打磨完成后将样品放入无水乙醇中超声波清洗 5min;再将清洗完成的样品依次用 1μm 和 0.05μm 的油基金刚石悬浮液进行抛光,抛光时间约为 2h;抛光后将样品放入无水乙醇中超声波清洗 15min。制备完后的试样如图 4.4.5 所示。

图 4.4.5　制备后的试样

测试采用荷载控制模式进行，当压头接触到样品表面时按照 0.1mN/s 的速率线性加载到 2mN，恒载 5s 后按照 0.1mN/s 的速率线性卸载，得到荷载与压痕深度曲线，并进一步通过相关参数和数学计算获得所测物相的压痕硬度和压痕模量。本次采用点阵压痕测试技术，测点布置采用 8×10 的点阵，相邻点之间间隔 20μm。

2. 试验结果与分析

1) 不同物相的纳米压痕模量

基于统计纳米压痕技术对所测试验数据进行解卷积分析，得到蒸养 28d 龄期、蒸养 1d 龄期和标养 28d 龄期三组试样内部各水化物相的压痕模量分析结果，如图 4.4.6 所示。

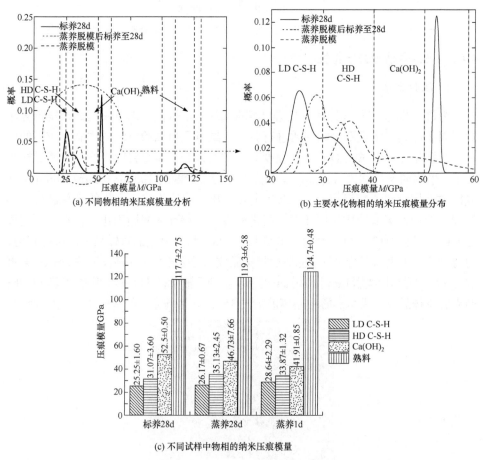

(a) 不同物相纳米压痕模量分析

(b) 主要水化物相的纳米压痕模量分布

(c) 不同试样中物相的纳米压痕模量

图 4.4.6   不同养护条件下水泥浆体各相的压痕模量测试结果

从图 4.4.6(a) 中给出的各测试试样纳米压痕模量的频率分布结果可知，所测各试样频率分布曲线存在 4 个峰，分别对应不同的物相，根据相关研究结果[42,43]，图 4.4.6 中由左至右 4 个峰分别对应低密度 C-S-H 凝胶(LD C-S-H)、高密度 C-S-H 凝胶(HD C-S-H)、Ca(OH)$_2$ 晶体和未水化水泥熟料颗粒。值得注意的是，从图 4.4.6(b)、(c)中可以进一步看到，不同试样频率曲线上相应的峰值位置存在一定的不同，就 Ca(OH)$_2$ 晶体而言，标养试件 Ca(OH)$_2$ 晶体峰所对应的压痕模量值要分别大于蒸养 1d、蒸养 28d 龄期试件；而对于 C-S-H 凝胶而言，标养条件下的 HD C-S-H、LD C-S-H 的压痕模量均稍低于蒸养 1d、28d 龄期试件；造成这种差异，很可能是由于不同养护条件对水化产物形成过程的影响，特别是在较高的蒸养温度条件下，使得蒸养下生成的 Ca(OH)$_2$ 晶体力学性能低于标养条件；而蒸养条件下 C-S-H 凝胶的晶态化倾向也影响其弹性。

2) 基于纳米压痕模量的物相含量分析

基于纳米压痕试验和统计分析方法，得到蒸养 28d 龄期和标养 28d 龄期试样的压痕模量累积分布函数结果如图 4.4.7 所示。

从图 4.4.7 可以看出，所测两个试样的压痕模量累积分布曲线变化趋势存在一定的不同。当压痕模量 M 值在 50GPa 以内变化时，试样压痕模量的累积分布曲线随着压痕模量的逐渐增加而呈现出急剧上升，至 50GPa 时，标养 28d 龄期试样的压痕模量累积分布值约为 0.7，而蒸养 28d 龄期试样的压痕模量累积分布值约为 0.6，表明标养试件中压痕模量小于 50GPa 的物相体积大于蒸养试件；随后，两试样压痕模量的累积分布曲线则呈现较为平缓的上升趋势。图 4.4.8 进一步定量分析了蒸养 28d 龄期和标养 28d 龄期试样 C-S-H 凝胶相、Ca(OH)$_2$ 晶体相的体积含量情况，结果表明，蒸养和标养两试样中各水化物相的体积含量存在较大的不同，蒸养水泥石中含有较多的高密度 C-S-H 凝胶，而低密度 C-S-H 凝胶则含量较少；对于标养水泥石，其中的低密度 C-S-H 凝胶和高密度 C-S-H 凝胶的含量则基本相似，

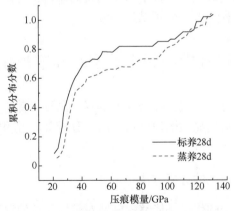

图 4.4.7　蒸养 28d 龄期与标养 28d 龄期试样纳米压痕模量累积分布曲线

同时其 Ca(OH)$_2$ 晶体含量却要大于蒸养水泥石中的含量。这表明，蒸汽养护有利于 HD C-S-H 的形成，其体积分数明显高于标养试件。

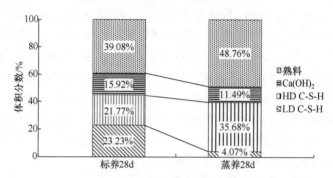

图 4.4.8　蒸养和标养水泥浆体中各物相的体积分数

从上述测试结果可知，蒸养和标养条件下低水胶比水泥石中主要水化产物如 C-S-H 凝胶和 Ca(OH)$_2$ 晶体的压痕模量及体积含量都不同。相对于标养 28d 龄期水泥石试件，蒸养条件下 28d 龄期和 1d 龄期水泥浆体中低密度 C-S-H 凝胶的压痕模量值分别高 5.0% 和 13.6%，高密度 C-S-H 凝胶的压痕模量值分别大 14.3% 和 10.2%，而 Ca(OH)$_2$ 晶体的压痕模量值则分别低 11% 和 20%，且蒸养水泥石中高密度 C-S-H 凝胶的数量明显增多，相应的低密度 C-S-H 凝胶含量则显著减少。这表明，蒸养条件对水泥水化产物力学性能有较大的影响，这种影响可能来自较高温度下水泥水化速率的提升导致水化物相形成速度加快，从而造成水化物相粒子堆聚速率加快，而使得粒子结构堆积密度[44,45]发生变化；同时，较高温度的蒸养条件也导致 C-S-H 凝胶的晶态化倾向增加，比表面积降低[46]，导致蒸养条件下水泥石中各水化物相的力学性能与标养条件下的力学性能存在一定的差异。另外，基于压痕测试分析得到的蒸养条件下水化物相的总体积含量也较标养浆体的低，这一结果与实际水化程度测试分析结果一致。

4.5　蒸养过程中混凝土的宏观和细观孔结构演变

前述采用浆体试件对不同蒸养条件下蒸养水泥石与骨料、钢筋之间的界面结构进行了研究。以下运用显微图像分析方法，分析蒸养过程中混凝土的宏观和细观孔隙结构的变化规律。

4.5.1　宏观和细观孔结构的分析方法

显微图像分析方法的优点是能够较好地对较大尺寸的混凝土试件的孔隙结构进行分析，这为真实掌握混凝土试件的孔结构提供了依据，不足之处是该方法所测孔隙仅限于宏观和细观尺度范围的孔结构。具体试验方法如下。

1. 试件成型与养护

为探讨水灰比对混凝土孔结构演变的影响，按表 4.5.1 所示配合比成型 100mm×100mm×100mm 的混凝土立方体试件。混凝土在室温下(23℃±2℃)拌和，采用双轴卧式强力搅拌机搅拌，为保证新拌混凝土密实，采用频率 50Hz 的振动机振捣成型。混凝土成型完成后，采用前述相同的蒸养制度进行养护处理。

表 4.5.1　宏观和细观孔测试混凝土试件的配合比　　　　(单位：kg/m³)

编号	水泥	水	细骨料	粗骨料		减水剂
				5～10mm	10～20mm	
C1	450	135	660	484	726	4.5
C2	450	180	660	484	726	2.7
C3	450	225	660	484	726	0

2. 孔结构测试试样制备处理

为了分析蒸养过程中试件孔结构的变化，分别在蒸养过程中 4h、8h 和 12h 取出测试试样，然后用混凝土切割机将试块垂直于成型面切割出一块尺寸为 100mm×100mm×10mm 的薄块。选取切割较为整齐的一面作为观测面，用记号笔在上面画上网格，并用研磨机分三次将该表面研磨至网格全部被磨掉。研磨剂分别采用 800 目、1000 目和 1200 目的碳化硅微粉悬浮液。拿吹风机将磨好的表面吹干，并用黑色记号笔轻轻地在上面涂上一层黑色，然后再次用吹风机将其吹干。之后，将配制好的经过加热处理的氧化锌-凡士林混合液涂在测试面上，涂抹过程中用小勺轻轻按压，保证混合液能够流进测试面上的孔缝中。待冷却至室温后，用刮刀刮去表面多余的氧化锌-凡士林膏体。

3. 孔结构分析测试

将处理好的试样放在显微相机下观察，调焦至图像清晰，由电脑自动识别图像中的绿色孔缝像素。从试样左上角开始，分别沿 x 轴、y 轴扫描拍照，各扫描 5 次，共拍下 250 张显微图像。然后由电脑程序自动统计计算孔隙率和各孔孔径。孔隙率和各孔孔径按以下公式进行计算：

$$A_i = \sum_{j=1}^{m_i} A_j \tag{4.5.1}$$

$$D_j = \sqrt{\frac{4A_j}{\pi}} \qquad\qquad (4.5.2)$$

$$A = \frac{\sum_{i=1}^{250} A_i}{250 A_\mathrm{T}} \times 100\% \qquad\qquad (4.5.3)$$

式中，A_i 为第 i 张显微图像上的总孔面积；A_j 为单个孔的面积；D_j 为单个孔的等效直径；A_T 为单张显微图像的面积；A 为试样的孔隙率，%。

4.5.2　宏观和细观孔结构变化特征

图 4.5.1 给出了利用显微图像分析方法得到的经过不同蒸养时间的混凝土孔结构观测结果。从图中可以清晰地看到，随着蒸养的进行，混凝土内部的孔隙由相互连通成片的无规则形状向逐渐独立的球形演变。进一步分析可知，在蒸养开始至 4h 时，骨料与浆体之间的孔缝粗大且相互连通，混凝土的固相之间还未连成一个有机的网络整体结构，此时的混凝土几乎没有强度；随着蒸养过程持续进行，

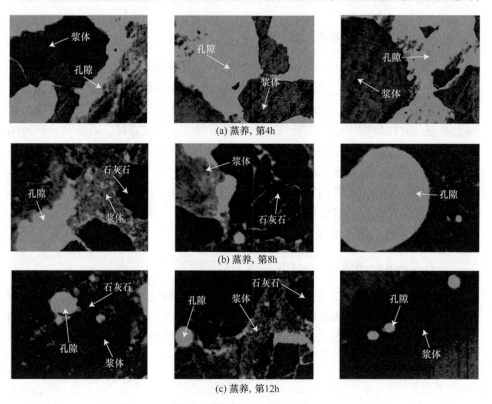

(a) 蒸养，第4h

(b) 蒸养，第8h

(c) 蒸养，第12h

图 4.5.1　测试过程中的一些典型图片($W/C = 0.5$)

热质不断传递到混凝土内部，水泥的水化反应由于温度升高而加速，水化产物快速生成并迅速在未水化水泥颗粒与骨料之间堆积，占据了大量水泥石-骨料界面过渡区孔隙的位置，将原先连通的孔隙分割成一个个独立的小孔，混凝土的孔隙率也因此快速下降；至蒸养 8h 时，混凝土中的孔均已被分散成一个个相互独立的小孔；而到了蒸养后期，随着进一步水化，孔隙率进一步降低；当然，由于水化产物的沉淀和混凝土孔内水汽的迁移作用，一些相隔较近的小孔又会合并成一个稍大的孔。

通过定量统计计算分析，图 4.5.2 给出了 C_1、C_2、C_3 3 个水灰比的混凝土试样在蒸养不同阶段时所观察到的断面孔隙率的变化曲线。

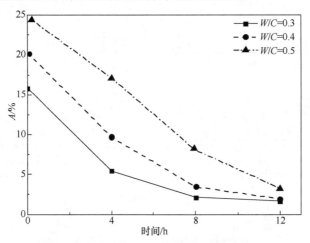

图 4.5.2　不同水灰比混凝土试样在蒸养不同阶段时的孔隙率变化曲线

从图 4.5.2 中的结果可知，随着蒸养的进行，测试面混凝土孔隙率不断下降，且前期下降快，后期下降缓慢。水灰比为 0.5、0.4、0.3 混凝土的初始孔隙率分别为 24.8%、20.3%、15.8%；经过 4h 蒸养后，水灰比为 0.5 的混凝土孔隙率为 17.11%，水灰比为 0.4 和 0.3 的混凝土孔隙率分别只有 9.69% 和 5.41%；可以发现，水灰比越大，蒸养过程中混凝土内孔隙率越大，下降也越快；至蒸养结束时，高水灰比的混凝土孔含量仍然大于低水灰比混凝土。以上说明初始自由水含量对蒸养过程中混凝土的孔含量具有显著影响，特别是在升温阶段，自由水含量越高，水汽膨胀越严重，孔内水汽压越大，这将阻碍水化产物的沉淀和扩散。在低水灰比混凝土中，由于蒸汽的热作用，水化产物快速生成，并迅速填充初始孔隙。由于本身初始孔隙较少且自由水含量少，孔内膨胀压力较小，因此在蒸养过程的前几个小时，孔隙率就迅速下降至较低水平。

图 4.5.3 给出了 3 个水灰比混凝土在蒸养第 4h、8h、12h 时的孔径分布结果。如图 4.5.3 所示，在蒸养开始后的第 4h 时，3 个水灰比混凝土内部的孔均以孔径

为 0.5～2.5mm 的大孔为主；此时，这个范围内的孔占比达约 35%；而到第 8h 时，各混凝土内的孔径分布主要集中在 10～100μm，数量占比达到约 65%；当蒸养进行至 12h 时，混凝土内孔的等效孔径基本上都小于 50μm，值得注意的是，此时混凝土内基本不存在大于 200μm 以上的孔，说明在这一阶段，形成了更多的水化产物填充了这些孔，致使混凝土的孔结构细化。

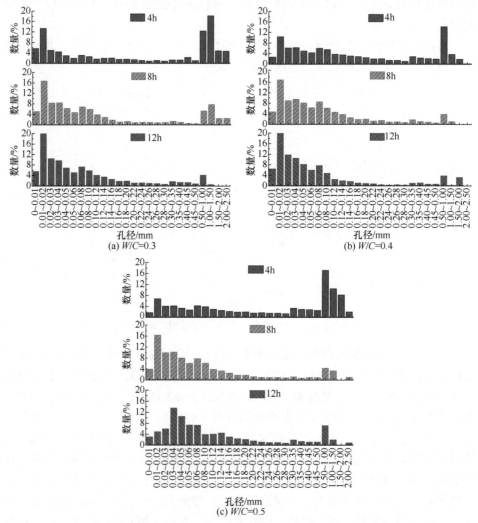

图 4.5.3　蒸养过程中混凝土中宏观和细观孔的孔径分布结果

显然，从上述分析可初步得知，蒸养过程的前 4h 内，混凝土中主要以毫米级孔径的孔隙为主；至恒温中后期，混凝土中孔隙主要以微米级孔径为主，至临近蒸养结束时，混凝土中的孔隙进一步细化，主要有孔径小于 50μm 的孔隙。通过上述分析进一步明确了蒸养过程中混凝土孔结构的演变规律。

4.6 小　　结

(1) 在蒸养过程中，浆体内自由水的变化可分为三个阶段：第一阶段，对应蒸养升温阶段，浆体中的水分变化包含向外的蒸发和水化反应的消耗两方面，此阶段水分的蒸发和消耗速率随着环境温度的升高而加快；第二阶段，即对应恒温阶段的前 4h，水分蒸发速率变慢，此时由水化反应导致的自由水的消耗占水泥浆内水分演化的主导地位；第三阶段，即恒温后 4h 及降温阶段，水分的向外蒸发及水化的消耗均逐渐减缓。水泥浆的初始水灰比对蒸养过程中体内水分的蒸发速率影响很小，但是它决定了浆体的最终水化程度以及最终水化消耗水的量，而当蒸养温度升高时，浆体内由水化反应引起的自由水消耗和蒸发引起的水的迁移速率均加快。

(2) 在蒸养过程中，水化水泥浆中大部分的自由水(90%以上)都分布在层间孔和凝胶孔中，特别是对于低水灰比的浆体；但对于高水灰比浆体，有少量富余的水填充在较粗的毛细孔中。

(3) 随着蒸养过程的逐步进行，水泥浆体内的孔结构演变也可分为三个阶段：第一阶段对应升温阶段，这一阶段体系的孔隙率较大且降低较为缓慢；第二阶段为恒温阶段的前 4h，此阶段混凝土的孔隙率迅速下降；第三阶段对应于蒸养恒温后 4h 至蒸养结束，在此阶段孔隙率的下降率明显变缓。

(4) 蒸养混凝土界面过渡区的水化产物比水泥石基体区更疏松，孔隙更粗大，蒸养混凝土界面过渡区比标养混凝土更脆弱。

(5) 初始自由水含量(或初始水灰比)是影响蒸养过程中混凝土孔结构演化的关键性因素。水灰比越高的混凝土，相同龄期下孔隙率越大。水灰比为 0.5 的浆体在蒸养结束后的孔隙率约为水灰比为 0.3 浆体的 2 倍。

(6) 蒸养条件下，水泥石-钢筋界面区的累积孔隙率要大于常温养护试样，常温养护水泥石-钢筋界面区的孔总个数要远大于蒸养试样，但是大部分是直径小于 $40\mu m$ 的小孔，而蒸养试样界面区孔径在 $40\sim640\mu m$ 范围内的孔数量要高于常温养护试样。这说明蒸养对水泥石-钢筋界面区的孔结构造成了粗化。

(7) 养护温度对硬化水泥石的显微硬度有显著影响。随着养护温度的升高，硬化水泥石的显微硬度值呈现降低趋势。基准水泥浆体的显微硬度高于相同养护温度下复掺粉煤灰、矿渣浆体。

(8) 基于纳米压痕技术得到的蒸养高强水泥浆体中低密度 C-S-H 凝胶、高密度 C-S-H 凝胶和 $Ca(OH)_2$ 晶体的压痕模量分别为$(26.17\pm0.67)GPa$、$(35.13\pm2.45)GPa$ 以及(46.73±7.66)GPa，其相应的体积分数分别为 4.07%、35.68%、11.49%。相对于标养 28d 龄期条件，经蒸养 28d 龄期后的高强水泥浆体的低密度 C-S-H 凝胶、高密度 C-S-H 凝胶的压痕模量要提高 4%～13%，而 Ca(OH)$_2$ 晶体的压痕模量要小10%～20%。

(9) 随着蒸养的进行，混凝土内部的孔隙由相互连通成片的无规则形状向逐渐独立的球形孔演变。在蒸养开始至第 4h 时，骨料与浆体之间的孔缝粗大且相互连通，混凝土的固相之间还未连成一个有机的网络整体结构；蒸养至第 8h 时，混凝土中的孔均已被分散成一个个相互独立的小孔；至蒸养后期，随着水化持续进行，孔隙率进一步降低。

参 考 文 献

[1] Venaut M. Effect of elevated temperatures and pressures on the hydration and hardening of cement[C]//Symposium on the Chemistry of Cements, Moscow, 1974.

[2] Barbarulo R, Peycelon H, Leclercq S. Chemical equilibria between C-S-H and ettringite at 20 and 85℃[J]. Cement and Concrete Research, 2007, 37(8): 1176-1181.

[3] Zou C, Long G, Ma C, et al. Effect of subsequent curing on surface permeability and compressive strength of steam-cured concrete[J]. Construction and Building Materials, 2018, 188: 424-432.

[4] Long G, Yang J, Xie Y. The mechanical characteristics of steam-cured high strength concrete incorporating with lightweight aggregate[J]. Construction and Building Materials, 2017, 136: 456-464.

[5] Long G C, He Z M, Omran A . Heat-damage of steam curing on the surface layer of concrete[J]. Magazine of Concrete Research, 2012, 64(1): 1-10.

[6] Escalante-Garcia J I, Sharp J H. The microstructure and mechanical properties of blended cements hydrated at various temperatures[J]. Cement and Concrete Research, 2001, 31(5): 695-702.

[7] Ramezanianpour A M, Esmaeili K, Ghahari S A, et al. Influence of initial steam curing and different types of mineral additives on mechanical and durability properties of self-compacting concrete[J]. Construction and Building Materials, 2014, 73: 187-194.

[8] Gallucci E, Zhang X, Scrivener K L. Effect of temperature on the microstructure of calcium silicate hydrate (C-S-H)[J]. Cement and Concrete Research, 2013, 53: 185-195.

[9] Fischer N, Haerdtl R, McDonald P J. Observation of the redistribution of nanoscale water filled porosity in cement based materials during wetting[J]. Cement and Concrete Research, 2015, 68: 148-155.

[10] Ohkubo T, Ibaraki M, Tachi Y, et al. Pore distribution of water-saturated compacted clay using NMR relaxometry and freezing temperature depression: Effects of density and salt concentration[J]. Applied Clay Science, 2016, 123: 148-155.

[11] Fourmentin M, Faure P, Rodts S, et al. NMR observation of water transfer between a cement

paste and a porous medium[J]. Cement and Concrete Research, 2017, 95: 56-64.

[12] Neudert O, Mattea C, Stapf S. Application of CPMG acquisition in fast-field-cycling relaxometry[J]. Microporous and Mesoporous Materials, 2018, 269: 103-108.

[13] Halperin W P, Jehng J Y, Song Y Q. Application of spin-spin relaxation to measurement of surface area and pore size distributions in a hydrating cement paste[J]. Magnetic Resonance Imaging, 1994, 12(2): 169-173.

[14] Jehng J Y, Sprague D T, Halperin W P. Pore structure of hydrating cement paste by magnetic resonance relaxation analysis and freezing[J]. Magnetic Resonance Imaging, 1996, 14(7-8): 785-791.

[15] Wang W, Ye B W, Wang J X. Application of a simultaneous iterations reconstruction technique for a 3-D water vapor tomography system[J]. Geodesy and Geodynamics, 2013, 4(1): 41-45.

[16] Wolf D, Lubk A, Lichte H. Weighted simultaneous iterative reconstruction technique for single-axis tomography[J]. Ultramicroscopy, 2014, 136: 15-25.

[17] Spitzbarth M, Drescher M. Simultaneous iterative reconstruction technique software for spectral-spatial EPR imaging[J]. Journal of Magnetic Resonance, 2015, 257: 79-88.

[18] Brownstein K R, Tarr C E. Importance of classical diffusion in NMR-studies of water in biological cells[J]. Physical Review A, 1979, 19(6): 2446-2453.

[19] Greene J, Peemoeller H, Choi C, et al. Monitoring of hydration of white cement paste with proton NMR spin-spin relaxation[J]. Journal of the American Ceramic Society, 2000, 83(3): 623-627.

[20] Tritt-Goc J, Kościelski S Piślewski N. The hardening of Portland cement observed by 1 H spin-lattice relaxation and single-point imaging[J]. Applied Magnetic Resonance, 2000,18(1): 155-164.

[21] Marble A E, Balcom B J. Embedded NMR sensors to monitor evaporable water loss caused by hydration and drying in Portland cement mortar[J]. Cement and Concrete Research, 2009, 39(4): 324-328.

[22] Wang B Y, Faure P, Thiéry M, et al. 1H NMR relaxometry as an indicator of setting and water depletion during cement hydration[J]. Cement and Concrete Research, 2013, 45: 1-14.

[23] Starovoytova L, Spěváček J. Effect of time on the hydration and temperature-induced phase separation in aqueous polymer solutions: 1H NMR study[J]. Polymer, 2006, 47(21): 7329-7334.

[24] McDonald P J, Rodin V, Valori A. Characterisation of intra- and inter-C-S-H gel pore water in white cement based on an analysis of NMR signal amplitudes as a function of water content[J]. Cement and Concrete Research, 2010, 40(12): 1656-1663.

[25] Holthousen R S, Raupach M. A phenomenological approach on the influence of paramagnetic iron in cement stone on 2D T1-T2 relaxation in single-sided 1H nuclear magnetic resonance[J]. Cement and Concrete Research, 2019, 120: 279-293.

[26] Ji Y, Sun Z, Yang X, et al. Assessment and mechanism study of bleeding process in cement paste by 1H low-field NMR[J]. Construction and Building Merterials, 2015, 100: 255-261.

[27] Ji Y, Sun Z, Jiang X, et al. Fractal characterization on pore structure and analysis of fluidity and

bleeding of fresh cement paste based on 1H low-field NMR[J]. Construction and Building Meterials, 2017,140: 445-453.

[28] Zhou C, Ren F, Zang Q, et al. Pore-size resolved water vapor adsorption kinetics of white cement mortars as viewed from proton NMR relaxation[J]. Cement and Concrete Research, 2018,105: 31-43.

[29] d'Orazio F, Bhattacharja S, Halperin W P, et al. Molecular diffusion and nuclear-magnetic-resonance relaxation of water in unsaturated porous silica glass[J]. Physical Review B, 1990, 42(16): 9810-9818.

[30] Halperin W P, Bhattacharja S, d'Orazio F. Relaxation and dynamical properties of water in partially filled porous materials using NMR techniques[J]. Magnetic Resonance Imaging, 1991, 9(5): 733-737.

[31] Halperin W P, Jehng J Y, Song Y Q. Application of spin-spin relaxation to measurement of surface area and pore size distribution in a hydrating cement paste[J]. Magnetic Resonance Imaging, 1994, 12(2): 169-173.

[32] Kumar R, Bhattacharjee B. Assessment of permeation quality of concrete through mercury intrusion porosimetry[J]. Cement and Concrete Research, 2004, 34(2): 321-328.

[33] Wyrzykowski M, Kiesewetter R, Kaufmann J, et al. Pore structure of mortars with cellulose ether additions-Mercury intrusion porosimetry study[J]. Cement and Concrete Composites, 2014, 53: 25-34.

[34] Tatar J, Brenkus N R, Subhash G, et al. Characterization of adhesive interphase between epoxy and cement paste via Raman spectroscopy and mercury intrusion porosimetry[J]. Cement and Concrete Composites, 2018, 88: 187-199.

[35] Igarashi S, Bentur A, Mindess S. Characterization of the microstructure and strength of cement paste by microhardness testing[J]. Advances in Cement Research, 1996, 8(30): 87-92.

[36] Duan P, Shui Z, Chen W, et al. Effects of metakaolin, silica fume and slag on pore structure, interfacial transition zone and compressive strength of concrete[J]. Construction and Building Materials, 2013, 44(7): 1-6.

[37] Qudoos A, Kim H G, Ryou J S. Influence of the surface roughness of crushed natural aggregates on the microhardness of the interfacial transition zone of concrete with mineral admixtures and polymer latex[J]. Construction and Building Materials, 2018, 168: 946-957.

[38] 杨涛, 李国维, 杨伟清. 基于双曲线法的分级填筑路堤沉降预测[J]. 岩土力学, 2004, 25(10): 1551-1554.

[39] 李帅, 宋振柏, 张胜伟, 等. 基于曲线拟合法的沉降分析与变形可视化[J]. 山东理工大学学报(自然科学版), 2012, 26(5): 72-75.

[40] 杨涛, 戴济群, 李国维. 基于指数法的分级填筑路堤沉降预测方法研究[J]. 土木工程学报, 2005, 38(5): 92-95.

[41] 宰金珉, 梅国雄. 成长曲线在地基沉降预测中的应用[J]. 南京建筑工程学院学报(自然科学版), 2000, 53(2): 8-13.

[42] 赵素晶, 孙伟. 纳米压痕在水泥基材料中的应用与研究进展[J]. 硅酸盐学报, 2011, 39(1):

164-176.

[43] Sorelli L, Constantinides G, Ulm F J, et al. The nano-mechanical signature of ultra high performance concrete by statistical nanoindentation techniques[J]. Cement and Concrete Research, 2008, 38(12): 1447-1456.

[44] Constantinides G, Ulm F J. The nanogranular nature of C-S-H[J]. Journal of Mechanics Physics of Solids, 2007, 55(1): 64-90.

[45] Bobji M S, Biswas S K. Deconvolution of hardness from data obtained from nanoindentation of rough surfaces[J]. Journal of Materials Research, 1999, 14(6): 2259-2268.

[46] Lothenbach B, Winnefeld F, Wieland E, et al. Effect of temperature on the pore solution, microstructure and hydration products of Portland cement pastes[J]. Cement and Concrete Research, 2007, 37(4): 483-491.

第5章 蒸养混凝土的静态力学性能

5.1 概　　述

力学强度是蒸养混凝土及其制品(预制构件)最基本的性能之一。本章结合国内外相关研究进展，通过理论和试验分析，重点论述蒸养过程中混凝土力学性能的发展变化，以及胶凝材料组分、蒸养温度对混凝土力学强度、应力-应变关系的影响规律，从而为更全面地掌握蒸养混凝土的静态力学特性提供依据。

蒸养过程是蒸养混凝土力学性能形成的重要时期。然而，目前对蒸养混凝土力学性能的研究主要集中在蒸养结束之后，而蒸养过程中混凝土力学性能变化特性的研究还很少。另外，为达到尽早脱模和满足预应力张拉荷载要求，蒸养结束时通常要求混凝土的强度达到设计值的 70%以上[1]，蒸养虽然较好地实现了快速提升混凝土早期强度的目标，但蒸养后的混凝土的长期性能较差[2~6]，蒸养混凝土存在肿胀变形、表层孔隙增加，脆性增大等现象[7~10]。显然，进一步深入研究关键因素对蒸养混凝土力学性能的影响规律非常必要。

为研究蒸养过程中混凝土力学性能的发展变化,制备了表 5.1.1 所示的 4 组不同配合比的混凝土；为研究蒸养温度、掺合料、龄期等因素对蒸养混凝土力学性能的影响，设计制备表 5.1.2 所示的 6 组试样；各新拌混凝土坍落度保持在 50～70mm，采用振动台振捣密实成型，然后对混凝土进行蒸养，蒸养制度采用 20℃静停 2h, 2h升温到 60℃，60℃恒温 8h,恒温结束之后自然冷却，如图 5.1.1 所示，蒸养结束后，采用标养。为与标养条件进行对比，另一部分试件采用(20±2)℃恒温，相对湿度大于 90% 的条件进行养护。各试件的基本力学性能均采用常规试验方法进行测试，除特别说明外，力学性能测试龄期均为 28d。

表 5.1.1　蒸养过程中混凝土力学性能测试试样配合比　　　　(单位：kg/m³)

试样	水泥	粉煤灰	矿渣	砂	碎石	水	减水剂
Z1	450	0	0	640	1215	135	4.5
Z2	315	135	0	640	1215	135	4.5
Z3	315	0	135	640	1215	135	4.5
Z4	315	67.5	67.5	640	1215	135	4.5

注：水泥采用基准水泥(P.I 42.5)，粉煤灰为 I 级低钙灰，矿渣为 S95 矿渣粉，碎石为粒径 4.75～20mm 连续级配，细骨料采用河砂、中砂，细度模数为 2.7；同时，采用聚羧酸高效减水剂(减水率 26%)及自来水。

表 5.1.2　蒸养混凝土力学性能测试试样的组成与配合比　　（单位：kg/m³）

试样	水泥(C)	粉煤灰(FA)	矿渣(GGBS)	河砂	碎石	水	减水剂
A	450	0	0	660	1210	135	4.5
B	315	90	45	660	1210	135	4.5
C	315	135	0	660	1210	135	4.5
D	225	225	0	660	1210	135	4.5
E	315	0	135	660	1210	135	4.5
F	225	0	225	660	1210	135	4.5

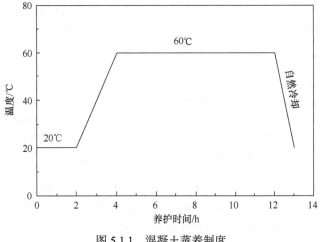

图 5.1.1　混凝土蒸养制度

5.2　蒸养过程中混凝土的力学性能演变

蒸养过程是混凝土快速获得力学性能的重要阶段，本节主要通过试验探讨蒸养过程中混凝土抗压强度、劈裂抗拉强度以及弹性模量等力学性能的演变。

5.2.1　抗压强度与劈裂抗拉强度

图 5.2.1 为蒸养过程中混凝土抗压强度和劈裂抗拉强度的变化测试结果。由图可知，蒸养过程中混凝土的强度发展大致可分为三个阶段：第 I 阶段是混凝土强度初步形成阶段，对应蒸养静停期和蒸养升温结束时(0～4h)，在该阶段混凝土逐渐失去塑性，4h 时的强度测试结果表明，各组混凝土强度还非常低，内部连续网络结构初步形成。第 II 阶段是混凝土强度迅速增长的阶段，对应蒸养恒温阶段(4～

12h)，其中恒温阶段的早期和中期(4～10h)强度增长尤为明显，在该阶段混凝土抗压强度和劈裂抗拉强度均迅速增大，到第12h时，Z1、Z2、Z3和Z4组混凝土的抗压强度分别为45.5MPa、33.0MPa、38.6MPa和40.1MPa，均达到28d龄期强度的60%以上。同时，劈裂抗拉强度分别达到4.0MPa、3.1MPa、3.5MPa和3.3MPa，说明在该阶段，胶凝材料体系的反应快速进行，混凝土强度迅速增长。第Ⅲ阶段为强度缓慢增长阶段，对应蒸养降温阶段到24h(12～24h)，在该阶段混凝土强度仍有一定增加，但增速较缓。

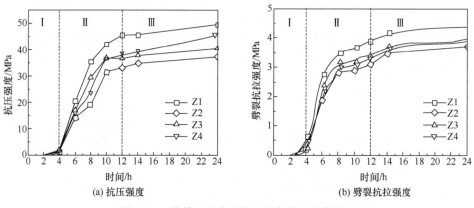

图 5.2.1　蒸养过程中混凝土强度发展变化结果

　　分析不同胶凝材料组成试样可以发现，在蒸养过程中基准水泥 Z1 组的抗压强度增长最为迅速，掺入 30%粉煤灰的 Z2 组增长最慢；8h 前掺入 30%矿渣的 Z3组强度稍高于 15%粉煤灰与 15%矿渣复掺的 Z4 组；而 8h 之后，Z4 的强度超过Z3。同时，蒸养过程中混凝土劈裂抗拉强度变化为基准水泥 Z1 组最高，掺入 30%矿渣的 Z3 组次之，然后是 15%粉煤灰与 15%矿渣双掺的 Z4 组，掺入 30%粉煤灰的 Z2 组最低。出现上述强度差异的主要原因是矿物掺合料对水泥水化的影响和强度贡献有所不同。熊蓉蓉等[11]研究表明，蒸养浆体在 3d 时，粉煤灰的胶凝系数接近 0，矿渣的胶凝系数为 0.8，这说明在蒸养早期矿渣的强度贡献仅稍低于水泥，而粉煤灰基本上无强度贡献。粉煤灰和矿渣复掺的强度在蒸养恒温阶段超过了单掺矿渣试件，这可能是因为矿物掺合料的复掺改善了体系堆积密实度和水化作用，产生了超叠复合效应。

5.2.2　弹性模量与阻尼性能

　　蒸养混凝土早期动弹性模量、动剪切模量以及阻尼比发展变化结果如图 5.2.2 和图 5.2.3 所示。由图可知，可将蒸养混凝土早期动弹性模量、动剪切模量的增长过程分为与力学强度发展过程相同的三个阶段：第Ⅰ阶段为 0～4h，此阶段的混凝土强度处在很低的水平，到 4h 时混凝土强度仍很低，动弹性模量测试时的基频获取很困难，说明激振所产生的能量在试件内很快耗散，因此认为在 4h 时，动弹性模量也处于一个很低的水平。第 Ⅱ 阶段为 4～12h，此阶段混凝土的动弹性模量和动剪切模量也迅速增长，而阻尼比迅速降低；在第 12h 时，Z1、Z2、Z3 以及 Z4 的动弹性模量分别达到 28d 时的 84.1%、78.1%、78.5% 以及 72.4%。说明蒸养混凝土的动弹性模量主要是在蒸养恒温期(4～12h)形成的。第 Ⅲ 阶段(12～24h)，动弹性模量增长速率显著减缓。进一步分析可知，在 24h内混凝土动弹性模量和动剪切模量均呈现基准水泥 Z1 组最高，掺入 30% 矿渣的 Z3 组次之，然后是 15% 粉煤灰与 15% 矿渣复掺的 Z4 组，掺入 30% 粉煤灰的 Z2组最低。出现上述差异的主要原因可能是矿物掺合料对水泥水化的影响和强度贡献有所不同。

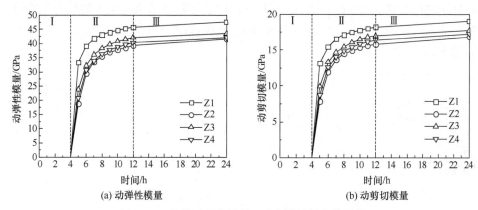

(a) 动弹性模量　　　　　　　　　　　　(b) 动剪切模量

图 5.2.2　蒸养过程中混凝土动态模量的变化结果

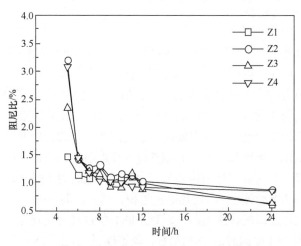

图 5.2.3　蒸养过程中混凝土阻尼比变化结果

阻尼比是结构动力学计算时的一个重要参数,阻尼比表示能量在材料内部损耗的快慢情况,阻尼比越大,能量损耗越快;阻尼比越小,则能量损耗越小。由图 5.2.3 所示的蒸养过程中混凝土阻尼比演变结果可知,8h 之前混凝土阻尼比迅速降低,而 8~24h,阻尼比缓慢降低;24h 时 Z1、Z2、Z3 以及 Z4 的阻尼比分别为 0.58%、0.77%、0.60%和 0.75%。单掺矿渣组(Z3)和纯水泥组(Z1)的阻尼比较为相近,均低于单掺粉煤灰的 Z2 以及粉煤灰和矿渣复掺的 Z4 组,这说明基准水泥组和矿渣组能量耗散慢,相对于掺有粉煤灰组更加密实。

5.2.3　力学性能与水化程度的关系

为进一步掌握蒸养过程中混凝土力学性能与其水化进程、微结构之间的关系,并分析其与标养混凝土的异同。试验采用上述基准水泥组配比 Z1 组成型试件,并分别进行蒸养(Z1)和标养(B1);同时测试同条件的基准水泥浆体的结合水含量,由此分析两种养护条件下混凝土抗压强度、动弹性模量与其水化程度之间的关系,如图 5.2.4 所示。

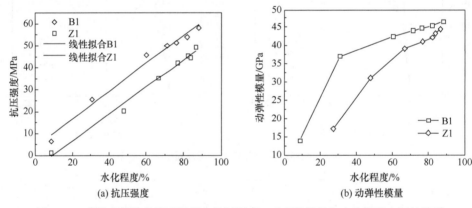

(a) 抗压强度　　　　　　　　　　　(b) 动弹性模量

图 5.2.4　蒸养和标养条件下混凝土抗压强度、动弹性模量与水化程度之间的关系

从图 5.2.4 中的结果可以发现,在相同的水化程度条件下,蒸养混凝土的抗压强度、动弹性模量均小于标养混凝土,强度相差约 10MPa。在所测各水化程度下,混凝土抗压强度与水化程度之间呈线性变化,而动弹性模量则随着水化程度的增加而呈现逐渐降低的增长速率,这主要是由于动弹性模量的影响因素较为复杂。分析实测各时段的水化程度可知,蒸养升温期(2~4h)结束时水泥的水化程度仍然很低,不超过 10%,混凝土内部网络结构还未完全形成,故混凝土强度较低;蒸养恒温期(4~12h)水化反应最为剧烈,水化热迅速累积,到恒温期结束时水化程度可达 80%以上,伴随着水化反应的快速进行,混凝土的力学性能也迅速增长,12h 时各组混凝土强度已达到 28d 龄期时的 70%左右,动态模量已达到 28d 的 80%左右。12~24h 时,水泥水化速率显著降低,水泥的水化逐步进入缓慢进行阶段,该阶段内混

凝土力学性能也进入缓慢增长期，抗压强度增长率为 6%～10%。总体上，蒸养过程中混凝土力学性能增加与其水化进程呈现良好的相关性。

对于相同水化程度条件下，蒸养混凝土的力学性能低于标养混凝土的主要原因可能有：①在蒸养升温阶段，大部分拌和水仍然处于自由状态，在升温期内养护温度从 20℃升至 60℃，温度升高将造成混凝土内各组分的膨胀，其中水、汽膨胀特别明显，造成升温阶段的混凝土产生不可逆的肿胀变形[12]，此外，高温养护条件下水泥的主要水化产物 C-S-H 凝胶的密度增加[13]，C-S-H 凝胶体积减小，从而造成混凝土内部孔隙增加；②高温养护对混凝土界面过渡区造成一定的损伤[14]，在一定程度上对混凝土的强度及弹性模量有影响；③高温养护促使水泥水化加快，收缩变形和自生应力的发展也会加快[15]，快速的水化使水化产物在空间内分布不均[16]。这些都可能造成蒸养过程中的混凝土力学性能不如相同水化程度的标养混凝土。通过后期的适当养护措施，可以减小蒸养混凝土与标养混凝土性能之间的差异[17]。

5.3　矿物掺合料及温度对蒸养混凝土强度的影响

5.3.1　矿物掺合料

图 5.3.1 分别为 20℃标养和 60℃蒸养条件下基准水泥混凝土和 5 组掺粉煤灰或矿渣混凝土抗压强度随龄期的变化结果。由图 5.3.1 可知，在 1～90d 龄期内，20℃标养和 60℃蒸养条件下各试样抗压强度随粉煤灰、矿渣掺量呈现不同的变化，除掺加 20% 粉煤灰和 10% 矿渣组混凝土在 60℃蒸养条件下 28d 和 90d 龄期抗压强度与基准水泥混凝土基本接近外，其余组混凝土抗压强度均低于基准水泥混凝土。

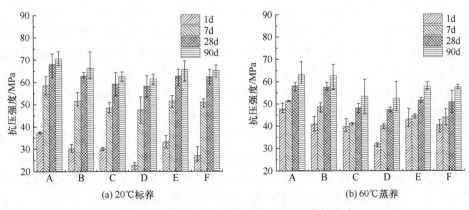

(a) 20℃标养　　　　　　　　　　　(b) 60℃蒸养

图 5.3.1　掺合料对蒸养混凝土抗压强度的影响

相比于标养条件，60℃蒸养条件下各试件除 1d 龄期时的抗压强度显著增加外，7d、28d 以及 90d 龄期时各试件的抗压强度均低于相应的标养混凝土试件。无论是标养还是蒸养条件下，1d 龄期时掺 50% 粉煤灰混凝土的强度最低；28d、90d 龄期时，分别单掺30%、50% 粉煤灰混凝土的抗压强度基本相同，而单掺30%、50%矿渣混凝土的抗压强度也基本接近，但均低于复掺粉煤灰和矿渣组。综上所述，复掺粉煤灰和矿渣有利于保证蒸养混凝土的抗压强度。

5.3.2　蒸养温度

试验测试了不同养护温度(20℃、45℃、60℃、70℃、80℃)下基准水泥和掺加 20%粉煤灰与 10%矿渣两种蒸养混凝土不同龄期(1d、7d、28d、60d、90d)的抗压强度，试验结果如图 5.3.2 所示，为保证相同的蒸养时间，各温度条件下稍有调整，升温速率保持在(15～30)℃/h。

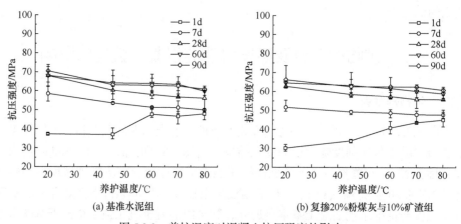

图 5.3.2　养护温度对混凝土抗压强度的影响

由图 5.3.2 中可以看出，温度在 20～80℃范围内，两种蒸养混凝土各龄期下的抗压强度存在不同的变化规律。1d 时，随着养护温度的升高，两种混凝土抗压强度呈现较大的增加趋势；然而，养护至 7d 后，两种混凝土试样的抗压强度则随着养护温度的升高而呈现降低的趋势。与基准水泥混凝土相比，复掺粉煤灰和矿渣混凝土 28d 龄期后的抗压强度随养护温度升高的降低趋势更不显著，表明高的蒸养温度对含掺合料混凝土长期强度的不利影响较小。

相比于 20℃标养条件，45～80℃蒸养条件下较显著地促进了两种混凝土的 1d 强度，但在 7d 之后，其强度低于标养试件，并随龄期的增长始终低于标养试件，说明高温蒸养虽然能够提高混凝土的早期强度，但对 7d 之后的强度发展存在不利影响。根据上述试验结果，得到不同蒸养温度下试件 7d 龄期后的强度变化率结果(以 20℃标养为基准)，如图 5.3.3 所示。

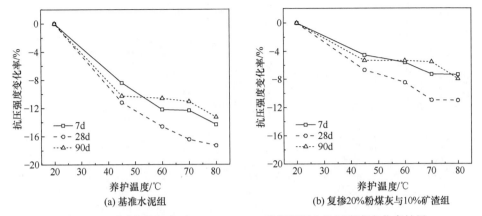

图 5.3.3　不同蒸养温度下 7d、28d、90d 龄期混凝土抗压强度变化率结果

从图 5.3.3 可知，随着养护温度升高，两种混凝土 7d 龄期及更长龄期的强度降低率增加，温度超过 60℃之后基准混凝土的 28d 强度降低率可达 15%以上，而粉煤灰和矿渣复掺混凝土的抗压强度降低率基本不大于 10%。说明养护龄期大于7d，混凝土强度随蒸汽养护温度(大于 45℃)的升高而降低，但掺加粉煤灰和矿渣可以有效降低蒸养对较长龄期混凝土强度的不利影响。

5.3.3　矿物掺合料对蒸养混凝土的强度贡献

为了进一步分析矿物掺合料在混凝土中的作用，引入胶凝系数 K，定量分析粉煤灰、矿渣对蒸养混凝土抗压强度的贡献。胶凝系数 K 定义为某一单位矿物掺合料在一定条件下的强度贡献与单位水泥强度贡献之比，若某一条件下单位水泥的强度贡献为 σ_0，单位矿物掺合料的强度贡献为 σ_m，则有式(5.3.1)成立：

$$\sigma_m = K\sigma_0 \tag{5.3.1}$$

同时，假定某条件下掺加矿物掺合料混凝土抗压强度 σ，由单位水泥的强度贡献 σ_0 与水泥含量$(1-\alpha)$之积，与单位矿物掺合料的强度贡献 σ_m 与其掺量 α(取代水泥质量分数)之积的和构成，即有式(5.3.2)成立：

$$\sigma = \sigma_0(1-\alpha) + \sigma_m\alpha = \sigma_0(1-\alpha+\alpha K) \tag{5.3.2}$$

根据式(5.3.2)，进一步结合前述所测各混凝土抗压强度结果，可计算得到粉煤灰、矿渣及粉煤灰与矿渣复合的胶凝系数 K，结果如图 5.3.4 所示。

由图 5.3.4 可以看出，在所调查的标养和不同温度蒸养条件下，粉煤灰、矿渣以及粉煤灰和矿渣复掺在混凝土中的胶凝系数 K 随着龄期的增加而呈现增大的趋势，且当龄期大于 28d 后，K 值随龄期进一步增加而无显著变化。同时，还可看到，粉煤灰、矿渣以及粉煤灰和矿渣复掺在各龄期条件下的胶凝系数各不相同，并且与其掺量、温度条件密切相关。

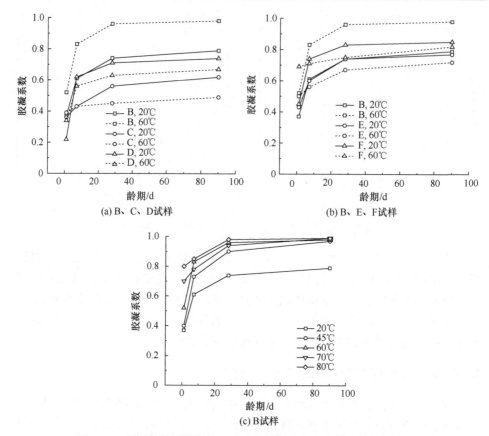

图 5.3.4　不同条件下粉煤灰、矿渣在混凝土中的胶凝系数变化结果

　　对单掺粉煤灰和矿渣而言，在 20℃和 60℃两种养护条件下，50% 掺量时，其各自在混凝土中的胶凝系数均大于 30% 掺量，且 7d 龄期后 20℃条件下各自的胶凝系数均大于 60℃条件下，矿渣的胶凝系数大于粉煤灰的胶凝系数。值得注意的是，相比于单掺粉煤灰、矿渣，粉煤灰和矿渣复掺在混凝土中的各龄期的胶凝系数显著较大，且 60℃条件下粉煤灰和矿渣复掺 28d 和 90d 龄期时的胶凝系数接近 1，表明其与水泥强度贡献几乎相同，而 20℃条件下 28d 和 90d 龄期时的胶凝系数稍低，但也接近 0.8。较高的温度有利于提高粉煤灰和矿渣复掺时的胶凝系数，这与单掺粉煤灰、矿渣不同。同时，与熊蓉蓉等[11]所研究的净浆体系相比，粉煤灰、矿渣在混凝土体系中的胶凝系数更大。这主要是浆体和混凝土体系的微细观结构不同，导致粉煤灰、矿渣发挥的微集料物理填充作用有差异，特别是粉煤灰、矿渣在混凝土中可较好地对水泥石-骨料界面发挥良好的填充密实效应，从而使其在混凝土中产生的强度贡献增加，导致各自的胶凝系数增大。

　　图 5.3.4(c) 中的结果表明，在所调查的温度条件下，粉煤灰和矿渣复掺在混

凝土中的胶凝系数均随着龄期的增加而增大，且随着温度的增加，胶凝系数也呈现较为明显的增加趋势，相比于 20℃条件下，养护温度大于 45℃后，粉煤灰和矿渣复掺时的胶凝系数显著增大，28d 龄期时已大于 0.9，90d 龄期时接近 1.0。

5.3.4　蒸养混凝土强度随龄期的变化

图 5.3.5 为 20～80℃五种温度条件下各混凝土抗压强度随龄期的变化结果。

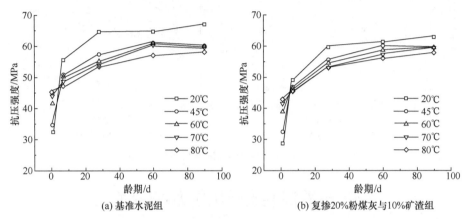

(a) 基准水泥组　　　　　　　　　(b) 复掺20%粉煤灰与10%矿渣组

图 5.3.5　蒸养混凝土抗压强度随龄期的变化结果

从图 5.3.5 中可以看出，相比于 20℃标养条件，45～80℃蒸养促进了两种混凝土的早期强度，其 1d 强度高于标养试件，但在 7d 以后，其强度低于标养试件，并随龄期的增长始终低于标养试件，说明 60℃蒸养虽然能够提高混凝土的早期强度，但是不利于各混凝土的后期强度。在各养护温度条件下，复掺粉煤灰与矿渣混凝土的强度始终低于仅含基准水泥混凝土的各龄期抗压强度。

为研究养护制度对混凝土强度发展的影响，以下将各组混凝土 1d 强度为基准，将 n 天龄期时的混凝土强度 f_n 与 1d 龄期时混凝土强度 f_1 的比值作为混凝土强度增长系数进行讨论，如图 5.3.6 所示。

从图 5.3.6 中可以看出，在 20℃和 45℃养护条件下，混凝土 7d 和 28d 龄期强度增长系数较 1d 龄期时增长较为明显，而后趋于平稳；在 60～80℃养护条件下，混凝土 7d 和 28d 龄期强度增长系数较 1d 龄期时增长幅度小，与 60d 和 90d 龄期相比较为接近。同时，两个配合比的混凝土强度增长系数在同一龄期时均随养护温度的升高而降低。这是因为蒸汽养护制度促进了水泥早期水化反应，提高了混凝土的早期强度，其后期强度增长幅度较小。复掺粉煤灰、矿渣混凝土虽然强度低于相同龄期和相同养护温度下基准水泥混凝土，但是复掺粉煤灰、矿渣混凝土在相同龄期和相同养护温度下的强度增长系数略高于基准水泥混凝土，这是由于粉煤灰、矿渣的掺入提高了混凝土的水灰比，且粉煤灰、矿渣对混凝土早期强度的贡献并不明显，使得混凝土脱模强度较低，而随着粉煤灰、矿渣对混凝土强度的作用逐渐增加，混凝土后期强度发展空间较大，增大了混凝土的后期强度增长系数。

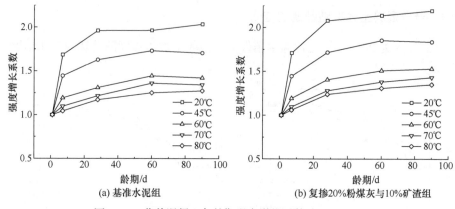

图 5.3.6　蒸养混凝土各龄期强度增长系数(与 1d 相比)

5.4　蒸养混凝土受压应力-应变关系

试验研究了基准水泥混凝土和单掺及复掺粉煤灰、矿渣混凝土(如表 5.1.2 中 A、B、C、E 四个配合比)在 60℃蒸养条件下的受压破坏及其静态应力-应变关系。

5.4.1　破坏形式

混凝土的受压破坏是其内部微裂缝形成、不断扩展直至连通破坏的过程，也是混凝土内部结构从连续到不连续的发展过程。A、B、C、E 四个配合比的蒸养混凝土在静态加载时的破坏形式如图 5.4.1 所示，从图中可以看到，蒸养混凝土试件(圆柱体)的受压破坏模式均为剪切破坏，这与普通混凝土基本相似，但表现出更大的脆性。

混凝土是多物相多孔非均质复合材料，试件中骨料与水泥石界面及水泥石内部均存在较多的初始缺陷，如裂缝、孔隙和界面过渡区等，这些初始缺陷成为混凝土在荷载作用下的薄弱部位，尤其是界面过渡区，而蒸养混凝土由于蒸养过程导致的热损伤似乎存在更多的内部缺陷，且内部水化产物形貌发生一定程度的变化，这将导致其峰值应力降低。在荷载作用下，混凝土内部产生应力响应和传递，由于混凝土内部由力学性质不同的水泥石、界面及骨料组成，其各自对应力的响应并不相同，使得内部发生应力重分布，压应力可能转变为拉应力、剪切应力等。外力作用下内部薄弱部位首先产生微裂纹，随着荷载的增大，裂纹逐渐扩展并连通，形成贯通的主裂纹，导致试件发生剪切破坏特征及骨料断裂的现象，为典型的混凝土脆性破坏特征。

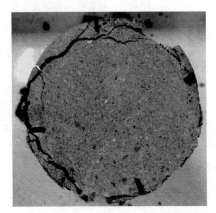

图 5.4.1 静态加载时试件的典型破坏形式

5.4.2 胶凝材料组成的影响

试验研究了基准水泥混凝土、掺加 30% 矿渣、掺加 30% 粉煤灰以及复掺粉煤灰和矿渣的四组不同胶凝材料组成的混凝土在 60℃蒸养条件下的受压荷载下的应力-应变关系，如图 5.4.2 所示。从图中可知，基准水泥混凝土的峰值应力和峰值应变均高于单掺及复掺粉煤灰和矿渣混凝土，在四个配合比试样中最高。复掺粉煤灰和矿渣混凝土的峰值应力和峰值应变均高于单掺粉煤灰混凝土、单掺矿渣混凝土。4 个配合比混凝土的峰值应变随着峰值应力的增加而增大，说明在静态加载条件下，混凝土试件的变形对荷载的增加有较充分的响应。从各所测应力-应变曲线形状来看，各曲线的上升段几乎重叠在一起，且应力-应变之间基本呈线性的快速增加，至峰值应力后的下降段，也呈快速的下降，但不同组成试样呈现出一定的不同。

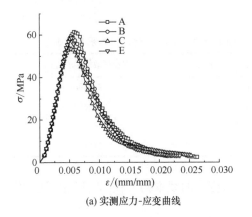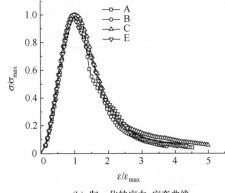

(a) 实测应力-应变曲线　　　　　　　　(b) 归一化的应力-应变曲线

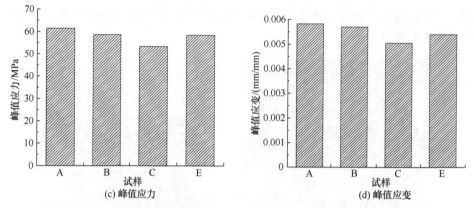

图 5.4.2　四组不同胶凝材料组成的蒸养混凝土受压峰值应力和峰值应变

　　进一步分析图中各曲线下的面积范围可以看出,不同配合比混凝土应力-应变全曲线与应变轴所围成的面积有较大差别,反映了混凝土材料的吸能能力不同。混凝土的吸能能力一般用达到最大应力前的应力-应变曲线与应变轴围成的面积表示,计算结果见表 5.4.1。基准水泥混凝土应力-应变全曲线峰值应力前与应变轴围成的面积较其他配合比大,说明基准水泥混凝土试件的吸能能力较强,复掺粉煤灰和矿渣混凝土试件与单掺矿渣混凝土试件的吸能能力较为接近,而单掺粉煤灰混凝土试件的吸能能力最弱。

　　以下采用试件的累积耗散能量来表征混凝土的脆性和塑性变形能力,累积耗散能量是混凝土应力-应变曲线下降段与横轴所围成的面积。本节 4 个配合比混凝土的累积耗散能量见表 5.4.1。由表中结果可以看出,基准水泥混凝土的累积耗散能量最大,高于单掺粉煤灰、单掺矿渣及复掺粉煤灰和矿渣混凝土,单掺粉煤灰混凝土累积耗散能量较其他配合比明显偏低。从混凝土的吸能能力和累积耗散能量来看,基准水泥混凝土自身内部水化产物较多,内部结构相对密实,储能能力较大。因此,在外部压力对试件做功时能够更好地将机械能转化为内能,破坏时释放能量较多,具有较高的强度。

表 5.4.1　60℃蒸养条件下不同组成混凝土轴压应力下的吸能能力和累积耗散能量

试件	吸能能力/(N/m²)	累积耗散能量/(N/m²)
A	180227	330196
B	168296	305583
C	141341	262100
E	149242	315764

　　采用过镇海等提出的混凝土受压应力-应变全曲线本构方程,对上述所测试样

的应力-应变曲线进行拟合，可进一步深入分析不同组成试样的力学行为。按照全曲线上升段和下降段的形状，分别采用多项式和有理分式进行分段拟合，得到上升段参数 α_a 和下降段参数 α_d。两个参数均有明确的物理意义，其中下降段参数 α_d 可以表征材料的脆性。下降段参数 α_d 的取值范围为[0,+∞)。当 α_d 趋近于 0 时，材料为理想脆性材料；当 α_d 趋于+∞时，峰值应力后材料的残余强度为 0，相当于完全脆性材料。

将试验获得的静态应力-应变曲线进行标准化处理，如图 5.4.2(b) 所示。采用过镇海提出的混凝土的强度和本构关系对图 5.4.2(b) 中的曲线按照式(5.4.1)、式(5.4.2)进行分段拟合可以得到蒸养混凝土上升段参数 α_a 和下降段参数 α_d，拟合结果见表 5.4.2。

$$y=\alpha_a x+(3-2\alpha_a)x^2+(\alpha_a-2)x^3, \quad \varepsilon\leqslant 1 \tag{5.4.1}$$

$$y = x/[\alpha_d(x-1)^2+x], \quad \varepsilon\geqslant 1 \tag{5.4.2}$$

表 5.4.2　蒸养混凝土静态应力-应变曲线拟合结果

试件	α_a	R^2	α_d	R^2
A	−0.06784	0.9996	4.988	0.9901
B	0.1172	0.9997	4.219	0.9607
C	0.02592	0.9997	3.954	0.9854
E	−0.1727	0.9939	3.830	0.9688

混凝土应力-应变全曲线的下降段体现了材料的延性和恢复力等性能。根据表 5.4.2 中结果可以看出，基准水泥混凝土的脆性最大，单掺粉煤灰、单掺矿渣混凝土的脆性则相对较低。

5.4.3　养护温度的影响

试验调查了不同恒温温度对复掺粉煤灰和矿渣混凝土静态应力-应变关系的影响，结果如图 5.4.3 所示。从图 5.4.3 中可以看出，随着养护温度的升高，复掺粉煤灰和矿渣混凝土的峰值应力和峰值应变均呈现降低趋势。

不同养护温度下混凝土的吸能能力和累积耗散能量见表 5.4.3。可以看出，混凝土的吸能能力和累积耗散能量随着养护温度的升高而降低，这与混凝土的强度随着养护温度的升高而降低有关，也与混凝土的脆性随养护温度的升高而增大有关。

表 5.4.3　不同养护温度下蒸养混凝土静态荷载下的吸能能力和累积耗散能量

养护温度/℃	吸能能力/(N/m²)	累积耗散能量/(N/m²)
20	174715.0	344472.5
45	167400.7	307767.7

续表

养护温度/℃	吸能能力/(N/m²)	累积耗散能量/(N/m²)
60	163267.5	302288.1
70	155138.9	298601.9
80	144469.6	249922.7

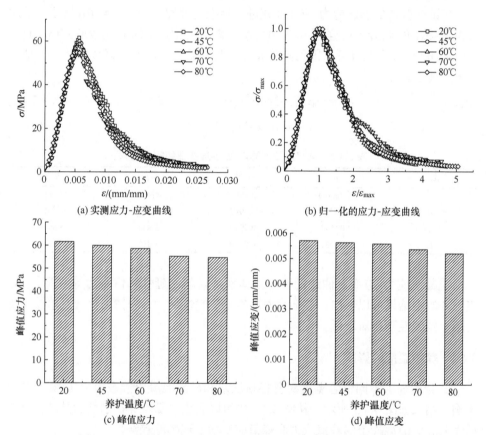

图 5.4.3　不同养护温度下蒸养混凝土的受压峰值应力和峰值应变

同样采用式(5.4.1)、式(5.4.2)分别对试验测试得到的应力-应变曲线进行分段拟合,结果见表 5.4.4。从表中下降段参数可以看出,随着养护温度的升高,混凝土应力-应变曲线标准化后下降段参数明显增大,说明蒸养混凝土的脆性随着养护温度的升高而增大,热脆化效应更为显著。

表 5.4.4　不同养护温度下蒸养混凝土的受压应力-应变曲线拟合结果

养护温度/℃	α_a	R^2	α_d	R^2
20	−0.02429	0.9967	3.502	0.9759
45	−0.1749	0.9984	4.034	0.9808
60	0.1172	0.9997	4.219	0.9607
70	−0.1446	0.9979	4.077	0.9824
80	0.4669	0.9993	4.530	0.9656

5.5　小　结

(1) 蒸养过程中混凝土力学性能的变化呈现三阶段特征: 第一阶段为静停和升温阶段(0~4h), 混凝土仍处于凝结硬化期, 强度几乎可以忽略; 第二阶段对应于恒温阶段(4~12h), 混凝土强度和动弹性模量等力学性能迅速增长、阻尼比迅速降低, 12h 的抗压强度已达到 28d 的 70% 以上, 动弹性模量在第 12h 时达到 28d 时的 70% 以上; 第三阶段对应于恒温结束至 24h(12~24h)阶段, 此阶段内混凝土的力学强度、动弹性模量及动剪切模量增长速率逐渐降低。

(2) 相同水化程度条件下, 蒸养混凝土的抗压强度较标养混凝土低 15%~20%, 蒸养混凝土的抗压强度随水化程度的增长率略低于标养混凝土。蒸养混凝土的动弹性模量和动剪切模量均低于相同水化程度的标养混凝土, 阻尼比高于标养混凝土。随着水化程度的不断增长, 两种混凝土动态弹性模量、动态剪切模量及阻尼比的差异逐渐减小。

(3) 蒸养混凝土的脱模强度随养护温度的升高而增大, 而后期强度均低于标养混凝土, 且随着养护温度的升高, 蒸养混凝土的后期强度呈下降趋势。基准水泥混凝土的强度高于相同养护条件下掺加矿物掺合料混凝土, 单掺粉煤灰混凝土的强度最低, 复掺粉煤灰和矿渣混凝土的强度高于相同养护条件下单掺粉煤灰、单掺矿渣混凝土。

(4) 基准水泥混凝土的吸能能力和累积耗散能量均高于相同养护条件下复掺粉煤灰和矿渣混凝土, 复掺粉煤灰和矿渣混凝土的吸能能力和累积耗散能量高于相同养护条件下单掺粉煤灰、单掺矿渣混凝土。随着养护温度的升高, 混凝土的吸能能力和累积能量耗散明显降低。

(5) 相比于 20℃标养条件, 单掺粉煤灰、单掺矿渣在 60℃蒸养混凝土中的胶凝系数较低。粉煤灰和矿渣复合体系在混凝土中各龄期时的胶凝系数明显大于单掺, 且在 45℃及以上温度蒸养条件下, 粉煤灰和矿渣复合体系 28d 龄期后的胶凝系数达 0.9 以上，其对混凝土的强度贡献接近于基准水泥，粉煤灰和矿渣复掺在蒸养混凝土中呈现显著的超叠增强效应。

（6）混凝土静态应力-应变曲线下降段回归分析参数随着养护温度的升高而明显变大，表明混凝土的脆性随着蒸养温度的升高而增加。

参 考 文 献

[1] Liu B J, Xie Y J, Zhou S Q, et al. Some factors affecting early compressive strength of steam-curing concrete with ultrafine fly ash[J]. Cement and Concrete Research, 2001, 31(10): 1455-1458.

[2] Liu B J, Xie Y J, Li H. Influence of steam curing on the compressive strength of concrete containing supplementary cementing materials[J]. Cement and Concrete Research, 2005, 35(5): 994-998.

[3] Yazıcı Ş, Arel H Ş. The influence of steam curing on early-age compressive strength of pozzolanic mortars[J]. Arabian Journal for Science and Engineering, 2016, 41(4): 1413-1420.

[4] Li M Y, Wang Q, Yang J. Influence of steam curing method on the performance of concrete containing a large portion of mineral admixtures[J]. Advances in Materials Science and Engineering, 2017, 2017: 9863219.

[5] Ba M F, Qian C X, Guo X J, et al. Effects of steam curing on strength and porous structure of concrete with low water/binder ratio[J]. Construction and Building Materials, 2011, 25(1): 123-128.

[6] Jiang P, Jiang L H, Zha J, et al. Influence of temperature history on chloride diffusion in high volume fly ash concrete[J]. Construction and Building Materials, 2017, 144: 677-685.

[7] 贺智敏, 龙广成, 谢友均, 等. 蒸养混凝土的表层伤损效应[J]. 建筑材料学报, 2014, 17(6): 994-1000.

[8] Lee M G. Preliminary study for strength and freeze-thaw durability of microwave-and steam-cured concrete[J]. Journal of Materials in Civil Engineering, 2007, 19(11): 972-976.

[9] 马昆林, 贺炯煌, 龙广成, 等. 蒸养温度效应及其对水泥基材料热伤损的影响[J]. 材料导报, 2017, 31(12): 171-176.

[10] Long G C, Omran A, He Z M. Heat damage of steam curing on the surface layer of concrete[J]. Magazine of Concrete Research, 2012, 64(11): 995-1004.

[11] 熊蓉蓉, 龙广成, 谢友均, 等. 矿物掺合料对蒸养高强浆体抗压强度及孔结构的影响[J]. 硅酸盐学报, 2017, 45(2): 175-181.

[12] 贺智敏, 龙广成, 谢友均, 等. 蒸养水泥基材料的肿胀变形规律与控制[J]. 中南大学学报(自然科学版), 2012, 43(5): 1947-1953.

[13] Gallucci E, Zhang X, Scrivener K L. Effect of temperature on the microstructure of calcium silicate hydrate (C-S-H)[J]. Cement and Concrete Research, 2013, 53: 185-195.

[14] Wang Q, Shi M X, Wang D Q. Influence of elevated curing temperature on the properties of cement paste and concrete at the same hydration degree[J]. Journal of Wuhan University of Technology-Materials Science Edition, 2017, 32(6): 1344-1351.

[15] Lura P, van Breugel K, Maruyama I. Effect of curing temperature and type of cement on early-age shrinkage of high-performance concrete[J]. Cement and Concrete Research, 2001, 31(12): 1867-1872.

[16] Escalante-Garcia J I, Sharp J H. The microstructure and mechanical properties of blended cements hydrated at various temperatures[J]. Cement and Concrete Research, 2001, 31(5): 695-702.

[17] He Z M, Long G C, Xie Y J. Influence of subsequent curing on water sorptivity and pore structure of steam-cured concrete[J]. Journal of Central South University, 2012, 19(4): 1155-1162.

第 6 章　蒸养混凝土的动态力学性能

6.1　概　　述

　　蒸养混凝土及其预制构件是基础设施重要结构单元(如公路与铁路桥梁、铁路轨枕等)的物质基础,这些结构通常都要受到机械等动态荷载的作用,因此,了解蒸养混凝土的动态力学特性,对于保证蒸养混凝土预制构件乃至结构的服役性能具有重要意义。混凝土的动态力学性能主要包括基频、动态模量及阻尼性能等。同时,研究实践表明,混凝土的力学性能与应变速率密切相关,研究加载速率对混凝土力学性能的影响至关重要。目前,霍普金森压杆(split Hopkinson pressure bar, SHPB)试验方法是研究混凝土动态力学性能最常用的方法,已有不少研究成果[1~5],但这些成果主要针对普通混凝土,而对蒸养混凝土的相关研究较少。鉴于此,本章通过试验,较详细地研究了蒸养混凝土的动弹性模量、动剪切模量、阻尼比以及冲击荷载作用下的动态应力-应变关系等动态力学性能。

　　本章涉及的试验原材料以及试件的制备、养护均与第 5 章相同,各试件及配合比见表 6.1.1。相关试验方法具体如下。

表 6.1.1　A1～A6 系列蒸养混凝土试件的组成与配合比　　　(单位：kg/m³)

试件	水泥 (C)	粉煤灰 (FA)	矿渣 (GGBS)	河砂	碎石	水	减水剂
A1	450	0	0	660	1210	135	4.5
A2	315	90	45	660	1210	135	4.5
A3	315	135	0	660	1210	135	4.5
A4	315	0	135	660	1210	135	4.5
A5	225	225	0	660	1210	135	4.5
A6	225	0	225	660	1210	135	4.5

1. 动态模量及阻尼比测试

　　动态模量及阻尼性能测试采用美国生产的 Emodule-Meter MkⅡ型动弹仪,试件尺寸为 100mm×100mm×300mm 棱柱体,如图 6.1.1 所示。测试时,将试件固定在测试架上,并将加速度传感器紧贴于试件表面相应位置,贴合时采用白凡士林作为耦合剂。按式(6.1.1)和式(6.1.2)可得到试件的动弹性模量和动剪切模量。

$$E_d = DMn_1^2 \tag{6.1.1}$$

$$G_d = BMn_2^2 \tag{6.1.2}$$

式中，M 为试件的质量，kg；n_1 和 n_2 分别为试件的纵向基频和扭转基频，Hz；对棱柱体试件而言，$D=4L/bt$，$B=4LR/A$，R 取 1.183，A 为试件的截面面积，L、b、t 分别为棱柱体长、宽、高。

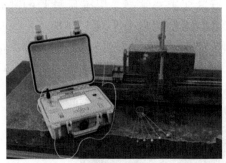 

(a) 动弹性模量　　　　　　　　　　　　　　　　(b) 动剪切模量

图 6.1.1　动弹性模量和动剪切模量测试

　　阻尼比是材料本身固有的动力特性参数。混凝土阻尼比的计算采用自由衰减法。在前述测试混凝土试件动弹性模量时，Emodule-Meter Mk Ⅱ 型动弹仪自动获取了混凝土试件的加速度衰减曲线，如图 6.1.2 所示，由此按式(6.1.3)可计算得到阻尼比。

$$\zeta = \frac{1}{2n\pi} \ln \frac{A_1}{A_n} \tag{6.1.3}$$

式中，A_1、A_n 为加速度衰减曲线中的 2 个峰值；n 为 A_1 与 A_n 之间的振动次数。

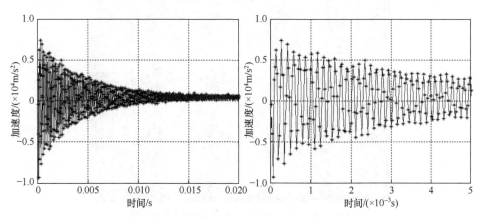

图 6.1.2　混凝土试件的加速度衰减曲线

2. SHPB 试验

SHPB 试验可测试混凝土在高速冲击荷载作用下的力学性能。本节采用ϕ75mm 杆径的 SHPB 试验测试系统,该系统主要由发射腔、冲头、入射杆、透射杆、能量吸收杆和数据采集系统组成,采集系统为 CS-10 型超动态应变仪,具有校准和自动平衡功能,如图 6.1.3 所示。混凝土试件为ϕ75mm×75mm 圆柱体。SHPB 测试对试件两端面的平整度和平行度要求非常高,以确保试验的准确性,因此成型好的试件必须进行加工打磨,保持两端面平行,且端面不平整度不超过 0.02mm[6~8],加工好的试件如图 6.1.4 所示。详细的测试计算方法可参见文献[8]。

图 6.1.3   SHPB 测试装置

图 6.1.4   用于 SHPB 试验的蒸养混凝土试件

6.2　动弹性模量

6.2.1　矿物掺合料的影响

　　试验测试了单掺 30%、50%粉煤灰和矿渣及复掺 20% 粉煤灰和 10% 矿渣混凝土不同龄期的动弹性模量,结果如图 6.2.1 所示。为了更好地研究不同掺量粉煤灰和矿渣混凝土的动态力学性能,试验采用 P.I 42.5 硅酸盐水泥(基准水泥),以便排除普通水泥中不同组分的干扰。

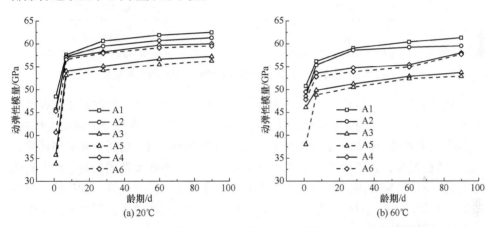

图 6.2.1　不同掺量粉煤灰、矿渣混凝土在不同龄期时的动弹性模量结果

　　由图 6.2.1 可以看出,无论是蒸养还是标养条件下,掺入矿物掺合料混凝土的动弹性模量均低于基准水泥混凝土。复掺 20%粉煤灰和 10%矿渣混凝土的动弹性模量与基准水泥混凝土相差较小,而单掺 30%、50%粉煤灰和矿渣混凝土的动弹性模量较基准水泥混凝土相差较大,特别是单掺 30%、50% 粉煤灰混凝土的动弹性模量在各个龄期均明显偏低。在 1d 龄期时,无论是标养或是蒸养条件,单掺 30%、50% 粉煤灰混凝土的动弹性模量明显低于其他组,这是由于粉煤灰取代水泥增大了有效水灰比,从而导致混凝土早期力学性能降低,但随粉煤灰发生二次水化反应,单掺粉煤灰混凝土后期动弹性模量增长幅度较大。矿渣水化活性较高,在水化初期即可一定程度地参与水化反应,且其表观密度明显高于粉煤灰,表现出单掺矿渣混凝土的动弹性模量高于单掺粉煤灰混凝土;而复掺粉煤灰和矿渣混凝土早期(1d、7d)动弹性模量与单掺 30% 矿渣混凝土接近,但后期有所提高,这说明粉煤灰与矿渣复合使用对混凝土动弹性模量具有协同作用。

　　同样,采用第 5 章所述的胶凝系数 K 对图 6.2.1 中混凝土动弹性模量进行计算,得到单掺粉煤灰、矿渣及复掺粉煤灰和矿渣混凝土动弹性模量的胶凝系数 K_d,

结果如图 6.2.2 所示。

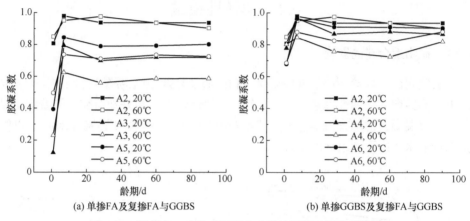

(a) 单掺FA及复掺FA与GGBS　　　　　　(b) 单掺GGBS及复掺FA与GGBS

图 6.2.2　粉煤灰、矿渣对混凝土动弹性模量贡献分析结果

从图 6.2.2 中可以看出，无论是标养还是 60℃蒸养条件，对混凝土动弹性模量而言，20% 粉煤灰和10% 矿渣复合胶凝体系的胶凝系数在各个龄期均为最高，在混凝土中对动弹性模量的贡献最大，高于单掺 30%、50%粉煤灰和矿渣体系；且在 7d 龄期后，其胶凝系数基本达到稳定状态，7~90d 龄期的胶凝系数没有明显变化。而在 28d 龄期后，无论蒸养还是标养条件下，复掺粉煤灰和矿渣体系的胶凝系数接近 1.0，说明在混凝土中 20% 粉煤灰和10%矿渣复合对混凝土动弹性模量的贡献接近水泥。

单掺粉煤灰体系的胶凝系数明显低于复掺粉煤灰和矿渣体系，在 1d 龄期时，单掺 30% 粉煤灰体系的系数只有复掺粉煤灰和矿渣体系的 25% 左右，而单掺50% 粉煤灰体系为复掺粉煤灰和矿渣体系的 50% 左右。到 28d 龄期以后，单掺 30% 和 50% 粉煤灰体系的系数可以达到 0.6~0.8，说明粉煤灰对中后期混凝土动弹性模量具有较大的贡献。

单掺矿渣体系的胶凝系数明显高于单掺粉煤灰体系，且与复掺粉煤灰和矿渣体系较为接近；同时，温度对单掺矿物掺合料体系胶凝系数的影响远大于对复掺体系的影响，这也证实了前文所述的粉煤灰与矿渣复合使用对改善混凝土动弹性模量具有协同作用。

对于单掺粉煤灰和单掺矿渣体系，无论是在标养还是在 60℃蒸养条件下，掺量为 50%时的胶凝系数明显大于掺量为 30%时，其不同掺量对混凝土动弹性模量胶凝系数的影响规律与对抗压强度的影响规律一致。

6.2.2　养护温度的影响

以基准水泥混凝土及复掺 20% 粉煤灰和 10% 矿渣混凝土为例，分别测试了养护温度在 20～80℃条件下不同龄期混凝土的动弹性模量变化结果，如图 6.2.3 所示。从图中可以明显看出，两个配合比混凝土脱模(1d)时的动弹性模量均随养护温度的升高而显著提高，主要由于蒸养加速了水泥早期的水化反应，且随着养护温度的升高，混凝土内部水化反应更加迅速，大量的水化产物快速生成，明显提高了混凝土早期动弹性模量；而在 3～7d 龄期时，混凝土动弹性模量随温度变化呈现与脱模时相反的规律，特别是在 7d 龄期以后，可以很明显地看出，两个配合比混凝土在相同龄期时的动弹性模量均随养护温度的升高而明显降低。混凝土动弹性模量与骨料、基体和界面过渡区的性质有关。已有研究表明，蒸养会导致混凝土孔隙结构粗化等热损伤，因此蒸养混凝土界面过渡区孔隙结构的变化是造成上述现象的主要原因。此外，在相同龄期和相同养护温度下，基准水泥混凝土的动弹性模量始终高于复掺 20%粉煤灰和 10%矿渣混凝土。

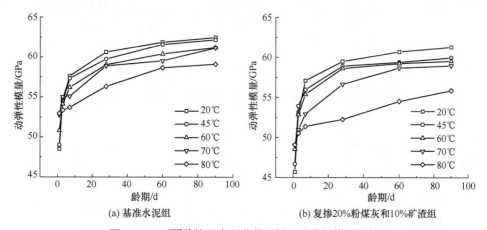

图 6.2.3　不同养护温度下蒸养混凝土动弹性模量结果

采用动弹性模量变化率参数 H 对各个龄期两个配合比混凝土的动弹性模量进行分析。动弹性模量变化率是指以 20℃标养条件下混凝土动弹性模量为基准，温度每升高 1℃混凝土动弹性模量变化值，即某一养护温度下混凝土动弹性模量与标养条件下混凝土动弹性模量的差值除以该养护温度与 20℃的温度差，按照式(6.2.1)进行计算，结果见表 6.2.1。

$$H = \frac{E_{\mathrm{d},t} - E_{\mathrm{d},20}}{t - 20} \quad 或 \quad H = \frac{G_{\mathrm{d},t} - G_{\mathrm{d},20}}{t - 20} \tag{6.2.1}$$

式中，t 为蒸养温度，℃；$E_{\mathrm{d},t}$ 和 $G_{\mathrm{d},t}$ 分别为 t℃蒸养条件下混凝土的动弹性模量和动剪切模量，GPa；$E_{\mathrm{d},20}$ 和 $G_{\mathrm{d},20}$ 分别为 20℃标养条件下混凝土的动弹性模量和动剪切模量，GPa。

从表 6.2.1 可以看出，1d 龄期时，45～80℃蒸养条件下两个配合比蒸养混凝土的动弹性模量变化率均为正值，高温养护条件(60~80℃)下明显高于45℃蒸养条件，说明养护温度促进了水泥的早期水化反应，提高了混凝土脱模时的动弹性模量，且随着养护温度的升高，水泥早期水化反应更加剧烈，对早期动弹性模量的发展十分有利。

表 6.2.1　不同养护温度下混凝土动弹性模量变化率(与 20℃养护条件相比)

龄期/d	养护温度/℃	动弹性模量变化率	
		基准水泥组	复掺 20%粉煤灰和 10%矿渣组
1	45	0.02	0.04
	60	0.06	0.07
	70	0.09	0.07
	80	0.07	0.06
7	45	−0.01	−0.04
	60	−0.04	−0.04
	70	−0.05	−0.08
	80	−0.07	−0.10
28	45	−0.04	−0.02
	60	−0.04	−0.02
	70	−0.03	−0.06
	80	−0.07	−0.12
60	45	−0.01	−0.05
	60	−0.04	−0.04
	70	−0.05	−0.04
	80	−0.05	−0.10
90	45	−0.01	−0.05
	60	−0.03	−0.04
	70	−0.03	−0.05
	80	−0.06	−0.09

　　7~90d 龄期时，两种混凝土的动弹性模量随温度的变化率均为负值，这说明在 7d 龄期以后，混凝土的动弹性模量较标养条件下呈降低趋势。45℃蒸养条件下两个配合比混凝土的动弹性模量降低率较小，而 70~80℃高温养护条件下的动弹性模量降低率显著增大，最高可达 10%左右。这说明不同养护温度条件下，温度对混凝土动弹性模量降低率是不同的。在 20~45℃范围内，两个配合比混凝土的动弹性模量降低率很低，在 5%以内，说明较低温度养护(20~45℃)条件对于混凝

土的动弹性模量没有造成明显热损伤，其动弹性模量与标养相接近；而在 70~80℃蒸养条件下，可以明显看出，养护温度对于两个配合比混凝土动弹性模量的降低率非常大，混凝土动弹性模量的降低率分别为 17.13%和 33.07%，已经达到20~45℃条件下的 10~20 倍，说明 70~80℃养护条件不利于蒸养混凝土动弹性模量的发展。

为更直观地研究温度对动弹性模量的影响，采用分段拟合方式对两个配合比蒸养混凝土不同温度范围内(20~45℃、45~70℃和 70~80℃)的动弹性模量变化率进行研究，结果如图 6.2.4 所示。

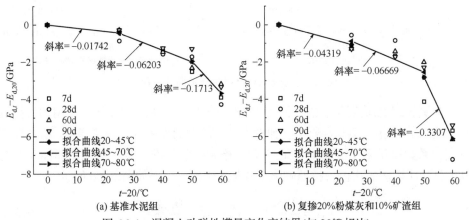

(a) 基准水泥组　　　　　　　　　(b) 复掺20%粉煤灰和10%矿渣组

图 6.2.4　混凝土动弹性模量变化率结果(与 20℃相比)

从图 6.2.4 的拟合结果可以看出，虽然两个配合比蒸养混凝土 7d 后的动弹性模量均随养护温度的升高而降低，但是不同范围内温度对混凝土动弹性模量的影响效率是不同的，高温养护条件使得蒸养混凝土的动弹性模量急剧降低，不利于混凝土动态力学性能的发展，而适当温度养护条件可以有效避免由热损伤造成的混凝土动弹性模量的损失。

6.2.3　龄期的影响

测试基准水泥混凝土和复掺 20%粉煤灰和 10%矿渣混凝土在不同养护温度下360d 龄期内动弹性模量 E_d 随龄期的变化规律，如图 6.2.5 所示。基准水泥混凝土的动弹性模量高于复掺粉煤灰和矿渣混凝土，这与前述对早中期混凝土动弹性模量的研究结果一致。标养和蒸养的混凝土试件在 28d 龄期的动弹性模量已经基本达到稳定状态，在中后期，混凝土动弹性模量仍有一定程度的增长。对于基准水泥混凝土，在 3 个不同养护温度下其 360d 动弹性模量较 28d 相比分别增长了3.99GPa、3.54GPa 和 4.30GPa，而复掺粉煤灰和矿渣混凝土分别增长了 4.22GPa、4.10GPa 和 4.36GPa；表明复掺粉煤灰和矿渣混凝土的动弹性模量在中后期呈现出更大的增加率。

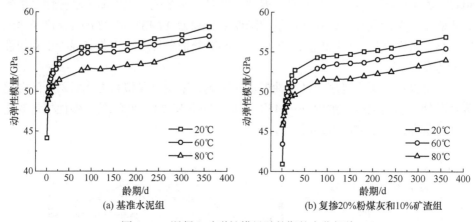

(a) 基准水泥组　　　　　　　　　(b) 复掺20%粉煤灰和10%矿渣组

图 6.2.5　混凝土动弹性模量随龄期的变化规律

为更详细地研究蒸养混凝土动弹性模量长期的发展变化规律，采用动弹性模量变化系数 N 作为蒸养混凝土动弹性模量随龄期的发展变化评价指标。动弹性模量变化系数就是采用混凝土 28d 动弹性模量作为基准，某一龄期动弹性模量与 28d 动弹性模量的比值，按照式(6.2.2)进行计算，结果如图 6.2.6 所示。

$$N = \frac{E_{\mathrm{d},n\mathrm{day}}}{E_{\mathrm{d},28\mathrm{day}}} \quad 或 \quad N = \frac{G_{\mathrm{d},n\mathrm{day}}}{G_{\mathrm{d},28\mathrm{day}}} \tag{6.2.2}$$

式中，$E_{\mathrm{d},n\mathrm{day}}$ 和 $G_{\mathrm{d},n\mathrm{day}}$ 分别为第 n 天龄期时混凝土的动弹性模量和动剪切模量，GPa；$E_{\mathrm{d},28\mathrm{day}}$ 和 $G_{\mathrm{d},28\mathrm{day}}$ 分别为 28d 龄期时混凝土的动弹性模量和动剪切模量，GPa。

从图 6.2.6 中可以看出，无论是基准水泥混凝土还是复掺粉煤灰和矿渣混凝土，其在脱模(1d)时的动弹性模量变化系数随着养护温度的升高而增大，20℃标养条件下两种混凝土脱模时的动弹性模量变化系数达到了 0.8 左右，60℃蒸养条件下为 0.85~0.90，而 80℃蒸养条件下两种混凝土脱模时的动弹性模量已经达到 28d 动弹性模量的 90% 以上。两种混凝土 28d 之前的动弹性模量变化系数的变化规律较为接近，而在 28d 龄期之后至 360d 龄期，复掺粉煤灰和矿渣混凝土在各个养护温度下的动弹性模量变化系数均略高于基准水泥混凝土，这说明对复掺粉煤灰和矿渣体系而言，其掺合料对于混凝土后期的动弹性模量的发展较为有利，这是由于粉煤灰和矿渣复合胶凝材料体系后期的二次水化反应，生成更多水化产物，使得混凝土内部结构更加密实，表现出 28d 龄期后动弹性模量的变化系数高于基准水泥混凝土。

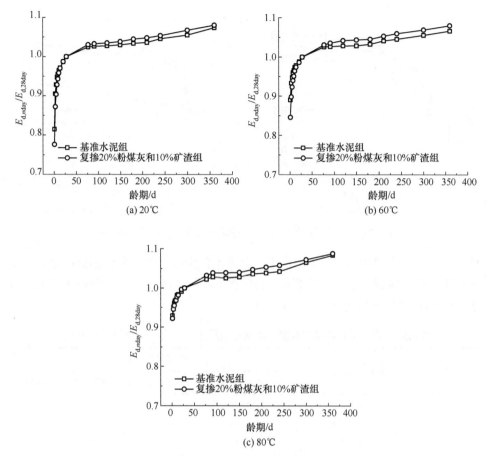

图 6.2.6　混凝土动弹性模量变化系数随龄期的变化规律

6.3　动剪切模量

6.3.1　养护温度的影响

本节以基准水泥混凝土及复掺 20%粉煤灰和 10%矿渣混凝土为研究对象，测试了不同养护温度(20℃、45℃、60℃、70℃和 80℃)下混凝土 1d～90d 龄期的动剪切模量 G_d，结果如图 6.3.1 所示。

从图 6.3.1 中可以看出，不同养护温度下混凝土动剪切模量的变化规律与动弹性模量相似。两个配合比的混凝土在脱模(1d)时的动剪切模量均随着温度的升高而增大，而在 7d 龄期以后，两个配合比混凝土的动剪切模量在相同龄期时随着养护温度的升高而降低，特别是养护温度在 70～80℃时，其动剪切模量下降更为明

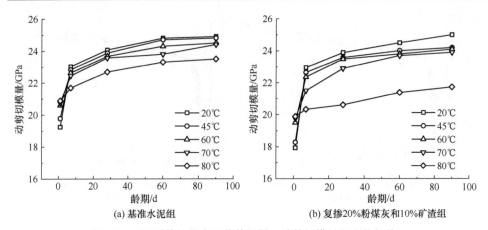

图 6.3.1　不同养护温度下蒸养混凝土动剪切模量的变化规律

显。对于同一龄期和相同养护温度下，基准水泥混凝土的动剪切模量明显高于复掺粉煤灰和矿渣混凝土。根据式(6.2.1)计算了不同温度下混凝土动剪切模量相对于 20℃ 养护条件下的变化率，见表 6.3.1。

表 6.3.1　不同养护温度下混凝土动剪切模量变化率(与 20℃ 养护条件相比)

龄期/d	养护温度/℃	动剪切模量变化率	
		基准水泥组	复掺 20%粉煤灰和 10%矿渣组
1	45	0.021	0.014
	60	0.034	0.039
	70	0.030	0.037
	80	0.027	0.033
7	45	−0.008	−0.012
	60	−0.010	−0.015
	70	−0.012	−0.029
	80	−0.022	−0.044
28	45	−0.008	−0.012
	60	−0.010	−0.010
	70	−0.010	−0.020
	80	−0.023	−0.055
60	45	−0.004	−0.020
	60	−0.012	−0.017
	70	−0.020	−0.016
	80	−0.025	−0.052

续表

龄期/d	养护温度/℃	动剪切模量变化率	
		基准水泥组	复掺 20%粉煤灰和 10%矿渣组
90	45	−0.004	−0.032
	60	−0.010	−0.023
	70	−0.010	−0.022
	80	−0.023	−0.054

从表 6.3.1 中可以看出，与 20℃标养条件相比，1d 龄期时，升高温度对混凝土动剪切模量起到促进作用，随着养护温度升高至 45℃，两个配合比混凝土的动剪切模量变化率显著增大，这说明在 20~45℃的温度范围内，单位温度对动剪切模量有更显著增大作用；随养护温度进一步升高，混凝土动剪切模量变化率并未有显著变化。而在 7~90d 龄期时，蒸养条件下两个配合比混凝土动剪切模量较 20℃的变化率均为负值，这说明蒸养条件降低了混凝土的中长期动剪切模量。在 20~45℃蒸养条件下，单位温度对混凝土动剪切模量的降低程度较小，而在高温养护(70~80℃)条件下，单位温度对混凝土弹性模量的降低程度明显增大，尤其是在 80℃蒸养条件下，单位温度对混凝土动弹性模量的降低值明显高于 45℃养护条件，甚至达到 45℃养护条件的 20 倍左右。

由于混凝土基准动剪切模量(20℃养护条件下的动剪切模量)和某一养护温度下混凝土动剪切模量均随龄期的增长而增长，但是从表 6.3.1 中可以看出，在不同测试龄期，某一养护温度下混凝土动弹性模量与基准动弹性模量的差值和温度差值的比值较为稳定。因此，对动剪切模量与基准动剪切模量的差值和相对应的温度差进行线性拟合可以得到图 6.3.2 所示的结果。

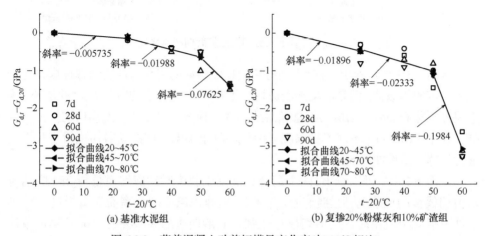

图 6.3.2　蒸养混凝土动剪切模量变化率(与 20℃相比)

图 6.3.2 中的斜率代表相应养护温度段内混凝土动剪切模量与 20℃标养条件下动剪切模量相比的单位温度降低值。随着养护温度的升高，混凝土动剪切模量与 20℃标养条件相比降低更大，特别是在 70~80℃养护条件下，两个配合比蒸养混凝土动剪切模量的单位温度降低值是 20~45℃养护条件的 10 倍以上，高温养护显著降低了混凝土动剪切模量。在各个养护温度段内，基准水泥混凝土与 20℃养护条件相比的单位温度降低值明显低于复掺粉煤灰和矿渣混凝土，说明在相同的养护温度下，蒸养温度对复掺粉煤灰和矿渣混凝土动剪切模量造成的不利影响更为严重。

6.3.2　龄期的影响

试验测试了不同养护温度下基准水泥混凝土及复掺20%粉煤灰和10%矿渣混凝土的动剪切模量随龄期的发展变化规律，测试龄期从脱模(1d)至 360d，结果如图 6.3.3 所示。

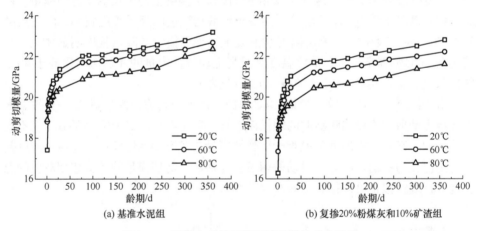

图 6.3.3　混凝土动剪切模量随龄期的变化规律

从图 6.3.3 可以看出，混凝土动剪切模量随龄期的变化与前述动弹性模量的变化有一定的相似性，但是混凝土动剪切模量在 90~360d 龄期仍有较大的增长。为直观分析蒸养混凝土动剪切模量随龄期的变化规律，以 28d 龄期动剪切模量为基准，利用式(6.2.2)对不同养护温度下两种混凝土不同龄期的动剪切模量变化系数进行计算，结果如图 6.3.4 所示。

从图 6.3.4 中可以看出，两个配合比混凝土脱模时动剪切模量与 28d 龄期时动剪切模量的比值(动剪切模量变化系数)随养护温度的升高而显著提高，标养条件下混凝土脱模时的动剪切模量达到 28d 龄期时的 80%左右，60℃养护条件

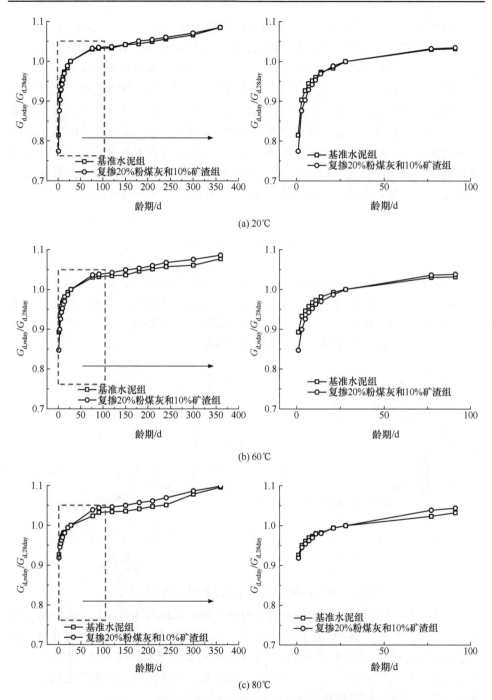

(a) 20℃

(b) 60℃

(c) 80℃

图 6.3.4　混凝土动剪切模量变化系数随龄期的变化规律

下可达到 85%～90%，而 80℃蒸养条件可以达到 90%以上。从后期动剪切模量的发展来看，虽然后期动剪切模量的增长速度较慢，但是 28d～360d 龄期内仍有 10%左右的增长空间。在 28d 龄期前，任一养护温度下，基准水泥混凝土动剪切模量与 28d 龄期动剪切模量的比值高于同龄期复掺粉煤灰和矿渣混凝土，而 28d 龄期后则刚好相反，这说明由于粉煤灰和矿渣复合胶凝材料体系的二次水化反应，复掺粉煤灰和矿渣混凝土在后期表现出比基准水泥混凝土高的动剪切模量增长。同时可以看出，标养条件下两种混凝土 28d 龄期后动剪切模量与 28d 龄期的比值在同一龄期较为接近，而 60℃和 80℃蒸养条件下复掺粉煤灰和矿渣蒸养混凝土动剪切模量与 28d 龄期的比值在同一龄期明显高于基准水泥混凝土，说明复掺 20%粉煤灰和 10%矿渣对混凝土动剪切模量具有协同作用。

6.4　阻　尼　比

　　一般来说，材料的阻尼性能反映了材料能量耗散的能力，材料的阻尼越大，耗散能力越强。混凝土属于脆性材料，其能量耗散能力较弱。因此，相关研究不多。作为动态力学性能之一，有必要对其阻尼性能进行研究。本节采用对数衰减法对 4 组混凝土阻尼比进行计算，结果如图 6.4.1 所示。

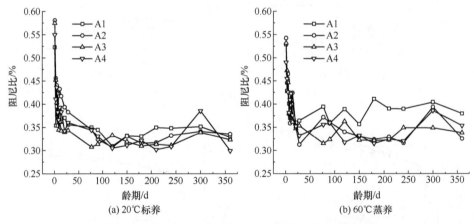

图 6.4.1　蒸养混凝土和标养混凝土阻尼比随龄期的变化

　　从图 6.4.1 中可以看出，不同配合比混凝土的阻尼比均随养护龄期的增加呈降低趋势，早龄期时，混凝土的阻尼比较大，随着龄期增加，混凝土强度升高，而阻尼比则迅速降低，至 28d 龄期后，混凝土的阻尼比则基本保持不变，混凝土 360d 阻尼比基本稳定在 0.35%左右。总体上，蒸养基准水泥混凝土的阻尼比稍大，而掺加掺合料混凝土的阻尼比稍小。

6.5　低应变率下蒸养混凝土的应力应变特性

6.5.1　破坏形式

低应变率(此处指应变率为 $10^{-3}s^{-1}$ 左右)下蒸养混凝土试件的破坏形式如图 6.5.1 所示。从图 6.5.1 中可以看出，相比于静态荷载作用，试件在 $10^{-3}s^{-1}$ 应变率下的破坏形式兼有剪切破坏和劈裂破坏,在试件的受压面上裂纹数量明显增加,骨料破坏现象更为明显,且呈现出劈裂破坏的形式,这主要是由于所测试件强度较高,水泥石及界面等力学性能较高,当荷载达到骨料所承受的范围时,骨料将发生劈裂破坏,并成为控制混凝土强度的重要环节;特别是,随着加载速率提高(低应变率范围内),荷载应力在混凝土内部的传递速度加快,应力集中程度加大,裂纹扩展路径更短,裂纹直接穿过作为主要物相的骨料的概率增加,并由此形成多道裂纹贯穿整个试件。

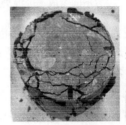

图 6.5.1　低应变率下试件的破坏形式

6.5.2　矿物掺合料的影响

低应变率下表 6.1.1 所列 A1～A4 四个系列 60℃蒸养混凝土的应力-应变关系如图 6.5.2 所示。与静态荷载相比,蒸养混凝土在低应变率下的峰值应力和峰值应变已有显著提高,基准水泥混凝土在低应变率下的峰值应力和峰值应变仍显著高于单掺及复掺粉煤灰和矿渣混凝土。蒸养混凝土在低应变率下峰值应变随着峰值应力的增加而增大。

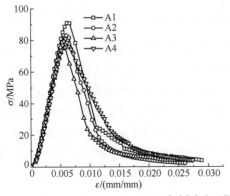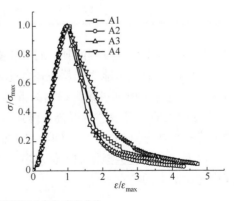

(a) $10^{-3}s^{-1}$应变率下蒸养混凝土应力-应变曲线

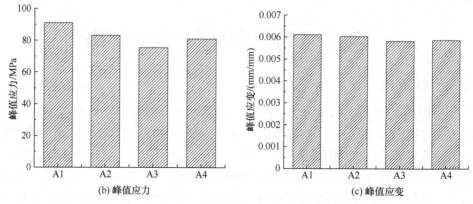

图 6.5.2 不同组成蒸养混凝土低应变率下的应力-应变关系

相比于静态应力-应变关系, 蒸养混凝土在 $10^{-3}s^{-1}$ 应变率下的峰值应力及其对应的应变均呈现增长的趋势, 结果见表 6.5.1。基准水泥混凝土在 $10^{-3}s^{-1}$ 应变率下的峰值应力较静态加载条件下增长了 48%, 而单掺及复掺粉煤灰和矿渣混凝土增长了 40% 左右。同时, 蒸养混凝土在 $10^{-3}s^{-1}$ 应变率下峰值应力对应的应变值也较静态加载条件下有所增长, 单掺 30% 粉煤灰混凝土峰值应力所对应的应变较静态加载条件下增长了 15%。这说明在低应变率下 4 个配合比蒸养混凝土均存在一定的应变率效应, 且由于应变率处于较低水平对于施加在混凝土试件上的荷载混凝土有足够的变形响应时间。

表 6.5.1　$10^{-3}s^{-1}$ 应变率和静态加载下混凝土峰值应力、峰值应变比值

试件	$\sigma_{max}/\sigma_{max\text{-}static}$	$\varepsilon_{max}/\varepsilon_{max\text{-}static}$
A1	1.48	1.05
A2	1.42	1.06
A3	1.41	1.15
A4	1.39	1.09

$10^{-3}s^{-1}$ 应变率下蒸养混凝土的吸能能力和累积耗散能量见表 6.5.2。4 个配合比蒸养混凝土的吸能能力和累积耗散能量在低应变率下较静态加载条件下均有显著提高。同时, 根据过镇海提出的混凝土应力-应变全曲线方程对标准化后的应力-应变曲线的下降段进行拟合, 得到 4 个配合比混凝土低应变率下应力-应变曲线下降段参数分别为 6.12、7.044、7.946 和 3.353, 总体上较静态加载条件下有明显的增大, 个别组甚至增加 1 倍左右, 说明蒸养混凝土在低应变率条件下已经表现出脆性增大的特点。

表 6.5.2　不同配合比 60℃蒸养混凝土 $10^{-3}s^{-1}$ 应变率下的吸能能力和累积耗散能量

试件	吸能能力 /(N/m²)	低应变率下吸能能力与静态加载时的比值	累积耗散能量 /(N/m²)	低应变率下累积耗散能量与静态加载时的比值
A1	285877.78	1.59	934295.96	2.83
A2	256762.10	1.53	814133.13	2.66
A3	219836.83	1.56	654837.46	2.50
A4	255879.19	1.71	889004.81	2.82

6.5.3　养护温度的影响

以 6.5.2 节中 A2 系列蒸养混凝土为例,研究了不同温度对 $10^{-3}s^{-1}$ 应变率下蒸养混凝土 28d 龄期应力-应变关系的影响, 结果如图 6.5.3 所示。

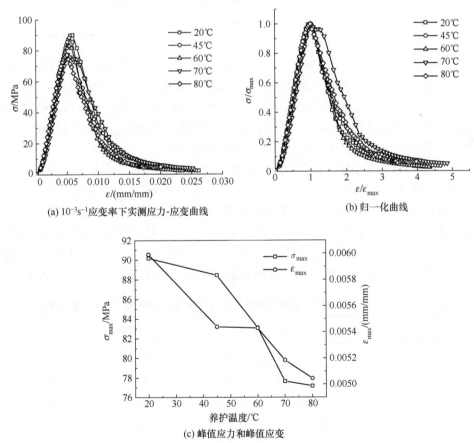

(a) $10^{-3}s^{-1}$应变率下实测应力-应变曲线　　　　　　(b) 归一化曲线

(c) 峰值应力和峰值应变

图 6.5.3　低应变率下不同养护温度对蒸养混凝土应力-应变关系的影响

从图 6.5.3 中的结果可以看出，随养护温度升高，复掺粉煤灰和矿渣混凝土的峰值应力和峰值应变均呈降低趋势，特别是在养护温度超过 60℃时，混凝土的峰值应力和峰值应变下降更为明显。同时可以看到，与静态加载条件相比，复掺粉煤灰和矿渣混凝土在低应变率下的峰值应力已明显增大，计算得到其与静态加载条件下峰值应力的比值结果见表 6.5.3。

表 6.5.3　$10^{-3}s^{-1}$ 应变率和静态加载下混凝土峰值应力、峰值应变比值随养护温度的变化

养护温度/℃	$\sigma_{max}/\sigma_{max\text{-}static}$	$\varepsilon_{max}/\varepsilon_{max\text{-}static}$
20	1.46	1.07
45	1.48	0.97
60	1.42	0.95
70	1.40	0.97
80	1.41	0.97

从表 6.5.3 中结果可以看出，复掺粉煤灰和矿渣混凝土在 20～45℃养护条件下峰值应力的增长明显高于养护温度为 60℃以上的养护条件。总体而言，不同养护温度下，复掺粉煤灰和矿渣混凝土在低应变率加载时的峰值应力均较静态加载条件增长了 40%以上，但峰值应变则呈现降低趋势。说明低应变率加载条件下复掺粉煤灰和矿渣混凝土已表现出明显的应变率敏感性。

为进一步研究低应变率下，养护温度对复掺粉煤灰和矿渣混凝土应力-应变关系的影响规律，以 20℃养护条件下混凝土峰值应力和峰值应变为基准，采用不同养护温度下混凝土峰值应力和峰值应变的变化率和单位温度的变化量进行分析，结果见表 6.5.4。结果显示，在 45℃养护条件下，复掺粉煤灰和矿渣混凝土的峰值应力较 20℃养护条件相比仅下降了 1.91%，从 20℃到 45℃，温度每升高 1℃峰值应力下降 0.07MPa，60℃养护条件较标养条件混凝土峰值应力下降开始变得明显，

表 6.5.4　$10^{-3}s^{-1}$ 应变率和静态加载条件下混凝土峰值应力较标养条件的变化情况

养护温度/℃	峰值应力变化率/%		单位温度峰值应力变化量/MPa	
	$10^{-3}s^{-1}$	$10^{-5}s^{-1}$	$10^{-3}s^{-1}$	$10^{-5}s^{-1}$
45	−1.91	−2.62	−0.07	−0.06
60	−7.84	−4.76	−0.18	−0.07
70	−13.92	−10.05	−0.25	−0.12
80	−14.44	−10.87	−0.22	−0.11

而到 70～80℃蒸养条件时，混凝土峰值应力较 20℃相比下降了 13.92%～14.44%，且单位温度升高引起的峰值应力的下降更为明显，养护温度每升高 1℃，峰值应力下降 0.2MPa 以上。

6.6　冲击荷载作用下蒸养混凝土的应力应变特性

6.6.1　破坏形式

混凝土试件在高速冲击荷载作用下瞬间破碎，破坏后试件照片如图 6.6.1 所示。从图中显示的结果可知，在 SHPB 冲击荷载作用条件下，标养混凝土和蒸养混凝土的破坏形式与静态、低应变率加载条件下有显著不同，混凝土试件在冲击荷载作用下瞬间被破碎成小碎块，且随着应变率的进一步提高，混凝土试件的破碎程度更为严重，这主要是由于应变率较高时，混凝土内的原始缺陷来不及扩展，此时，混凝土吸收的能量主要以产生更多细小裂纹的方式消耗，从而使混凝土破损程度更大[9]。

31.2s⁻¹　　44.1s⁻¹　　57.7s⁻¹　　67.3s⁻¹　　74.7s⁻¹
(a) 70%C+20%FA+10%GGBS, A2, 20℃

39.7s⁻¹　　46.6s⁻¹　　63.2s⁻¹　　75.1s⁻¹　　80.6s⁻¹
(b) 70%C+20%FA+10%GGBS, A2, 60℃

29.5s⁻¹　　39.5s⁻¹　　48.8s⁻¹　　67.6s⁻¹　　75.8s⁻¹
(c) 100%C, A1, 60℃

图 6.6.1　在高速冲击荷载作用下不同蒸养混凝土的破坏形式

　　为了定量表征不同应变率下标养混凝土和蒸养混凝土试件的破碎程度，采用筛分试验对各破坏试验后 9.5～0.15mm 尺寸的混凝土破碎颗粒进行分析[10]，采用式(6.6.1)计算各混凝土试件破碎颗粒的细度模数，并用细度模数参数定量表征破碎程度。

$$M_x = \frac{(A_2 + A_3 + A_4 + A_5 + A_6 + A_7) - 6A_1}{100 - A_1}　　　　(6.6.1)$$

式中，M_x 为细度模数，精确至 0.01；A_1～A_7 分别是筛孔为 9.5mm、4.75mm、2.36mm、1.18mm、0.63mm、0.3mm 和 0.15mm 7 个筛上的累计筛余百分率。

　　试验得到 20℃、45℃、60℃ 和 80℃ 4 个养护温度下的混凝土，经 SHPB 受压冲击荷载作用后混凝土破碎颗粒的细度模数随应变率的变化结果如图 6.6.2 所示。

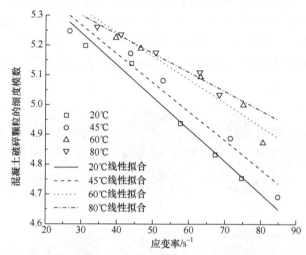

图 6.6.2　SHPB 冲击作用后混凝土破碎颗粒的细度模数随应变率变化结果

　　从图 6.6.2 可知，随着应变率的增加，不同养护温度条件下混凝土破碎颗粒的细度模数均显著下降，且两者呈现较为明显的线性关系，表明混凝土试件的破碎程度明显增加，碎片的平均尺寸明显降低，从大块的碎片向细小的碎片甚至粉末状态转变。同时，在相同应变率下，混凝土破碎颗粒的细度模数随养护温度的升高而明显增大，说明随着养护温度的升高，混凝土试件的破碎程度和破坏时释放的能量明显降低，这是由于随着蒸养温度升高，其对混凝土产生的热损伤增加[11]，导致混凝土内部初始缺陷增多而吸收更多的能量，从而使得需要更少的裂纹扩展来消耗所吸收能量。

6.6.2　掺合料的影响

　　图 6.6.3 给出了 60℃ 蒸养混凝土 A1 和 A2 两组在不同应变率下的应力-应变

关系曲线。从图中可以看出，两种混凝土的峰值应力随着应变率的增加而动态增长，这与前人研究结果相一致[1~5]，且基准水泥混凝土在相同应变率下峰值应力高于复掺粉煤灰和矿渣混凝土。与静态荷载作用相反的是，蒸养混凝土在冲击荷载作用下峰值应变随着峰值应力的增高而降低，这可能存在两方面的原因：一是在冲击荷载作用下，混凝土的变形能力降低；二是混凝土变形存在滞后效应，变形还没有及时响应就已达到极限应力而发生破坏。

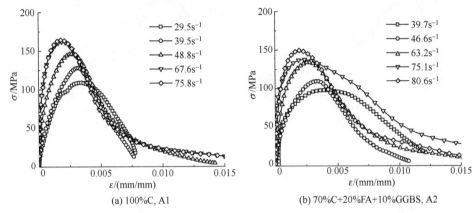

(a) 100%C, A1   (b) 70%C+20%FA+10%GGBS, A2

图 6.6.3   两种不同组成蒸养混凝土在不同应变率下的应力-应变关系曲线

6.6.3 养护温度的影响

基于 SHPB 试验测试得到 28d 龄期 4 种养护温度下复掺粉煤灰和矿渣混凝土 (A2)在不同应变率下的应力-应变关系曲线如图 6.6.4 所示。由图 6.6.4 中的结果可以看到，与静态荷载作用条件相比，蒸养混凝土在冲击荷载作用下的峰值应力显著提高，且随着应变率的增加而增大。值得注意的是，蒸养温度为 60℃及以上时，混凝土的峰值应力明显较低。这主要是因为：当应变率较低时，混凝土内裂纹有足够的时间进行扩展，其在外荷载作用下吸收的能量主要用于其内部原生缺陷的扩展与贯通，此时混凝土的破坏程度较小，抗压强度较低[12]；当应变率较高时，混凝土内的原始缺陷来不及扩展，其吸收的能量主要以产生更多细小裂纹的方式消耗，又因为荷载作用时间极短，混凝土没有足够的时间进行能量的耗散，根据功能原理，混凝土只有通过增加应力的方式来抵消外部能量，因此在高应变率下，混凝土的破坏程度较大，抗压强度增大[13]。同时，混凝土试件的侧向惯性约束作用和端部摩擦作用也会使其在冲击受压荷载作用下动态强度显著提高[14]。有研究者提出硬化水泥浆体的黏弹性特性和裂纹扩展的时变特性也是引起混凝土峰值强度应变率敏感性的重要原因[15,16]。

另外，也可看到各混凝土试件的峰值应力对应的应变随着应变率的增加而呈降低趋势，这是由于随着应变率的增加，混凝土试件在外部冲击荷载作用下的变形没有充分的响应时间就完全破坏，混凝土试件脆性破坏特征更为显著。以下进一步分析冲击荷载作用下各混凝土峰值应力、应变的应变率效应。

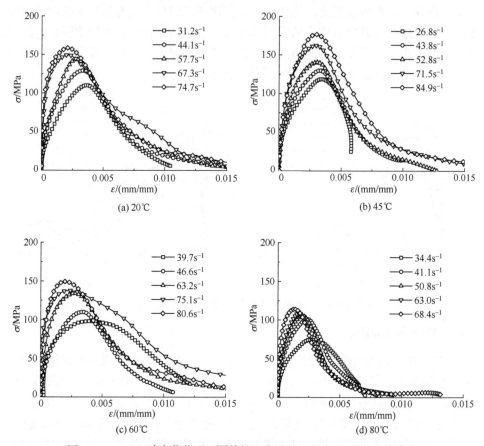

图 6.6.4　SHPB 冲击荷载下不同养护温度混凝土的应力-应变关系曲线

6.6.4　峰值应力与应变的应变率效应

　　为进一步建立混凝土峰值应力(峰值应变)与应变率之间的数学关系，更好地描述蒸养混凝土冲击压缩荷载作用下峰值应力随应变率和养护温度的变化规律，引入峰值应力(峰值应变)动态增长因子(dynamic increase factors，DIF)，定义为混凝土动态强度和静态强度之比，由此用于量化混凝土的应变率效应[17,18]，如式(6.6.2)所示。

$$DIF = \frac{\sigma_d}{\sigma_s} \tag{6.6.2}$$

式中，σ_d 和 σ_s 分别为混凝土动态峰值应力(强度)和静态峰值应力(强度)，MPa。峰值应变的应变率效应，可参照式(6.6.2)同样进行量化计算分析。

1. 峰值应力的应变率效应

图 6.6.5 给出了 $10^{-3}s^{-1}$ 应变率下 A1～A4 试件 60℃蒸养条件下的 DIF 和 A2 试件 20～80℃养护温度下的 DIF。可以看出，基准水泥混凝土动态增长因子明显高于单掺及复掺粉煤灰和矿渣混凝土，说明基准水泥混凝土在低应变率下具有较强的应变率敏感性。复掺粉煤灰和矿渣混凝土在低应变率下的动态增长因子随养护温度的升高变化不大，基本在 1.4 左右，当养护温度大于 60℃时，其动态增长因子略低。

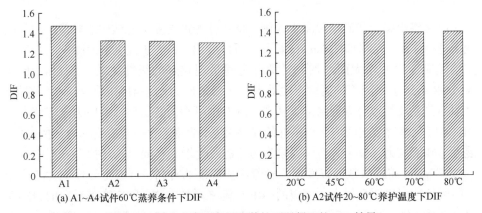

(a) A1~A4试件60℃蒸养条件下DIF   (b) A2试件20~80℃养护温度下DIF

图 6.6.5　低应变率下各温度养护下混凝土的 DIF 结果

图 6.6.6 给出了冲击荷载作用下基准水泥混凝土和复掺粉煤灰和矿渣混凝土在 60℃养护条件下的峰值应力的应变率效应。可以看出，两种混凝土的峰值应力随着应变率的升高而动态增长，且动态增长因子随着应变率的升高而增长，动态增长因子与应变率的对数呈线性关系。

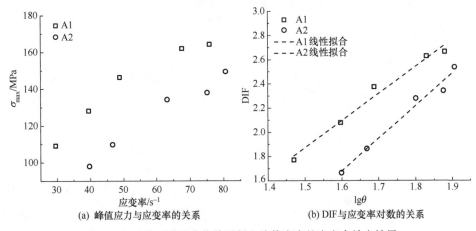

(a) 峰值应力与应变率的关系   (b) DIF与应变率对数的关系

图 6.6.6　两种不同组成蒸养混凝土峰值应力的应变率效应结果

图 6.6.6(b) 的拟合结果见表 6.6.1，两种配合比混凝土的动态增长因子与应变率的对数呈线性关系，且复掺粉煤灰和矿渣蒸养混凝土的拟合结果的斜率大于基准水泥混凝土，这说明复掺粉煤灰和矿渣混凝土具有更强的应变率敏感性。

表 6.6.1　DIF 与应变率关系的拟合

试件	拟合公式	R^2
A1	DIF=2.236lgθ−1.482	0.9805
A2	DIF=2.689lgθ−2.622	0.9788

以复掺粉煤灰和矿渣混凝土为例，将 4 种养护温度下各试件的峰值应力与应变率进行作图，结果如图 6.6.7(a)所示。可以看出，各养护温度下混凝土的峰值应力均随应变率的增大而增加，且两者之间呈现较好的线性关系。图 6.6.7(b)和表 6.6.2 给出了不同养护温度下蒸养混凝土峰值应力动态增长因子与应变率对数之间的关系及其拟合方程结果。从图 6.6.7 中可知，各试件峰值应力与应变率、DIF 与应变率对数之间均存在良好的线性关系，随着应变率或应变率对数的增加，混凝土峰值应力、DIF 值均呈现较为明显的线性增大；同时，从拟合方程中应变率(对数)变量前的系数可以发现，随着养护温度的升高，混凝土峰值应力随应变率的增长速率也明显提高，相应的 DIF 也随之增加，DIF 随应变率对数的增加速率分别是 1.881(20℃)、2.002(45℃)、2.689(60℃)和 3.051(80℃)，表明随着养护温度的升高，蒸养混凝土应变率敏感性增强。同时，当养护温度为 20℃和 45℃时，混凝土的峰值应力随应变率的增长速率较为接近，而当养护温度超过 60℃时，随着应变率增大混凝土峰值应力的增大速率更为明显，应变率敏感性显著提高。说明当养护温度超过 60℃后，混凝土内部的初始缺陷增多，冲击荷载作用下的能量一部分被初始缺陷吸收，表现出较强的应变率敏感性。

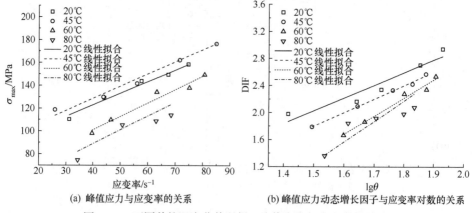

(a) 峰值应力与应变率的关系　　　　(b) 峰值应力动态增长因子与应变率对数的关系

图 6.6.7　不同养护温度蒸养混凝土峰值应力与应变率的关系

表 6.6.2　不同养护温度蒸养混凝土峰值应力与应变率关系拟合公式

养护温度/℃	σ_{max} 与 θ		DIF 与 $lg\theta$	
	拟合公式	R^2	拟合公式	R^2
20	$\sigma_{max}=1.015\theta+82.44$	0.9804	$DIF=1.881lg\theta-0.793$	0.9158
45	$\sigma_{max}=1.069\theta+85.95$	0.9833	$DIF=2.002lg\theta-1.202$	0.9955
60	$\sigma_{max}=1.180\theta+53.83$	0.9654	$DIF=2.689lg\theta-2.622$	0.9788
80	$\sigma_{max}=1.216\theta+40.31$	0.9001	$DIF=3.051lg\theta-3.317$	0.9136

2. 峰值应变的应变率效应

对于混凝土应力-应变曲线上的峰值应变(峰值应力对应的应变)与应变率关系的研究，不同学者得到的结果并不一致[12,19~22]，这可能是试验条件差异所致。本节所测冲击受压荷载作用下，4 种养护温度混凝土峰值应变与应变率之间的变化关系如图 6.6.8 所示。从图 6.6.8 中可以看出，不同应变率条件下各混凝土峰值应变呈现出较明显的变化规律，总体上，各养护温度混凝土的峰值应变随应变率增加而呈现降低趋势，且两者呈现较好的线性关系。通常，在荷载作用下，混凝土峰值应变由两部分组成，即弹性应变和黏性应变(塑性应变)，当应变率增加时，其黏性应变的效应减弱，从而导致混凝土峰值应力时的应变随应变率的增加而呈明显降低的趋势[6,23]。同时，在高应变率加载条件下，混凝土中裂纹的扩展速率随应变率的增加而增加[22]，但是裂纹扩展的速率远远小于混凝土中应力波的传

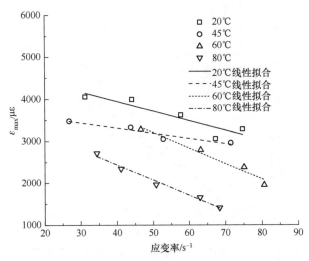

图 6.6.8　各养护温度条件下蒸养混凝土峰值应变与应变率的关系

播速率[24]。因此，应变对于高速的应力波具有延迟响应现象，在给定应力下应变随着应变率的增加而降低[5]。

进一步比较不同养护温度条件下，混凝土峰值应变随应变率的变化可知，养护温度条件对混凝土峰值应变的应变率效应影响较明显。相比于20℃条件，45℃和60℃下混凝土在所测应变率条件的峰值应变均较小，尤其是80℃养护下混凝土在各应变率下的峰值应变明显较低，这可能与较高养护温度下混凝土内物相与孔隙结构有关。研究表明，蒸养温度提高，水化物相晶态化倾向增加，孔隙粗化更为显著，蒸养混凝土脆性增大[11]。因此，蒸养温度升高导致蒸养混凝土峰值应力所对应的峰值应变降低。

3. 弹性模量的应变率效应

弹性模量是混凝土的一项重要性能。有少量文献报道了应变率对混凝土弹性模量的影响。Yan等[12]、Bischoff等[17]和Zhang等[22]指出，混凝土在动态荷载作用下可以获得更高的弹性模量。Chen等[25]认为，随着应变率的增加，混凝土试件的弹性模量仅略有增加。而Al-Salloum等[26]和Zhang等[27]的研究结果表明，应变率对混凝土初始弹性模量的影响不明显。

本节研究了4种不同养护温度下应变率对混凝土弹性模量的影响，其结果如图6.6.9所示。按照传统的混凝土静态弹性模量的测试计算方法进行此处弹性模量计算分析。从图6.6.9可以看出，蒸养混凝土在不同养护温度下的弹性模量与应变率呈线性相关。随着应变率的增加，蒸养混凝土的弹性模量有较显著

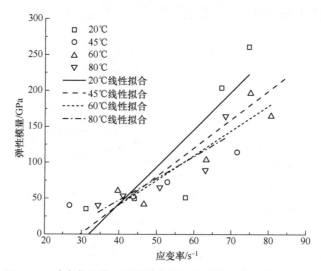

图6.6.9　冲击荷载作用下蒸养混凝土弹性模量与应变率的关系

的增加。这是由于随着应变率的增大，混凝土的峰值应力增大，而峰值应力处的应变减小。所以，混凝土的弹性模量显著增加。此外，混凝土中的骨料可以延缓微裂缝的产生，阻碍初始微裂缝的生长，有利于提高受冲击荷载作用下混凝土的弹性模量。

从图 6.6.9 中可以看出，在冲击荷载作用下，养护温度对混凝土的弹性模量有一定的影响，但并不明显，不同养护温度下，混凝土的弹性模量均随应变率的增加而增大。尤其是 60℃和 80℃蒸养条件下，混凝土在不同应变率下的弹性模量基本接近，但明显区别于标养条件和 45℃蒸养条件。当应变率超过 45s^{-1} 时，在相同应变率下，混凝土的弹性模量随养护温度的升高而呈降低趋势，即养护温度升高，混凝土弹性模量对应变率的敏感性降低。

6.6.5　应变率效应讨论

混凝土试件受荷破坏的过程实际是其吸收外部荷载所传递的能量并释放的过程。外部荷载的能量部分被混凝土内部初始缺陷吸收，如微裂纹、孔隙和界面过渡区，其余能量通过不同形式的混凝土损伤和破坏释放出去，如图 6.6.10 所示。

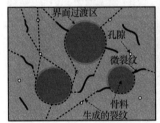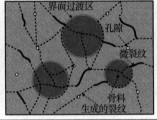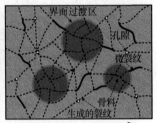

应变率增大

图 6.6.10　不同应变率下混凝土微裂纹的演变模式

在较低应变率条件下，混凝土试件内部的裂纹有充分时间沿着阻力较小的路径进行扩展，其吸收外部荷载的能量主要通过薄弱部位初始缺陷的扩展、连通并形成贯通的主裂纹进行释放。此时混凝土的破坏程度较小，抗压强度较低。同时，混凝土试件的变形具有充分的响应时间，峰值应变较大。当应变率有所增大时，部分能量通过形成穿过骨料的多道主裂纹进行释放，出现了骨料破坏的情况，因此峰值应力有所提高。

在较高应变率作用下，混凝土试件内部的初始缺陷来不及沿阻力最小的路径扩展，而是瞬间被破碎成小碎块。混凝土试件吸收的外部能量通过骨料的爆裂和试块的瞬间破碎产生更多细小的裂纹释放出去。因此，冲击荷载作用下混凝土的破碎程度更大。随着应变率的增加，骨料的爆裂具有更大的弹射力，从而导致其周围的浆体破碎程度加剧，混凝土试件破坏的碎片从大块向细小的碎片甚至粉末状态转变。因此，混凝土的破坏程度较大，抗压强度增大。同时，混凝土试件黏性应变效应减弱，变形对高速的应力波的响应延迟，峰值应变相对于低应变率加载条件更低。

标养混凝土和蒸养混凝土试件的初始缺陷以及两种混凝土试件在冲击荷载作用下能量的吸收与耗散(破坏模式)如图 6.6.11 所示。混凝土微观结构是由硬化水泥浆体、骨料和界面过渡区组成的多孔结构。在标养条件下，混凝土不可避免地存在初始缺陷，如微裂缝、孔隙、界面过渡区等。在高温蒸养过程中，这些孔隙和界面中的空气和水明显膨胀，导致混凝土初始缺陷增多，微裂缝增多，孔隙变粗，界面过渡区范围增大。随着养护温度的升高，蒸养引起的初始缺陷越来越明显。

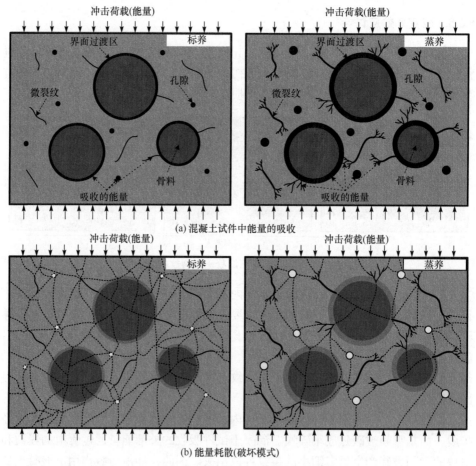

(a) 混凝土试件中能量的吸收

(b) 能量耗散(破坏模式)

图 6.6.11　冲击荷载作用下混凝土试件中能量的吸收与耗散(破坏模式)

当养护温度升高时，混凝土试件内部初始缺陷增多，吸收了更多的外部荷载所传递的能量，如图 6.6.11(a) 所示。因此，混凝土在破碎时需要释放的能量较标养条件时少。而标养混凝土由于其内部初始缺陷吸收的外部能量较少，其内部蕴含大量需要释放的能量，这些能量通过骨料的严重破坏和更多细小裂纹生成的形式进行释放，导致标养混凝土在冲击荷载作用下试件的破碎程度较蒸养条件明显增大，峰值强度提高，如图 6.6.11(b)所示。蒸养制度造成的水化物相晶态化、孔隙粗化和混凝土脆性增大也会导致混凝土的峰值应变降低。

6.7　小　　结

本章研究了不同矿物掺合料和养护温度下混凝土动弹性模量、动剪切模量和阻尼比随龄期的发展变化规律，并探讨了蒸养混凝土在低应变率($10^{-3}s^{-1}$)受压加载条件下和冲击受压(SHPB)加载条件下混凝土的动态应力-应变关系。得到以下结论：

(1) 无论标养还是蒸养条件下，基准水泥混凝土的动弹性模量、动剪切模量均高于单掺粉煤灰、矿渣及复掺粉煤灰和矿渣混凝土，且混凝土的动弹性模量和动剪切模量均随粉煤灰和矿渣掺量的增加而降低。对于相同掺量单掺粉煤灰、矿渣混凝土，相同养护温度和相同龄期时，单掺矿渣混凝土的动弹性模量和动剪切模量均高于单掺粉煤灰混凝土。复掺粉煤灰和矿渣混凝土的动弹性模量和动剪切模量略低于基准水泥混凝土，但明显高于单掺粉煤灰、矿渣混凝土。复掺粉煤灰和矿渣混凝土对于保证混凝土动弹性模量和动剪切模量是有利的。

(2) 28d 龄期后，复掺粉煤灰和矿渣复合胶凝材料体系无论是在标养还是在蒸养条件下胶凝系数均接近 1.0，明显高于单掺 30% 和 50% 粉煤灰、矿渣的胶凝系数，表明复掺粉煤灰和矿渣对混凝土动弹性模量的贡献最大，接近基准水泥。

(3) 养护温度对混凝土动弹性模量和动剪切模量具有显著影响。1d 龄期时，基准水泥混凝土和复掺粉煤灰和矿渣混凝土的动弹性模量和动剪切模量随养护温度的升高而增大，而到 7d 龄期后，两种混凝土的动弹性模量和动剪切模量均随养护温度的升高而降低，特别是 60~80℃蒸养时，两种混凝土的动弹性模量和动剪切模量较标养条件降低更为明显。

(4) 不同养护温度区间内单位温度的变化对混凝土动弹性模量和动剪切模量的影响有很大不同。在 20~45℃养护温度范围内，单位温度升高对混凝土动弹性模量和动剪切模量的降低值(裂损)明显小于更高养护温度(60℃及以上)范围。表明过高温度的养护，单位温度对混凝土动弹性模量和动剪切模量的不利影响增加。

(5) 蒸养混凝土的动弹性模量、动剪切模量随着龄期的增加而增大。28d 龄期后复掺粉煤灰和矿渣混凝土的动弹性模量和动剪切模量变化系数在各蒸养温度下略高于基准水泥混凝土，表明复掺粉煤灰和矿渣对于混凝土后期动弹性模量和动剪切模量的发展十分有利。

(6) 采用破碎后混凝土颗粒的细度模数指标可有效表征冲击荷载作用后混凝土的破碎程度。随着应变率的增加，混凝土破碎后的颗粒细度模数减小，破碎程度增加；随蒸养温度升高，蒸养混凝土的破碎程度呈降低趋势。

(7) 冲击荷载作用下，蒸养混凝土 28d 龄期时的峰值应力随应变率的增加而增大，而峰值应变则呈现降低趋势；蒸养混凝土峰值应力动态增长因子 DIF 随应变率对数呈良好的线性相关性。

(8) 随着蒸养温度升高，蒸养混凝土 28d 龄期时的峰值应力降低，尤其是蒸养温度超过 60℃(如本试验 80℃)后，混凝土峰值应力显著降低。较高的养护温度条件使蒸养混凝土表现出更强的应变率敏感性。

参 考 文 献

[1] Sun X W, Zhao K, Li Y C, et al. A study of strain-rate effect and fiber reinforcement effect on dynamic behavior of steel fiber-reinforced concrete[J]. Construction and Building Materials, 2018, 158: 657-669.

[2] Lai J Z, Sun W. Dynamic behaviour and visco-elastic damage model of ultra-high performance cementitious composite[J]. Cement and Concrete Research, 2009, 39(11): 1044-1051.

[3] Su H Y, Xu J Y. Dynamic compressive behavior of ceramic fiber reinforced concrete under impact load[J]. Construction and Building Materials, 2013, 45: 306-313.

[4] Ren G M, Wu H, Fang Q, et al. Effects of steel fiber content and type on dynamic compressive mechanical properties of UHPCC[J]. Construction and Building Materials, 2018, 164: 29-43.

[5] Wu Z M, Shi C J, He W, et al. Static and dynamic compressive properties of ultra-high performance concrete (UHPC) with hybrid steel fiber reinforcements[J]. Cement and Concrete Composites, 2017, 79: 148-157.

[6] 宋玉普. 混凝土的动力本构关系和破坏准则[M]. 下册. 北京: 科学出版社, 2013.

[7] 谢友均, 傅强, 龙广成, 等. 基于 SHPB 试验的高速铁路 CRTS Ⅱ 型 CA 砂浆动态性能[J]. 中国科学: 技术科学, 2014, 44(7): 672-680.

[8] 龙广成, 李宁, 薛逸骅, 等. 冲击荷载作用下掺橡胶颗粒自密实混凝土的力学性能[J]. 硅酸盐学报, 2016, 44(8): 1081-1090.

[9] 许金余, 刘石. 加载速率对高温后大理岩动态力学性能的影响研究[J]. 岩土工程学报, 2013, 35(5): 879-883.

[10] 邓德华. 土木工程材料[M]. 2 版. 北京: 中国铁道出版社, 2010.

[11] 贺智敏. 蒸养混凝土的热损伤效应及其改善措施研究[D]. 长沙: 中南大学, 2012.

[12] Yan D M, Lin G. Influence of initial static stress on the dynamic properties of concrete[J]. Cement and Concrete Composites, 2008, 30(4):327-333.

[13] 吕晓聪, 许金余, 葛洪海, 等. 围压对砂岩动态冲击力学性能的影响[J]. 岩石力学与工程学报, 2010, 29(1): 193-201.

[14] Hao Y, Hao H, Jiang G P, et al. Experimental confirmation of some factors influencing dynamic concrete compressive strengths in high-speed impact tests[J]. Cement and Concrete Research, 2013, 52: 63-70.

[15] Kim D J, Sirijaroonchai K, El-Tawil S, et al. Numerical simulation of the split Hopkinson pressure bar test technique for concrete under compression[J]. International Journal of Impact Engineering, 2010, 37(2): 141-149.

[16] Donzé F V, Magnier S A, Daudeville L, et al. Numerical study of compressive behavior of concrete at high strain rates[J]. Journal of Engineering Mechanics, 1999, 125(10): 1154-1163.

[17] Bischoff P H, Perry S H. Compressive behaviour of concrete at high strain rates[J]. Materials and Structures, 1991, 24(6): 425-450.

[18] Ficker T. Quasi-static compressive strength of cement-based materials[J]. Cement and Concrete Research, 2011, 41(1): 129-132.

[19] Grote D L, Park S W, Zhou M. Dynamic behavior of concrete at high strain rates and pressures: I. Experimental characterization[J]. International Journal of Impact Engineering, 2001, 25(9): 869-886.

[20] Hao H, Tarasov B G. Experimental study of dynamic material properties of clay brick and mortar at different strain rates[J]. Australian Journal of Structural Engineering, 2008, 8(2): 117-132.

[21] Wang L L, Zhou F H, Sun Z J, et al. Studies on rate-dependent macro-damage evolution of materials at high strain rates[J]. International Journal of Damage Mechanics, 2010, 19(7): 805-820.

[22] Zhang X X, Yu R C, Ruiz G, et al. Effect of loading rate on crack velocities in HSC[J]. International Journal of Impact Engineering, 2010, 37(4): 359-370.

[23] 肖诗云. 混凝土率型本构模型及其在拱坝动力分析中的应用[D]. 大连：大连理工大学, 2002.

[24] John R, Shah S P, Jeng Y S. A fracture mechanics model to predict the rate sensitivity of mode I fracture of concrete[J]. Cement and Concrete Research, 1987, 17(2): 249-262.

[25] Chen X D, Wu S X, Zhou J K. Experimental and modeling study of dynamic mechanical properties of cement paste, mortar and concrete[J]. Construction and Building Materials, 2013, 47: 419-430.

[26] Al-Salloum Y, Almusallam T, Ibrahim S M, et al. Rate dependent behavior and modeling of concrete based on SHPB experiments[J]. Cement and Concrete Composites, 2015, 55: 34-44.

[27] Zhang X X, Ruiz G, Yu R C, et al. Rate effect on the mechanical properties of eight types of high-strength concrete and comparison with FIB MC2010[J]. Construction and Building Materials, 2012, 30: 301-308.

第 7 章　蒸养混凝土的断裂性能

7.1　概　　述

考虑到混凝土断裂性能试验的难度和实际测试条件的限制，同时为尽可能对蒸养混凝土断裂性能的主要影响因素进行较为全面的调查研究，本章采用砂浆试件和混凝土试件进行断裂性能测试。砂浆试件采用蒸养混凝土等效砂浆(即将混凝土中的粗骨料以相同表面积的砂子取代而制成的砂浆，以保持砂浆中的骨料总表面积与混凝土相同)[1]，从而使得砂浆的断裂性能与混凝土具有一定的可比性。试件的断裂性能采用带缺口梁的三点弯曲加载方式进行测试，具体试验方法如下。

采用 INSTRON 万能试验机按三点弯曲加载方式测试各个试件的竖向荷载和位移，并采用夹式引伸计对裂缝开口位移进行测试，测试装置如图 7.1.1 所示。

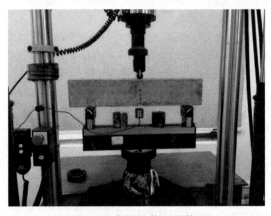

图 7.1.1　断裂性能测试装置

混凝土试件采用 100mm×100mm×515mm 棱柱体，等效砂浆试件采用 40mm×40mm×160mm 棱柱体，预制裂缝的位置均在试件中间位置，混凝土和等效砂浆预制裂缝深度分别为 50mm 和 15mm，试验前用游标卡尺准确测量各个试件的尺寸和预制裂缝深度，数据处理时以实测尺寸数据为准。支座采用能够稳定传力的滚动支座，混凝土和等效砂浆的跨度分别为 400mm 和 120mm，保证跨高比为 3～4。安装好试件、夹式引伸计和荷载传感器后开始测试，试验装置会自动记录竖向荷载、竖向位移和裂缝开口位移。

混凝土断裂试验结果表明，裂缝扩展过程分为三个阶段：初始起裂、稳定扩展和失稳破坏。对应起裂时和失稳时的断裂韧度分别称为起裂韧度 K_{IC}^Q 和失稳韧度 K_{IC}^S，按照式(7.1.1)~式(7.1.5)进行计算[2,3]。

$$K_{IC}^Q = \frac{1.5\left(F_Q + \dfrac{mg}{2}\times 10^{-2}\right)\times 10^{-3} S\sqrt{a_0}}{th^2} f(\alpha) \tag{7.1.1}$$

$$K_{IC}^S = \frac{1.5\left(F_{max} + \dfrac{mg}{2}\times 10^{-2}\right)\times 10^{-3} S\sqrt{a_c}}{th^2} f(\alpha) \tag{7.1.2}$$

$$f(\alpha) = \frac{1.99 - \alpha(1-\alpha)\left(2.15 - 3.93\alpha + 2.7\alpha^2\right)}{(1+2\alpha)(1-\alpha)^{3/2}}, \quad \alpha = \frac{a_c}{h} \tag{7.1.3}$$

$$a_c = \frac{2}{\pi}(h+h_0)\arctan\sqrt{\frac{tEV_C}{32.6F_{max}} - 0.1135} - h_0 \tag{7.1.4}$$

$$E = \frac{1}{tc_i}\left[3.70 + 32.60\tan^2\left(\frac{\pi}{2}\frac{a_0+h_0}{h+h_0}\right)\right] \tag{7.1.5}$$

式中，K_{IC}^Q、K_{IC}^S 分别为起裂韧度和失稳韧度，MPa·m$^{1/2}$；F_Q、F_{max} 分别为起裂荷载和最大荷载，kN，起裂荷载即试件 F-V 曲线的上升段中从直线段转变为曲线段转折点所对应的荷载，试验表明，该转折点多在 $(0.6\sim0.9)F_{max}$ 范围内；m 为试件支座间的质量，kg，用试件总质量按 S/L 比计算；g 为重力加速度，9.81m/s^2；S 为试件两支座间的跨度，m；a_c 为有效裂缝长度，m；t 为试件厚度，m；h 为试件高度，m；h_0 为夹式引伸计刀口薄钢片的厚度，m；V_C 为裂缝口张开位移临界值，μm；E 为计算弹性模量，GPa；a_0 为初始裂缝长度，m；c_i 为试件的初始值，$c_i=V_i/F_i$，μm/kN，由试件 F-V 曲线的上升段的直线段上任一点的 V、F 计算得到[2]。

本章中，除了考虑蒸养温度、矿物掺合料等参数对蒸养试件断裂性能的影响，还探讨了纳米材料、聚合物纤维对蒸养试件断裂性能的影响规律，以便获得改善蒸养混凝土断裂性能的新途径；另外，还采用声发射方法，深入分析了蒸养混凝土的断裂特性及相关机理。

7.2　蒸养等效砂浆的断裂性能

以前述研究的蒸养混凝土为基础，按照表 7.2.1 所示的原材料及配合比制备等效砂浆试件，重点研究不同配合比和养护温度对蒸养等效砂浆断裂性能的影响，并分析在 20℃标养条件和 60℃蒸养条件下，等效砂浆断裂性能的变化规律。

表 7.2.1　等效砂浆配合比　　　　　　　　　（单位：kg/m³）

试件	水泥(C)	粉煤灰(FA)	矿渣(GGBS)	纳米 CaCO₃	聚丙烯纤维(PPF)	Ⅱ区河砂	水
A	810	0	0	0	0	1310	243
B	567	162	81	0	0	1310	243
C	567	243	0	0	0	1310	243
D	567	0	243	0	0	1310	243
E	558.9	162	81	8.1	0	1310	243
F	550.8	162	81	16.2	0	1310	243
G	567	162	81	0	0.6	1310	243
H	567	162	81	0	1.2	1310	243

7.2.1　组成材料的影响

1. 荷载-竖向位移曲线

A～D 试件等效砂浆缺口梁三点弯曲加载方式测试得到的荷载与竖向位移曲线如图 7.2.1 所示。由图中结果可以看出，基准水泥蒸养等效砂浆破坏时的峰值荷载在各个养护温度下最高，峰值荷载所对应的竖向位移也最大。单掺粉煤灰、矿渣及复掺粉煤灰和矿渣等效砂浆的峰值荷载及峰值位移在各个养护温度下较基准水泥蒸养等效砂浆均呈现降低趋势。单掺粉煤灰蒸养等效砂浆的峰值荷载和峰值位移最小[4]。

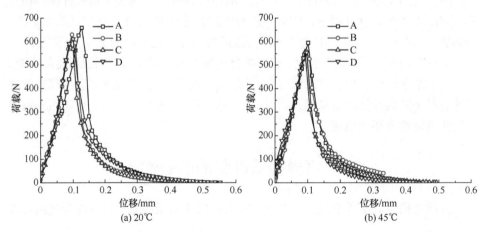

(a) 20℃　　　　　　　　　　　　　　(b) 45℃

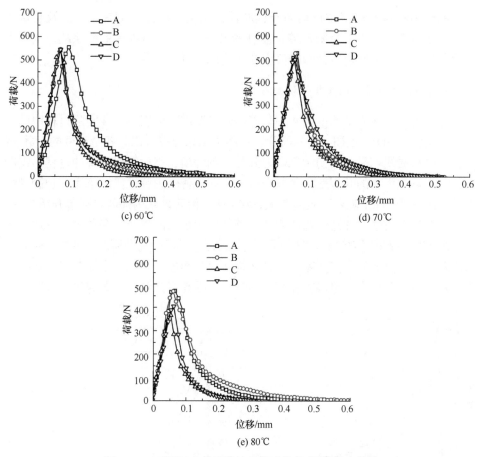

(c) 60℃　　　　　　(d) 70℃

(e) 80℃

图 7.2.1　不同组成蒸养等效砂浆试件的荷载-位移曲线

图 7.2.2 给出了不同养护温度下 A～D 试件等效砂浆缺口梁三点弯曲加载方式测试得到的峰值荷载与相应的峰值位移分析结果。结果显示，基准水泥蒸养等效

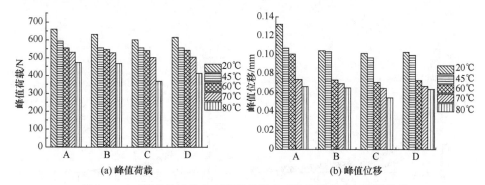

(a) 峰值荷载　　　　　　(b) 峰值位移

图 7.2.2　不同蒸养试件在不同养护温度下的峰值荷载与峰值位移

砂浆的峰值荷载和峰值位移均高于相同养护温度下单掺粉煤灰、矿渣及复掺粉煤灰和矿渣等效砂浆，且随着养护温度的升高，A～D 试件等效砂浆缺口梁三点弯曲断裂过程中的峰值应力和峰值应变均呈现降低趋势[5]。

2. 荷载-缺口(切口)张开位移曲线

测试得到不同养护温度下 4 种蒸养等效砂浆缺口梁三点弯曲断裂过程中的缺口张开位移(COD)，如图 7.2.3 所示。从图中结果可以看出，各个试件的荷载-缺口张开位移曲线均呈现出初始急剧上升并达到峰值，然后缓慢下降的过程，说明试件在受弯过程中的开裂是分阶段进行的。在试件受力弹性段结束后，预制裂缝尖端裂纹开始形成，随着荷载的增大，裂纹逐步沿着砂浆内部薄弱环节开始扩展，直到整个裂缝贯通，并达到峰值荷载。随着后续加载的进行，多条主裂纹逐步形成，直到试件整体断裂失稳。四个配合比等效砂浆的峰值荷载所对应的缺口张开位移均随着养护温度的升高而减小，且在相同养护温度下，基准水泥蒸养等效砂浆缺口张开位移明显大于单掺粉煤灰、矿渣及复掺粉煤灰和矿渣蒸养等效砂浆。

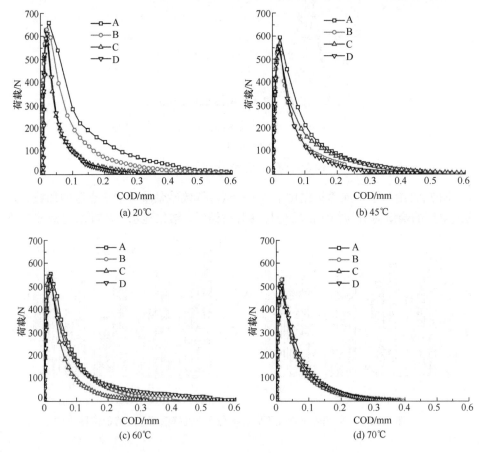

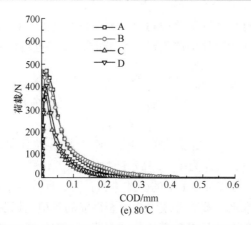

(e) 80℃

图 7.2.3 不同组成试件在不同养护温度下的荷载-缺口张开位移(COD)曲线

图 7.2.4 给出了不同养护温度下 A～D 四组等效砂浆试件峰值荷载所对应的缺口张开位移。由图中结果可知，随着养护温度的升高，各个配合比试件峰值荷载所对应的缺口张开位移明显降低，且基准水泥蒸养等效砂浆峰值荷载所对应的缺口张开位移明显高于相同养护条件下单掺粉煤灰、矿渣及复掺粉煤灰和矿渣蒸养等效砂浆。同时，单掺粉煤灰蒸养等效砂浆的峰值荷载、峰值位移及峰值荷载所对应的缺口张开位移均小于相同养护条件下其他配合比试件。

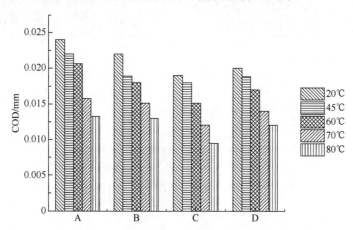

图 7.2.4 不同试件在不同养护温度下的峰值荷载对应的缺口张开位移

3. 断裂性能

根据图 7.2.1 和图 7.2.3 中实际测得的各个试件的荷载-位移曲线和荷载-缺口张开位移曲线及试样尺寸可以计算出各组混凝土的断裂能、延性指数及断裂韧度。断裂能是指试件裂缝扩展单位面积所需消耗的总能量，但断裂能的大小不能全面体现材料抵抗变形的能力，所以本节引入了衡量材料韧性指标的参数——延性指数。延性指数反映材料抵抗变形的能力，延性指数越大，材料抵抗变形的能力就越强。断裂能和延性指数分别按照式(7.2.1)和式(7.2.2)进行计算[6,7]。

$$G_{\mathrm{f}} = \frac{\int_0^{\delta_{\max}} P \mathrm{d}\delta + mg\delta_{\max}}{A_{\mathrm{lig}}} = \frac{W_0 + mg\delta_{\max}}{B(D - a_0)} \tag{7.2.1}$$

$$D_{\mathrm{u}} = G_{\mathrm{f}} / F_{\max} \tag{7.2.2}$$

式中，G_{f} 为断裂能；A_{lig} 为断裂带净面积；W_0 为荷载-位移曲线下的面积；mg 为试件支点之间的重量；$\delta_{\max}$ 为梁最终破坏时的加载点位移；D_{u} 为延性指数；$F_{\max}$ 为峰值荷载。断裂韧度按照 7.1 节的公式进行计算，计算结果如图 7.2.5 所示。从图中可以看出，基准水泥蒸养等效砂浆断裂性能的各项指标明显高于相同养护温度下单掺粉煤灰、矿渣及复掺粉煤灰和矿渣蒸养等效砂浆；而随着养护温度的升高，各配合比等效砂浆的各项断裂性能指标明显降低。

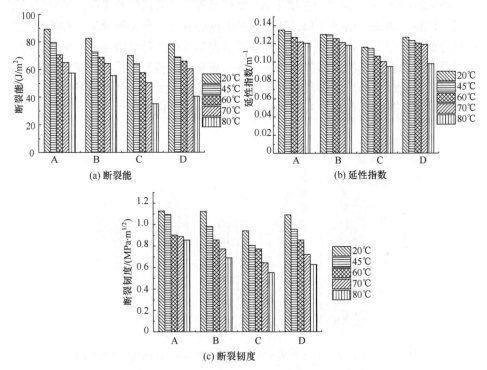

图 7.2.5　不同组成等效砂浆在不同养护温度下的断裂性能参数结果

7.2.2　养护温度的影响

1. 养护温度对峰值荷载、峰值位移和缺口张开位移的影响

图 7.2.6 给出了 4 个配合比等效砂浆缺口梁在三点弯曲作用下峰值荷载、峰值

荷载对应的竖向位移(峰值位移)及缺口张开位移随养护温度的变化情况。随着养护温度的升高，蒸养等效砂浆峰值荷载、峰值位移和缺口张开位移明显下降。基准水泥蒸养等效砂浆的峰值荷载、峰值位移和缺口张开位移均大于单掺粉煤灰、矿渣及复掺粉煤灰和矿渣蒸养等效砂浆，单掺粉煤灰的最低。

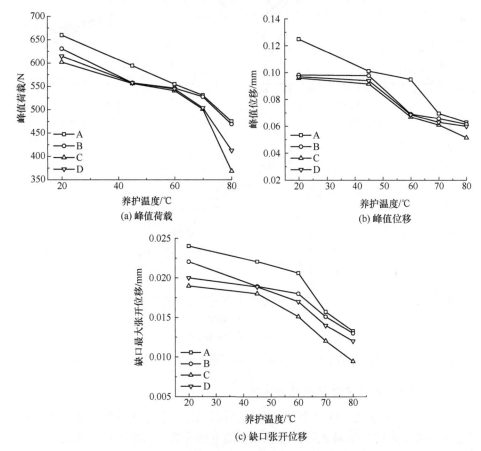

图 7.2.6　不同养护温度下蒸养等效砂浆峰值荷载、峰值位移和缺口张开位移

　　以 20℃标养条件为基准，各养护温度下峰值荷载、峰值位移和缺口张开位移值变化率如图 7.2.7 所示。从图中可以看出，随着养护温度的升高，4 个配合比等效砂浆的峰值荷载及其对应的位移和缺口张开位移，与 20℃标养条件相比均有明显的下降，在 45℃蒸养条件下，各项指标下降基本在 10% 左右，而当养护温度超过 60℃后，各项指标的变化率均明显增大。

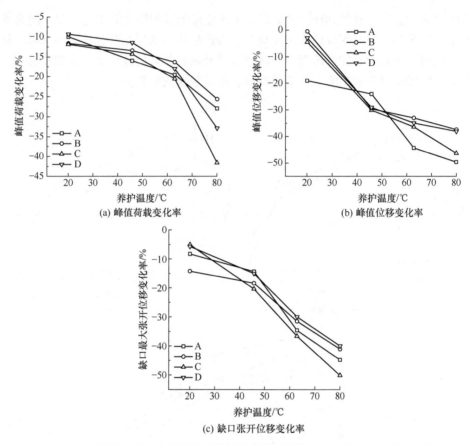

图 7.2.7 不同养护温度下蒸养等效砂浆峰值荷载、峰值位移和缺口张开位移变化率

2. 养护温度对断裂性能参数的影响

图 7.2.8 给出了 A～D 四个配合比等效砂浆断裂能、延性指数和断裂韧度随养护温度的变化规律。结果显示，随着养护温度的升高，蒸养等效砂浆表现出断裂能、断裂韧度和延性指数均下降的趋势，且当养护温度大于 60℃时，其断裂性能指标下降更为明显，其中基准水泥蒸养等效砂浆的断裂性能指标明显高于单掺粉煤灰、矿渣及复掺粉煤灰和矿渣蒸养等效砂浆。

为了更详细地研究养护温度对蒸养等效砂浆断裂性能的影响规律，以 20℃标养条件为基准，计算各养护温度下等效砂浆断裂性能指标的变化率，如图 7.2.9 所示。从图中可以明显看出，当蒸养温度为 45℃时，各个配合比等效砂浆的断裂能、延性指数和断裂韧度下降 10% 左右，而延性指数仅下降不到 5%。当养护温度超过 60℃时，蒸养等效砂浆的断裂性能指标下降较为明显，特别是断裂能和断裂韧度，其降低率可达 30%～50%。这说明随着养护温度的升高，蒸养等效砂浆的脆性显著增大，特别是在养护温度高于 60℃后，混凝土脆性增加更为明显[8]。

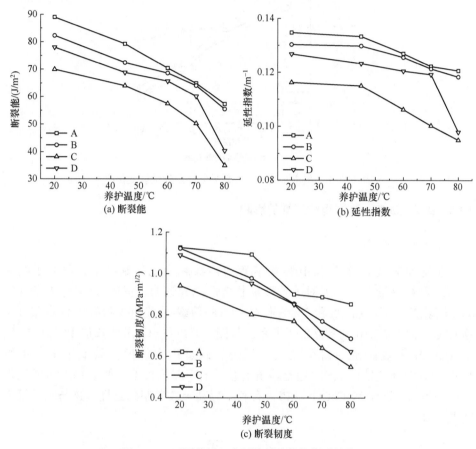

图 7.2.8　不同养护温度下等效砂浆的断裂性能

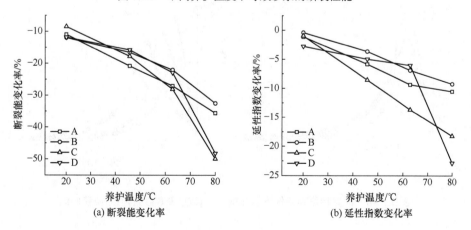

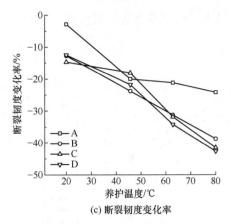

(c) 断裂韧度变化率

图 7.2.9   不同养护温度下等效砂浆的断裂性能变化率

7.2.3   纳米 $CaCO_3$ 和聚丙烯纤维的影响

1. 纳米 $CaCO_3$ 的影响

在复掺 20% 粉煤灰和 10% 矿渣等效砂浆配合比的基础上，研究了纳米 $CaCO_3$ 颗粒等量取代水泥对等效砂浆断裂性能的影响，得到 20℃标养条件和 60℃蒸养条件下掺 1%和 2%纳米 $CaCO_3$ 的荷载-位移曲线和荷载-缺口张开位移曲线，如图 7.2.10 和图 7.2.11 所示。从图中可以看出，分别掺加 1%和 2%纳米 $CaCO_3$ 等效砂浆缺口梁在三点弯曲加载过程中峰值荷载低于未掺加纳米 $CaCO_3$ 的等效砂浆试件，但是峰值荷载后的下降段较未掺纳米 $CaCO_3$ 的试件更加平缓，说明纳米 $CaCO_3$ 的掺入有利于提高等效砂浆的延性，这与相关报道结果一致[9]。

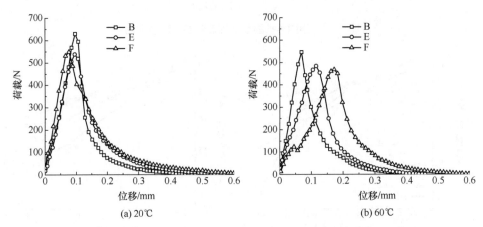

(a) 20℃   (b) 60℃

图 7.2.10   标养和蒸养条件下掺加纳米 $CaCO_3$ 等效砂浆荷载-位移曲线

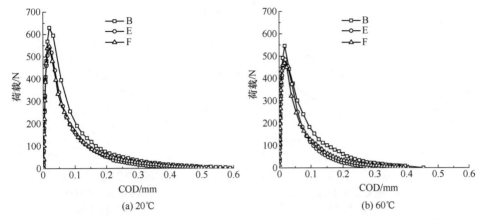

图 7.2.11　标养和蒸养条件下掺加纳米 $CaCO_3$ 等效砂浆荷载-缺口最大张开位移曲线

标养和蒸养条件下掺加纳米 $CaCO_3$ 等效砂浆的断裂能和延性指数及其随掺量的变化率如图 7.2.12 所示。结果显示，在本节研究的纳米 $CaCO_3$ 掺量范围内，等效砂浆在两种养护制度下的断裂能和延性指数均随纳米 $CaCO_3$ 掺量的增加而增大，纳米 $CaCO_3$ 的掺入提高了等效砂浆的断裂性能。从图中可以看出，在掺量相同的条件下，纳米 $CaCO_3$ 对于蒸养条件下等效砂浆断裂性能的提高较标养条件更为明显。

2. 聚丙烯纤维对蒸养等效砂浆断裂性能的影响

在复掺 20%粉煤灰和 10%矿渣等效砂浆的基础上，研究了掺加 0.6kg/m³ 和 1.2kg/m³ 聚丙烯纤维对等效砂浆断裂性能的影响。标养和 60℃蒸养条件下，掺加聚丙烯纤维等效砂浆缺口梁三点弯曲作用下荷载-竖向位移曲线和荷载-缺口最大张开位移曲线如图 7.2.13 和图 7.2.14 所示。从图中可以看出，聚丙烯纤维的掺加并没有提高峰值荷载，但是荷载和竖向位移曲线与 x 轴围成的面积较未掺加聚丙烯纤维的有所增大，且掺加聚丙烯纤维组下降段较为平缓，这主要来自纤维对混凝土韧性的改善效应[10,11]。

图 7.2.15 给出了标养条件和 60℃蒸养条件下掺加聚丙烯纤维等效砂浆的断裂性能。从图中结果可以看出，聚丙烯纤维的掺加增大了等效砂浆的断裂能和延性指数，且在本节研究的掺量范围内，掺加聚丙烯纤维等效砂浆的断裂能和延性指数随着聚丙烯纤维掺量的增加而增大，说明聚丙烯纤维的掺入可以有效改善蒸养混凝土的断裂性能，特别是在蒸养条件下，掺加 0.6kg/m³ 聚丙烯纤维等效砂浆的断裂性能明显增强，有效地降低了蒸养对等效砂浆造成的脆化效应[10~12]。

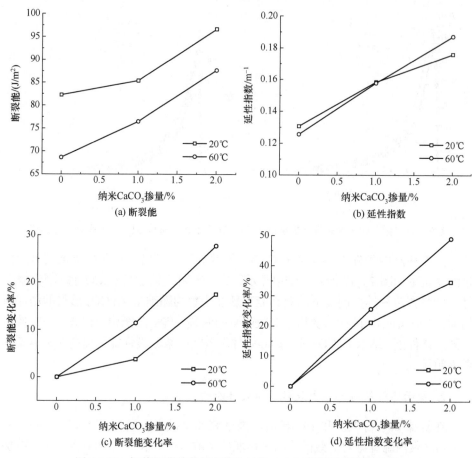

(a) 断裂能

(b) 延性指数

(c) 断裂能变化率

(d) 延性指数变化率

图 7.2.12　标养和蒸养条件下掺加纳米 CaCO₃ 等效砂浆断裂性能

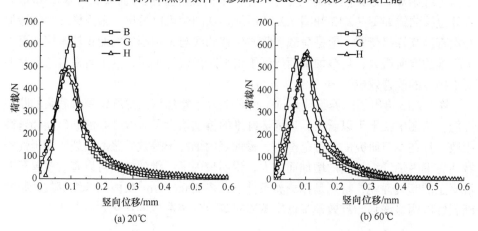

(a) 20℃

(b) 60℃

图 7.2.13　标养和蒸养条件下掺聚丙烯纤维等效砂浆荷载-竖向位移曲线

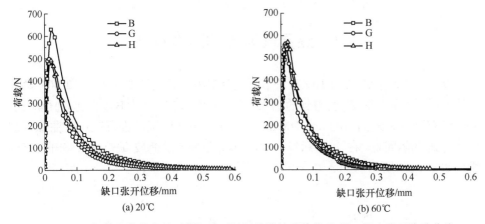

(a) 20℃   (b) 60℃

图 7.2.14 标养和蒸养条件下掺加聚丙烯纤维等效砂浆荷载-缺口最大张开位移曲线

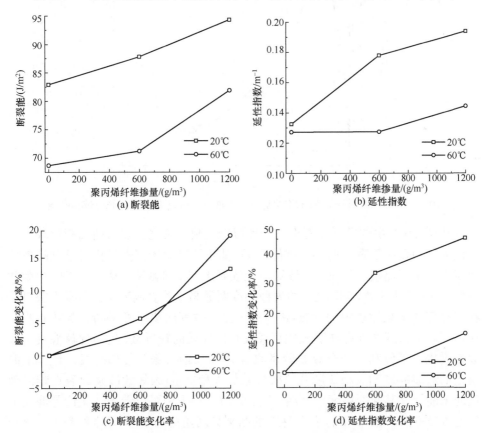

(a) 断裂能   (b) 延性指数

(c) 断裂能变化率   (d) 延性指数变化率

图 7.2.15 标养和蒸养条件下掺聚丙烯纤维等效砂浆断裂性能

7.3　蒸养混凝土的断裂特性

以复掺 20%粉煤灰和 10%矿渣混凝土为对象，研究了 20℃标养和 60℃蒸养条件下混凝土的断裂韧度,得到的结果与等效砂浆(表 7.2.1 中 B 配合比)进行对比。采用带有预制裂缝的 100mm×100mm×515mm 棱柱体试件进行三点弯曲加载测试，得到相应混凝土在 20℃标养和 60℃蒸养条件下的荷载-缺口最大张开位移曲线，如图 7.3.1 所示。

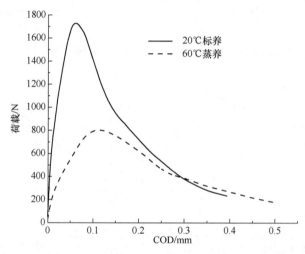

图 7.3.1　20℃标养条件和 60℃蒸养条件下混凝土荷载-缺口最大张开位移曲线

从图 7.3.1 中结果可以看出，标养混凝土缺口梁在三点弯曲加载过程中的峰值荷载明显高于蒸养混凝土试件，这可能主要是由于蒸养过程对预制缺口处混凝土产生了热损伤效应，导致缺口处混凝土产生微缺陷，从而造成断裂荷载降低，并最终使得标养混凝土的失稳韧度明显高于蒸养混凝土。混凝土缺口梁在三点弯曲加载过程中的荷载-缺口最大张开位移曲线明显不同于等效砂浆，在达到峰值荷载之前存在明显的直线段和曲线段的转折点，这为计算混凝土起裂韧度提供了便利。结合等效砂浆的荷载-缺口最大张开位移曲线，计算了混凝土的起裂韧度和失稳韧度及等效砂浆的失稳韧度(因等效砂浆起裂点难以确认而未能计算其起裂韧度)，结果见表 7.3.1。从表中可以看出，无论是混凝土还是等效砂浆，在 20℃标养条件下的断裂韧度始终高于 60℃蒸养条件，混凝土的失稳韧度高于等效砂浆的失稳韧度，这主要是由于混凝土试件尺寸效应和粗骨料的影响效应导致的[2,13]。

表 7.3.1 混凝土的起裂韧度和失稳韧度及等效砂浆的失稳韧度 (单位：MPa·m$^{1/2}$)

养护制度	混凝土		等效砂浆失稳韧度
	起裂韧度	失稳韧度	
20℃标养	0.92	1.86	1.12
60℃蒸养	0.45	0.89	0.85

混凝土缺口梁在三点弯曲加载过程中，预制裂缝尖端出现应力集中，导致预制裂缝尖端的部位产生裂纹，试件开始开裂。随着荷载的增大，裂纹逐渐向试件内部延伸，并贯穿整个试件导致试件失稳破坏，试件内部裂纹扩展的过程属于能量释放过程，通过声发射测试可以监测试件的断裂特性。声发射是一种声学测试手段，已经被很多学者用于研究水泥基材料拉伸、受压、弯曲等受力过程中试件内部裂缝的出现[14]。本节采用声发射测试手段，利用声发射源到达不同传感器的时间差，对裂缝出现的位置进行空间定位，来确定试件断裂过程区的形态和特征，测试过程中声发射传感器的分布示意图如图 7.3.2 所示。

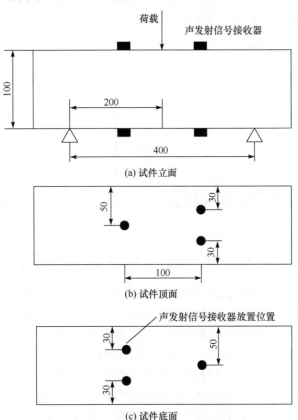

图 7.3.2 试件尺寸及传感器分布示意图(单位：mm)

采用声发射测试装置监测得到的混凝土缺口梁在三点弯曲加载过程中的声发射事件数如图 7.3.3 所示。从图中可以看出，混凝土缺口梁三点弯曲加载过程中的声发射事件数与其荷载-缺口张开位移曲线存在对应关系。在加载初始阶段，荷载-缺口张开位移曲线为直线段，此时混凝土缺口梁试件处于弹性受力阶段，没有裂纹的扩展，因此在此阶段内未有声发射事件[2]。随着荷载的增大，荷载-缺口最大张开位移曲线转为曲线段，由直线转为曲线的转折点为试件的起裂点，此时可以看到有明显的声发射事件发生，表明混凝土缺口梁试件预制裂缝尖端附近开始有裂纹产生。随着荷载的进一步增大，可以明显看到试件内部的声发射事件数也明显增多，表明试件内部出现大量的裂纹扩展，开裂点明显增多，当达到峰值荷载时，声发射事件数明显增多，此时试件表面可以看到宏观裂纹，说明混凝土缺口梁内部出现大量的裂纹并贯穿整个试件。同时，20℃标养条件下混凝土缺口梁试件在三点弯曲加载断裂过程中的声发射事件数明显高于 60℃蒸养条件，说明标养混凝土试件在整个加载破坏过程中内部开裂部位较多，而裂纹的扩展是混凝土试件吸收的外部能量进行释放的过程，因此标养混凝土试件的断裂能高于蒸养混凝土，这与等效砂浆的断裂能规律一致。

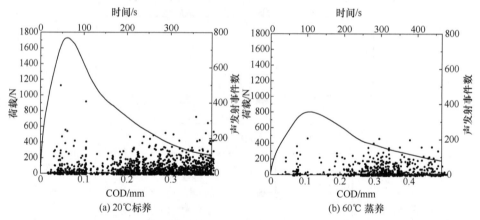

图 7.3.3　混凝土缺口梁三点弯曲加载过程中的荷载-缺口张开位移曲线与声发射事件数

采用声发射三维定位技术测试的 20℃标养条件和 60℃蒸养条件下混凝土预制裂缝尖端断裂过程区的声发射源位置如图 7.3.4 所示。从图中可以看出，20℃标养条件下混凝土切口梁断裂过程区的范围较 60℃蒸养条件明显增大，且断裂过程区内部的声发射源的数目明显高于 60℃蒸养条件，因此标养混凝土缺口梁试件在三点弯曲加载断裂过程中释放的能量较蒸养混凝土明显增大，断裂能较高，这与混凝土的强度和不同养护制度造成的混凝土内部结构改变有关。同时，在 20℃标养条件下，混凝土缺口梁的断裂过程区是从预制裂缝尖端开始扩展，并逐渐向试件内部延伸，延伸范围包括自预制裂缝尖端向上至试件顶部以及向试件内部两侧延伸。在此过程中，试件在外部荷载作用下，预制裂缝尖端的裂纹首先扩展并逐渐延伸至试件顶部及内部的两侧，形成包含较多开裂点的断裂过程区。而在 60℃蒸养条件下，混凝土缺口梁试件的断裂过程区是从裂缝尖端直接延伸至试件顶端，形成贯通的裂纹，导致试件失稳破坏，其断裂过程区的开裂点较少，向试件内部两侧延伸的现象不明显，表现出试件脆性破坏的特征。

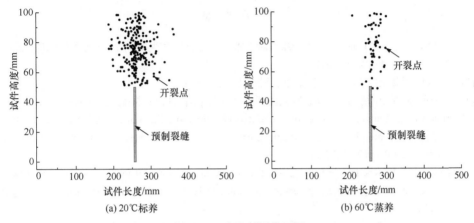

图 7.3.4 声发射源位置图

7.4 小 结

(1) 在所调查的养护温度条件下，基准水泥等效砂浆缺口梁三点弯曲过程中的峰值荷载及其对应的峰值位移和缺口最大张开位移最大，且基准水泥等效砂浆、粉煤灰、矿渣单掺粉煤灰、矿渣及复掺粉煤灰和矿渣等效砂浆缺口梁在三点弯曲过程中的峰值荷载及其对应的峰值位移和缺口最大张开位移随着养护温度的升高而呈下降趋势。

(2) 基准水泥等效砂浆的断裂能、延性指数和断裂韧度明显高于相同养护温度下单掺粉煤灰、矿渣及复掺粉煤灰和矿渣等效砂浆，单掺粉煤灰等效砂浆的断裂性能明显低于其他配合比。

(3) 随着养护温度的升高，等效砂浆的断裂能、延性指数及断裂韧度显著降低，表现出温度升高对等效砂浆(混凝土)造成的脆化效应，特别是蒸养温度在 60℃以上时，等效砂浆的断裂性能下降非常明显，脆性明显增强。与 20℃标养条件相比，各组试件 60℃蒸养条件下的断裂性能下降率达 20%以上。

(4) 无论是在标养还是 60℃蒸养条件下，掺加 1%和 2%纳米 $CaCO_3$ 及掺加 0.6kg/m^3 和 1.2kg/m^3 聚丙烯纤维等效砂浆的断裂性能均有所增强，且其断裂性能

随着纳米 $CaCO_3$ 和聚丙烯纤维的掺量增加而增大。适量纳米 $CaCO_3$ 和聚丙烯纤维的掺入可以有效改善等效砂浆(混凝土)的断裂性能，降低蒸养造成的脆化效应。

(5) 养护温度对蒸养混凝土断裂性能的影响规律与等效砂浆具有一致性。

(6) 混凝土断裂过程的声发射现象与其断裂过程有明显相关性。蒸养混凝土缺口梁在三点弯曲断裂破坏测试过程中的声发射事件数较标养混凝土少，表明蒸养混凝土存在较多的初始缺陷，因而其在更小外力作用下就会发生断裂破坏。

参 考 文 献

[1] 马昆林, 冯金, 龙广成, 等. 流变参数对自密实混凝土等效砂浆静态稳定性的影响[J]. 硅酸盐学报, 2017, 45(2): 196-205.

[2] 徐世烺. 混凝土断裂力学[M]. 北京：科学出版社, 2011.

[3] 徐世烺. 混凝土断裂试验与断裂韧度测定标准方法[M]. 北京：机械工业出版社, 2010.

[4] Prokopski G, Langier B. Effect of water/cement ratio and silica fume addition on the fracture toughness and morphology of fractured surfaces of gravel concretes[J]. Cement and Concrete Research, 2000, 30(9): 1427-1433.

[5] Wittmann F H, Roelfstra P E, Mihashi H, et al. Influence of age of loading, water-cement ratio and rate of loading on fracture energy of concrete[J]. Materials and Structures, 1987, 20(2): 103-110.

[6] 杨健辉, 王彩峰, 蔺新艳, 等. 纤维对全轻混凝土的断裂性能影响[J]. 混凝土, 2019, 352: 72-75.

[7] Lam L, Wong Y L, Poon C S. Effect of fly ash and silica fume on compressive and fracture behaviors of concrete[J]. Cement and Concrete Research, 1998, 28(2): 271-283.

[8] 贺智敏. 蒸养混凝土的热损伤效应及其改善措施研究[D]. 长沙：中南大学, 2012.

[9] 黄静静, 李冬冬, 吴鸣, 等. 纳米 SiO_2/PVA 纤维复合改性 HVFC 的断裂性能实验研究[J]. 汕头大学学报(自然科学版), 2018, 33(4): 71-80.

[10] Tran N T, Tran T K, Jeon J K, et al. Fracture energy of ultra-high-performance fiber-reinforced concrete at high strain rates[J]. Cement and Concrete Research, 2016, 79: 169-184.

[11] Reis J M L, Ferreira A J M. Fracture behavior of glass fiber reinforced polymer concrete[J]. Polymer Testing, 2003, 22(2): 149-153.

[12] Enfedaque A, Cendón D, Gálvez F, et al. Analysis of glass fiber reinforced cement (GRC) fracture surfaces[J]. Construction and Building Materials, 2010, 24(7): 1302-1308.

[13] 龙广成, 周筑宝, 谢友均. 混凝土断裂尺寸效应律的探讨[J]. 长沙铁道学院学报, 1999, 17(4): 51-54.

[14] 陈兵, 张东, 姚武, 等. 用 AE 技术研究集料尺寸对混凝土断裂性能的影响[J]. 建筑材料学报, 1999, 2(4): 303-307.

第8章 蒸养混凝土的变形性能

8.1 概　　述

蒸养混凝土的变形性能包括蒸养过程中以及蒸养后两阶段的变形性能，蒸养过程中的变形是蒸养混凝土不同于常温养护混凝土变形性能的主要方面。

混凝土在蒸养过程中涉及复杂的物理化学作用，对混凝土内部结构形成及物理力学性能的影响非常显著。吴中伟等[1]和钱荷雯等[2]的研究表明，在湿热处理过程中，砂浆和混凝土易于发生体积膨胀，这将对砂浆和混凝土的物理力学性能产生重要影响。混凝土在较高温度蒸养过程中产生的变形不同于通常的热胀变形。混凝土存在温度变化引起的热胀冷缩，其热膨胀系数一般约为 $10 \times 10^{-6} \text{°C}^{-1}$，正常的热胀变形是随着温度降低而可恢复的，对质量无害；然而，混凝土在蒸养时由其内部水、汽膨胀或转移作用而导致的热胀变形，在温度降至室温时也不能完全恢复，相对升温开始时刻仍有不可恢复的残余膨胀变形，对混凝土质量有害，故定义其为肿胀变形，以示区别。蒸养混凝土的肿胀变形是由各组分的热膨胀、化学减缩、热质传输等引起的内部结构损伤及表观体积变化的综合表现。研究表明，混凝土的肿胀变形主要发生在升温期，并随着混凝土强度的增长而逐渐稳定，肿胀变形的大小可评价混凝土结构损伤的程度[3]。由于气相和液相的膨胀最为剧烈，故肿胀变形值的大小与混凝土内部气相、液相含量有密切关系，而混凝土硬化骨架的强度对于控制肿胀变形有着显著的作用。吴中伟认为，在蒸养前，使砂浆或混凝土具有一定的初期结构强度，可将肿胀变形降低，且最佳预养期可根据使砂浆或混凝土具有一定初期结构强度的对应时间确定。

蒸养混凝土在蒸养结束后的变形主要有干缩和徐变两种，这两种变形对于蒸养混凝土预制构件的体积稳定性能非常重要，特别是对有效控制预应力预制构件的徐变上拱起到关键作用。显然，深入研究并掌握蒸养混凝土的变形特性具有非常重要的意义。

8.2 蒸养过程中混凝土的变形性能

新浇筑的混凝土中通常包括骨料、水、由液态水泥浆向固态转化中的水泥石及夹带进入的气泡等。硬化混凝土则主要由固相(未水化的胶凝材料颗粒、骨料及水化产物)、水以及孔隙等组成。由热膨胀理论可知,在蒸养升温过程中试件各组分均要发生不同程度的膨胀变形,将改变自身的形状,水和气泡等还易于发生迁移而改变自身的位置。

贾耀东[4]和刘友华[5]在对蒸养水泥基材料肿胀变形的分析中,对新拌混凝土中气泡在不经预养即受热时的体积膨胀进行了模拟计算,假设气泡处于水(水泥浆)中,且都为球形。此状态下,可将气泡视为弹性球体,气泡内充满饱和的蒸汽与空气混合物,故气泡压力为空气和蒸汽分压之和,当气泡稳定时,其内部压力将与表面张力引起的毛细管压力、气泡对液体的外部压力及上部液体对气泡的压力达到平衡。因此混凝土尚处于塑性状态时,气泡膨胀空间较大,随着温度升高,气泡内部的压力下降,气泡体积将增大。假定气泡自由膨胀,根据理想气体状态方程可计算出孔径为 100nm 的气泡体积将增至原来的 1.42 倍[5]。但事实上,混凝土中的气泡在蒸养时并不能完全自由膨胀,在初始结构尚未形成时,浆体和骨料将限制气泡的膨胀,且水泥水化在早期随着时间的延长及蒸养温度的升高将快速进行,混凝土很快将形成一定的初始结构,对气相的膨胀产生约束作用。

从体积变化的角度考虑,可认为混凝土中的液相主要是水,水在不同温度区间的体积相对增量可通过计算得到(表 8.2.1),当温度从 20℃升至 60℃时,自由水将产生 1.5% 的相对体积增量。显然,一部分体积膨胀可由原来体系内的孔隙补偿,而进一步的体积膨胀将受到固相的限制约束作用,逐渐在试件内形成膨胀压力,并对试件内部微结构产生拉应力的拆开作用,因而总体上试件发生膨胀变形。

混凝土的固相组分主要为水泥石和骨料。硬化水泥石的热膨胀系数为$(40\sim60)\times10^{-6}℃^{-1}$,骨料为$(30\sim40)\times10^{-6}℃^{-1}$[6]。可以认为,温度变化对固相组分的体积变形影响很小。

表 8.2.1　水在不同温度区间的体积相对增量

温度/℃	20～40	20～60	20～80	20～100
体积相对增量/%	0.6	1.5	2.7	4.1

综上所述,在蒸养过程中,混凝土中骨料的膨胀作用小,对蒸养肿胀变形的影响较小,蒸养肿胀变形的大小与混凝土气相、液相含量有密切关系。当然,蒸养过程中还存在水泥等胶凝组分水化作用影响的变形,这些变形的综合体现为蒸养过程中混凝土体系的变形性能。

8.2.1 肿胀变形及其模型

1. 蒸养混凝土肿胀变形产生的驱动力及建模依据

基于常压蒸养条件(最高养护温度 60℃)，通过对蒸养过程中混凝土物理化学变化的分析，可形成如下认识：①随着温度的变化，所有混凝土组成材料(骨料、水泥浆、液相、气相等)均将发生热胀冷缩；②在蒸养升温阶段，由于混凝土各组成材料的热膨胀系数差异，即液相比固相大约 10 倍，气相比固相大约 100 倍，所以固相的体积膨胀远小于液相和气相；③在蒸养恒温阶段，由于混凝土体系的内部温度基本保持不变，体系的变形相对稳定，大致与升温阶段结束时的变形一致，但胶凝材料的继续水化，使体系中液相含量降低，因此，体系总变形相对升温结束时的变形略有减少；④在降温阶段，由于温度降低，体系各组成相(固相、液相、气相)均随温度降低而发生冷缩，但此时体系已具有较高强度，而液相和气相的体积冷缩相对固相较大，所以，固相将受到较大的应力作用，在缓慢的温度变化过程中，应力可通过徐变来逐渐释放而降低，但在实际蒸养中，降温速率一般控制在 15℃/h，在这种情况下，由于混凝土界面过渡区是其薄弱环节，在界面过渡区可能产生新的界面裂缝来释放应力。

基于上述认识，可以认为在蒸养过程中，蒸养混凝土产生肿胀变形的驱动力主要是由于试件内部液相(气相)体积膨胀大于试件固相的体积膨胀，从而在试件内部形成了过剩膨胀压应力。若将经过一段时间预养护至升温前的蒸养试件视为一个密闭容器(图 8.2.1)，蒸养前容器内充满水(液相及含夹杂的气泡等)，在蒸养过程中容器中的液相、气相产生的膨胀体积大于容器本身产生的膨胀体积，因而液相、气相产生了过剩膨胀体积，在容器中形成膨胀压力，并在容器壁建立拉应力，从而使得容器产生变形。在蒸养升温过程中试件产生的总变形为其中各个时刻变形的累积。升温期末体积膨胀达到最大，随着膨胀压力的下降，变形将减小，但由于水化产物将一部分膨胀后的空间填充,这就导致这部分体积变形无法消除。

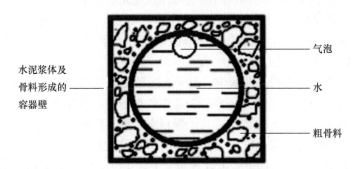

图 8.2.1　升温前的蒸养试件模型

以下对蒸养过程中水泥混凝土的变形进行简单建模分析。

2. 蒸养密闭容器产生的升温段肿胀变形计算

根据力学分析，密闭容器空间内压应力会导致容器壁受到拉应力的作用，从而使容器产生体积变形(拉应力则会导致体积应变增加)，这种体积变形由于被新生成的水化产物填充等多种复杂原因形成了残余变形。由于容器刚度不同于液相、气相，故液相、气相产生的过剩膨胀体积与容器(蒸养试件)产生的变形是不一致的，因此需要引入容器刚度(模量)参数，则在整个蒸养升温阶段中，蒸养密闭容器产生的残余变形可由式(8.2.1)计算：

$$\varepsilon = \int_0^{t_0} \varepsilon(t) \, \mathrm{d}t = \int_0^{t_0} \frac{\sigma_{0,t}}{E_{0,t}} \, \mathrm{d}t = \int_0^{t_0} \frac{\Delta P_t}{E_{0,t}} \, \mathrm{d}t \tag{8.2.1}$$

式中，ε 为蒸养温度从 0 升高到 T_0 阶段内蒸养试件的残余变形；$\varepsilon(t)$ 为 t 时刻蒸养试件的残余变形，为时间的函数；$E_{0,t}$ 为蒸养试件(容器)在各个时刻的刚度(模量)；$\sigma_{0,t}$ 为 t 时刻由剩余膨胀压力导致的蒸养试件内部(孔壁)产生的拉(压)应力；ΔP_t 为 t 时刻蒸养试件内形成的肿胀压应力。

为了求解方程(8.2.1)，需要确定式中的 ΔP_t 和试件的模量。以下通过合适的假定来确定上述两参数。

3. 确定 ΔP_t

混凝土是固、液、气三相混合体，在热效应作用下各相分别产生不同的体积变形，并且上述三相的体积随着蒸养时间的推移而产生变化，确定 ΔP_t 至少需要包括以下因素：

(1) t 时刻体系内液相体积 V_t 引起的体积膨胀。

(2) 由于水化原因，参与水化的液相、固相(水泥)体积减小，同时也有新的水化产物生成，这两者导致的体系内部空隙体积变化会影响膨胀压应力。

(3) 由于蒸养混凝土试件的水灰(胶)比通常小于 0.42，在水化进行过程中引起了自干燥作用并由此产生收缩应力(会导致收缩)，也影响最终的膨胀应力。

(4) 固相的体积热胀冷缩。

为方便起见，需进行一些假定。由于上述第(2)条中提到的水化引起容器内的空隙体积的变化较小；同时，上述第(3)条中的自干燥只有在体系内缺乏水的条件下才存在，在短暂的蒸养过程中，自干燥只有在蒸养后期才可能存在；而且实际上，液相体积膨胀比固相大约 10 倍，气相体积膨胀比固相大约 100 倍，即固相的膨胀远小于液相和气相。因此，本计算假定上述第(2)、(3)、(4)条因素对蒸养肿胀压应力的影响可忽略，蒸养过程中试件内部在 t 时刻肿胀压应力主要取决于相应

的液相体积 V_t。

根据物理化学知识，液体在密闭容器中温度变化 ΔT 时压力增量 $P_{\Delta T}$ 为

$$P_{\Delta T} = \frac{P_0(\alpha_0 + \alpha_T)\Delta T}{\beta_0 + \beta_T} V_t \tag{8.2.2}$$

式中，P_0 为大气压；α_0 为初始温度 20℃时的体积膨胀系数(注：蒸养升温前温度为 20℃)；α_T 为温度 T 时的体积膨胀系数；β_0 为初始温度 20℃时的体积压缩系数(定义如下：设增加单位压强后，体积减小 ΔV，体应变为 $\Delta V/V$，则体积压缩系数为 $\beta = -\Delta V/V$)；β_T 为温度 T 时的体积压缩系数；V_t 为 t 时刻产生肿胀变形导致肿胀压应力的液相体积。

以下确定 t 时刻蒸养试件(容器)内的液相体积。假定在一定蒸养制度下的蒸养阶段 t_0 内，试件的水化速率均匀变化，即试件内的液相消耗速率为常数；同时，假定蒸养试件内可产生膨胀初始液相体积 V_0 在蒸养(升温和恒温)阶段 t_0 内被全部消耗，则 t 时刻蒸养试件(容器)内液相体积 V_t 可用式(8.2.3)计算得到：

$$V_t = V_0 - \frac{V_0}{t_0} t \tag{8.2.3}$$

若试件由水泥、水、骨料组成，并假定水泥表观密度为 3.1g/cm^3，水表观密度为 1.0g/cm^3，骨料表观密度为 2.65g/cm^3，可按以下方程组(8.2.4)计算得到单位体积蒸养试件内初始自由水(初始液相)体积 V_0(式(8.2.5))。

$$\begin{cases} V_w + V_c + V_s = 1 \\ \dfrac{m_w}{1} + \dfrac{m_c}{3.1} + \dfrac{m_s}{2.65} = 1 \\ \dfrac{m_w}{m_c} = \dfrac{W}{C}, \quad \dfrac{m_s}{m_c} = \dfrac{S}{C} \end{cases} \tag{8.2.4}$$

$$V_0 = V_w = \frac{W/C}{0.322 + W/C + 0.377 S/C} \tag{8.2.5}$$

式中，W/C 为水灰比；S/C 为骨料与胶凝材料的质量比。

初始液相体积 V_0 假定是按初始水灰比计算得到的，比实际稍大。故蒸养 t 时刻产生膨胀应力的液相体积 V_t 可进一步写为

$$V_t = \frac{W/C}{0.322 + W/C + 0.377 S/C}\left(1 - \frac{t}{t_0}\right) \tag{8.2.6}$$

蒸养升温阶段温度通常控制为匀速上升，若在蒸养升温时间 t_0' 阶段内，体系蒸养温度增量为 T_0，因此升温速率可表示为 T_0/t_0'；显然，根据式(8.2.2)可得到 t 时刻时，体系内部的膨胀压应力 ΔP_t 可表示为

$$\Delta P_t = \frac{P_0(\alpha_0 + \alpha_T)}{\beta_0 + \beta_T} \cdot \frac{W/C}{0.322 + W/C + 0.377S/C} \cdot \left(1 - \frac{t}{t_0}\right) \cdot \frac{T_0}{t_0'} dt \tag{8.2.7}$$

4. 确定 $E_{0,t}$

水在常温下被压缩的体积弹性模量约为 2GPa[7]，在这个意义上，新拌混凝土应该也具有一定的初始弹性模量，超声法测动弹性模量的研究也表明了这点。由于弹性模量与强度的影响因素相似，随着胶空比的增大，弹性模量 E 也增大。胶空比是一个主要与水胶比、水化程度有关的参数，为统一可假定蒸养后的水化程度为某一参数，并假定蒸养过程的水化速率是一个时间的线性函数，以蒸养某一段取弹性模量平均值，因此这个参数的确定可假定处理为定值 E_0。注意到蒸养混凝土初始水胶比较低，通常要强力振捣以密实成型，早期形成的结构较一般普通混凝土结构干硬、致密，即便是初始蒸养开始时，体系 $E_{0,t}$ 相对 P_0 也是非常大的。

5. 蒸养升温阶段的试件变形表达式

升温阶段方程：

$$\varepsilon = \int_0^{t_0} \frac{P_0(\alpha_0 + \alpha_T)}{E_{0,t}(\beta_0 + \beta_T)} \cdot \frac{W/C}{0.322 + W/C + 0.377S/C} \cdot \frac{T_0}{t_0'}\left(1 - \frac{t}{t_0}\right) dt \tag{8.2.8}$$

令 $\lambda = \dfrac{P_0(\alpha_0 + \alpha_T)}{E_{0,t}(\beta_0 + \beta_T)}$，由于在整个蒸养过程中体系的 $E_{0,t}$ 达 10^9 Pa 数量级，相对 P_0 非常大，即 λ 在蒸养过程中的变化很小，可视为常数，则式(8.2.8)可进一步改写为

$$\varepsilon = \lambda \frac{W/C}{0.322 + W/C + 0.377S/C} \cdot \frac{\Delta T}{t_0'} \int_0^{t_0}\left(1 - \frac{t}{t_0}\right) dt \tag{8.2.9}$$

经过积分计算，得到的是一个表达蒸养升温阶段的蒸养试件肿胀变形随蒸养时间的变形曲线方程(8.2.10)，由此可分析不同组成对蒸养后蒸养肿胀残余变形的影响。

$$\varepsilon = \lambda \frac{W/C}{0.322 + W/C + 0.377S/C} \cdot \frac{\Delta T}{t_0'}\left(t - \frac{t^2}{2t_0}\right) \tag{8.2.10}$$

从试验中可以得知，实测混凝土内部温度与蒸养介质温度存在一定的差异，尤其是升温阶段，当蒸汽室内介质在升温 2h 内达到其最高温度 60℃时，混凝土试件内部约需在升温后第 3h 才能达到其内部最高温度，故式(8.2.10)中的 t_0'=3h 较为合理，而对于体积较小的砂浆或净浆，则 t_0'=2h；同时考虑到升温阶段和恒温阶段是蒸养过程中的主要水化阶段，假定蒸养试件内初始自由水(初始液相)体积

V_0 在这两个阶段内全部消耗，故 t_0=10h。

6. 蒸养恒温阶段试件的变形表达式

在恒温阶段，温度恒定(T=60℃)，水泥水化持续进行，产生膨胀压力的液相体积逐渐发生变化，由此将引起压力变化，根据物理化学分析可得到膨胀压力增量为

$$P_{\Delta V} = \frac{P_0 \alpha_T T}{\beta_T} \Delta V \tag{8.2.11}$$

假定蒸养试件内可产生膨胀初始液相体积 V_0 在蒸养阶段 t_0(t_0 是升温和恒温时间总和 10h)内被全部消耗，即液相变化速率均匀，因此可得到 $\Delta V = -(V_0/t_0)\mathrm{d}t$，显然，式(8.2.11)可进一步写成体系内部的膨胀压应力 ΔP_V，如式(8.2.12)所示：

$$\Delta P_V = -\frac{P_0 \alpha_T T}{\beta_T} \cdot \frac{V_0}{t_0} \mathrm{d}t \tag{8.2.12}$$

令 $\lambda' = \dfrac{P_0 \alpha_T}{E_0 \beta_T}$，结合式(8.2.1)，可得到恒温阶段变形表达式(8.2.13)：

$$\varepsilon = \varepsilon_{升温末} - \lambda' \frac{W/C}{0.322 + W/C + 0.377S/C} \cdot \frac{T}{t_0} \int_2^{t_0} \mathrm{d}t \tag{8.2.13}$$

进一步得到

$$\varepsilon = \varepsilon_{升温末} + \lambda' \frac{W/C}{0.322 + W/C + 0.377S/C} \cdot \frac{T}{t_0}(2-t), \quad 2 \leqslant t < 10 \tag{8.2.14}$$

根据本节蒸养制度，式中温度 T=60，t_0=10，则恒温阶段方程可写为

$$\varepsilon = \varepsilon_{升温末} + \lambda' \frac{6W/C}{0.322 + W/C + 0.377S/C}(2-t), \quad 2 \leqslant t < 10 \tag{8.2.15}$$

7. 蒸养降温阶段试件的变形表达式

在降温阶段，混凝土内部温度和湿度均高于外部，水分将向表层传输并蒸发，发生失水收缩，此时存在一个临界湿度，低于此临界湿度，即产生干缩，但一般常压蒸养，混凝土虽有失水，但其内部相对湿度与临界湿度接近，即使产生干缩现象，其数值也较小。故认为测试得到的下降段收缩应主要为降温后发生的冷缩，可用式(8.2.16)表示：

$$\varepsilon = \varepsilon_{恒温末} - \alpha \Delta T, \quad t \geqslant 10, \quad t \text{为降至室温所需时间} \tag{8.2.16}$$

式中，α 为试件线膨胀系数；ΔT 为降温幅度。

8. 模型的修正

由于进入恒温阶段后，水泥水化将加速进行，快速水化生成新的水化产物使得容器壁增厚，故实际上容器内部空间体积也在不断缩小(水化产物增加，孔隙体积减小)，这种缩小将附加一定压力给液相，反过来使液相的膨胀压力增大，因此实际上的膨胀压力随恒温时间延长而下降得要慢一些，试件变形的降低也较少。

为使模型与实际更接近，在恒温阶段，考虑孔隙率的降低与压力变化之间的线性关系，对试件变形的降低值引入一个折减系数 φ。

物理化学中的开尔文公式表明，毛细管半径越小，压力越大；按照开尔文公式可认为膨胀压力与容器体积之间存在线性关系，以确定恒温阶段中的膨胀压力降低所导致变形减少量的折减系数。

以下确定恒温阶段的折减系数 φ。对于水胶比为 0.3 的蒸养试件，一般初始用水量为 135kg/m^3，则其初始阶段孔隙率为 13.5%，恒温结束时水胶比为 0.3 的蒸养混凝土脱模后孔隙率实测值约为 7%，故恒温阶段变形 $\varphi =(13.5-7)/13.5=0.48$，因此综合考虑恒温阶段变形折减系数取 0.5。

9. 蒸养升温阶段、恒温阶段及降温阶段试件变形预测的总表达式

蒸养混凝土在升温阶段、恒温阶段、降温阶段的变形计算可分别表示如下：

$$\begin{cases} \varepsilon = \lambda \dfrac{W/C}{0.322 + W/C + 0.377S/C} \cdot \dfrac{\Delta T}{t_0'}\left(t - \dfrac{t^2}{2t_0} \right), & 0 \leqslant t < 2 \\[3mm] \varepsilon = \varepsilon_{升温末} + \varphi\lambda' \dfrac{6W/C}{0.322 + W/C + 0.377S/C}(2-t), & 2 \leqslant t < 10 \\[3mm] \varepsilon = \varepsilon_{恒温末} - \alpha\Delta T, & t \geqslant 10, \quad t\text{为降至室温所需时间} \end{cases}$$

$$(8.2.17)$$

8.2.2　肿胀变形测试与模型验证

1. 试验简介

为测试蒸养过程中试件的变形，试验材料采用与前述相同的原材料，设计 5 组砂浆，各试件配合比见表 8.2.2，各试件设计主要考虑胶凝材料组成的影响。考虑到蒸养条件不同于常温养护条件，需要采用合适的测试方法进行变形测量。为方便起见，设计图 8.2.2 所示的变形测试装置，主要包括定制的测试架、数字式千分表、恒温水浴箱、刚性支座以及数据采集系统等，该装置与电脑连接后，可自动记录数据并储存。

表 8.2.2　蒸养过程中变形测试试件配合比(质量比)

试件	水泥	粉煤灰	矿渣	硅灰	水	砂	碎石	减水剂/%
M1	1	0	0	0	0.3	2.5	0	1.1
M2	0.7	0.2	0.1	0	0.3	2.5	0	1.1
M3	0.7	0.22	0.06	0.02	0.3	2.5	0	1.1
M4	0.75	0.22	0	0.03	0.3	2.5	0	1.1
M5	0.75	0.22	0	0.03	0.3	2.5	0	1.1

注：除 M5 采用普通水泥外，其余配合比均采用基准水泥。

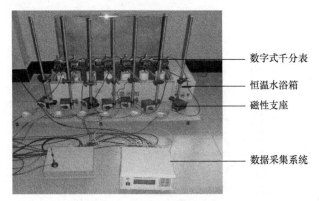

图 8.2.2　蒸养试件肿胀变形测试装置

2. 不同试件的变形测量结果

试验测试得到的各砂浆试件变形值随养护时间的变化曲线如图 8.2.3 所示。从图 8.2.3 可以看出，在静停阶段，除 M1 试件和 M5 试件有少量塑性沉降收缩外，其他试件的变形都基本稳定；在开始蒸养的升温阶段，各试件的变形随着蒸养温度的上升而呈现快速增加的趋势，其中基准水泥(M1)和掺加粉煤灰和硅灰的普通水泥砂浆(M5)在蒸养升温阶段的膨胀变形量最大，而掺加粉煤灰、矿渣及硅灰的基准水泥胶砂试件(M3)的膨胀变形值最小，掺加粉煤灰和矿渣的基准水泥胶砂试件(M2)的膨胀变形值也较小，M4 试件的膨胀变形值处于中间位置。进入恒温阶段至蒸养结束后的时间内，试件的肿胀变形在经历短暂的下降后逐渐趋于稳定。

从上述测试结果可知，试验所测得的蒸养过程中试件的肿胀变形是多种变形综合作用的结果，其中涉及温度升高引起的水、汽膨胀变形、水泥水化以及水化引起的自干燥变形等。在升温阶段，试件因水化作用小，内部结构强度尚不足以抵抗水、汽膨胀作用导致的较大变形，且变形增长速度快；进入恒温阶段后，随着水化的逐渐进行，一方面内部的自由水含量减少，另一方面试件抵抗膨胀变形的能力增强，而且试件内部水化加速过程导致的自干燥效应引起一定的自收缩变形，因而蒸养试件的膨胀变形又呈现下降趋势，再趋于稳定。结果表明，各试件的变形主要发生在升温阶段的初始结构形成期，升温过程对试件的变形起关键作用；而胶凝材料组成也是影响试件肿胀变形的重要因素，基准水泥与粉煤灰、矿渣以及硅灰复合掺加最有利于降低试件的肿胀变形。这应归因于在低水胶比和蒸养条件下，有利于发挥矿物掺合料的作用，将粉煤灰、矿渣及硅灰以合适的复合比例和总掺量取代部分水泥，产生了矿物掺合料的超叠作用效应。不仅改善体系堆积密实度，减少其中的自由水含量，且硅灰的高活性提高了胶凝材料体系的水化程度，砂浆早期抵抗水、汽膨胀作用的能力增强。

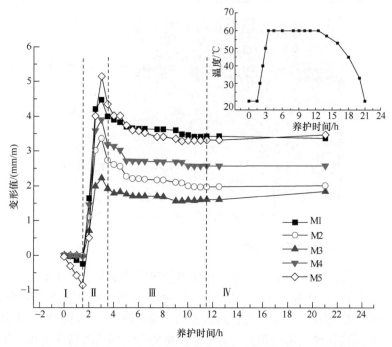

图 8.2.3　蒸养过程中不同试件的变形值随养护时间的变化曲线

Ⅰ表示静停阶段，Ⅱ表示升温阶段，Ⅲ表示恒温阶段，Ⅳ表示降温阶段；右上小图为养护水温变化

3. 模型有效性验证

以上述所测砂浆试件的变形结果作为验证的依据。由式(8.2.17)进行模型值的计算，首先计算各种材料的 λ (升温阶段)和 λ' (恒温阶段)。根据低水胶比水泥基材料在蒸养过程中的弹性模量增长情况，可设定砂浆试件在升温阶段和恒温阶段平均弹性模量分别为5GPa 和20GPa；查表[8]可得，$\alpha_0 =0.00180(20℃)$；$\alpha_T =0.01704(60℃)$；$\beta_0 =0.000138(20℃)$；$\beta_T = 0.000222(60℃)$。取砂浆线膨胀系数为 $30 \times 10^{-6}℃^{-1[9]}$(混凝土线膨胀系数为 $10 \times 10^{-6}℃^{-1}$)，则砂浆试件的 λ 和 λ' 值可计算如下。

升温阶段：

$$\lambda = \frac{P_0(\alpha_0 + \alpha_T)}{E_{0,t}(\beta_0 + \beta_T)} = \frac{1.013 \times 10^5 \times 1.88 \times 10^{-2}}{5 \times 10^9 \times 3.6 \times 10^{-4}} = 1.06 \times 10^{-3} \tag{8.2.18}$$

恒温阶段：

$$\lambda' = \frac{P_0 \alpha_T}{E_0 \beta_T} = \frac{1.013 \times 10^5 \times 1.704 \times 10^{-2}}{20 \times 10^9 \times 2.22 \times 10^{-4}} = 0.39 \times 10^{-3} \tag{8.2.19}$$

采用得到的混凝土、砂浆 λ 和 λ' 值代入式(8.2.17)可计算得到不同水胶比及掺加矿物掺合料试件的肿胀变形值，结果见表 8.2.3。通过对比计算值与实测值，可以看出模型计算值和实测值随水胶比、矿物掺合料及骨料影响因素的变化规律一致，这说明模型是符合实际情况的，反过来也从理论上验证了这些因素对试件肿胀变形的影响规律，即水胶比增大，蒸养前自由水含量较高，肿胀变形增大；骨料体积分数增大，对肿胀变形的约束力增强，肿胀变形减少。当然，模型计算值与实测值之间存在少量的偏差，这主要是因为在蒸养过程中，试件的变形会受到复杂因素的影响，而这些复杂因素难以在模型中得到体现。例如，模型采用的初始液相体积是按照初始水灰比计算得到的，这与实际之间存在偏差。

表 8.2.3　蒸养砂浆变形实测值与计算值对比

试件	配合比参数	实测值/($\times 10^{-3}$)	计算值/($\times 10^{-3}$)	偏差
砂浆	$W/C=0.3$, $S/C=2.5$	1.75	1.90	+0.15(8.6%)
砂浆	$W/C=0.35$, $S/C=2.5$	2.26	2.37	+0.11(4.9%)
砂浆	$W/C=0.45$, $S/C=2.5$	2.75	3.12	+0.37(13.4%)
砂浆(掺加 10%GGBS)	$W/B=0.35$, $S/B=2.89$	2.01	2.08	+0.07(3.5%)
砂浆(掺加 20% GGBS)	$W/B=0.35$, $S/B=3.375$	1.85	1.76	−0.09(−4.9%)

注：表中 W/C 为水灰比，S/C 为砂灰比，S/B 为砂胶比，W/B 为水胶比。

8.2.3　蒸养过程中混凝土变形表征及影响因素

1. 试验方法

为了测试蒸养非稳态过程中混凝土试件的变形性能,设计了图 8.2.4 所示的变形测试系统，该系统主要由水浴加热设备、数据采集系统以及数据分析软件三大部分构成，变形测试方法中引入了水浴加热以模拟实际蒸养制度条件，并通过改进非接触式变形测量方法，避免了温度变化对测试结果的影响。混凝土浇筑于试件尺寸为 100mm × 100mm × 515mm 的 3 个不锈钢试模中进行振捣密实成型后置于测试系统，按照蒸养制度进行相应变形测试，每组 3 个试件，每分钟采集 1 次，最终取 3 个试件的平均值。该测试系统与前述的简单的数字式千分表测试模式相比，进一步减少了蒸养过程中的不利影响，测试结果更为准确。

为了较为全面地研究蒸养过程中各试件的变形规律以及各主要因素的影响，试验设计了表 8.2.4 所示的 6 个系列的混凝土试件。

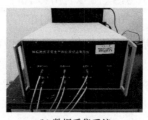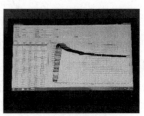

(a) 水浴加热设备　　　　　　(b) 数据采集系统　　　　　　(c) 数据分析软件

图 8.2.4　混凝土在蒸养过程中的体积变形测试系统

表 8.2.4　蒸养混凝土试验配合比　　　　　　　(单位：kg/m³)

组别	水泥	粉煤灰	矿渣	纳米 SiO₂	纳米 CaCO₃	硅灰	砂	碎石 5～10mm	碎石 10～20mm	减水剂	水
C0	450	—	—	—	—	—	660	484	726	4.5	135
C1	450	—	—	—	—	—	660	484	726	4.5	135
C2	315+135	—	—	—	—	—	660	484	726	4.5	135
C3	450	—	—	—	—	—	660	484	726	3.6	162
C4	450	—	—	—	—	—	660	484	726	3.15	189
C5	315	135	—	—	—	—	660	484	726	4.5	135
C6	315	—	135	—	—	—	660	484	726	4.5	135
C7	315	90	45	—	—	—	660	484	726	4.5	135
C8	313.425	90	45	—	—	1.575	660	484	726	4.95	135
C9	313.425	90	45	1.575	—	—	660	484	726	4.95	135
C10	313.425	90	45	—	1.575	—	660	484	726	4.95	135
C11	450	—	—	—	—	—	660	484	726	4.5	135
C12	450	—	—	—	—	—	660	484	726	4.5	135

上述混凝土变形试验配合比分为 6 组，主要考虑各主要组成参数及养护条件等因素的影响。

(1) 水泥种类组。C0 组测试水泥为基准水泥，C1 组测试水泥为 7000 目超细水泥，C2 组测试水泥则为 70%基准水泥与 30%超细水泥的复掺。

(2) 水灰比组。C0 组水灰比为 0.3，而 C3、C4 组水灰比分别为 0.36 与 0.42。

(3) 矿物掺合料组。C5、C6 组为分别单掺 30% 粉煤灰、矿渣，C7 组则复掺 20%粉煤灰和 10%矿渣。

(4) 超细材料组。以 C7 组为基础，C8 组内掺加 0.5%硅灰，C9 组内掺加 0.5% 纳米 SiO_2，C10 组内掺加 0.5%纳米 $CaCO_3$。

(5) 骨料种类组。C11 组所用骨料为河卵石。

(6) 养护条件组。C12 组静停时间为 6h。

2. 变形测试结果

实践表明，混凝土在未硬化阶段热膨胀系数为 $10\sim15\mu\varepsilon/℃$，而硬化后的热膨胀系数为 $6\sim8\mu\varepsilon/℃$，假定非硬化阶段混凝土的热膨胀系数为 $12\mu\varepsilon/℃$，硬化阶段为 $8\mu\varepsilon/℃$。在热养护过程中，混凝土基本需要 1.5h 才能达到完全硬化状态，因此混凝土由温度应变造成的最大体积膨胀变形值为 $440\mu\varepsilon$，且在恒温阶段该值保持不变。混凝土的肿胀变形值为实测总变形值与温度变形值之差。图 8.2.5 给出了蒸养过程中(升温和恒温)混凝土的近似温度变形值。

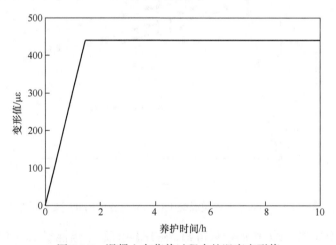

图 8.2.5　混凝土在蒸养过程中的温度变形值

从大量混凝土体积变形试验可知，混凝土体积变形特征主要分为两个阶段：升温阶段体积快速膨胀与恒温阶段体积缓慢收缩。一方面，由于混凝土在刚开始升温时，还处在初期的凝结硬化过程中，体系内存在较多的液相、气相；而随着温度持续升高，混凝土的固、液、气各相分别产生相应的体积膨胀变形，而水汽膨胀则是混凝土在蒸养过程中引起膨胀变形最主要的因素。同时，混凝土的内部骨架结构尚未完全形成，造成其抵抗体积变形的能力较弱，而水汽热运动的加剧同样导致水泥颗粒向外移动，使得混凝土也表现为体积增大。在整个升温阶段，水泥水化将产生相应的自收缩变形，但由于水泥水化程度较低，混凝土整体的收缩变形实际上远远小于其体积的热膨胀变形。另外，当混凝土热养护过程进入恒温阶段时，其热膨胀变形已基本稳定，内部骨架结构基本形成，水泥水化作用在该阶段显著增强，使得混凝土的收缩变形逐渐增大，表现为热膨胀变形开始缓慢下降，但混凝土的体积变形总体还是表现为热膨胀变形。以下试验主要调查了水泥品种、矿物掺合料类型及水灰比等参数对蒸养过程中混凝土变形性能的影响。

1) 水泥品种对试件肿胀变形的影响

图 8.2.6 给出了 C0、C1 及 C2 组混凝土在蒸养过程中(升温和恒温)的肿胀变形结果，图中所示肿胀变形是由图 8.2.4 所示混凝土蒸氧过程中变形测试系统测得变形值减去图 8.2.5 所示温度变形所得。图中结果显示，水泥种类对混凝土肿胀变形随蒸养时间的变化趋势基本相似。

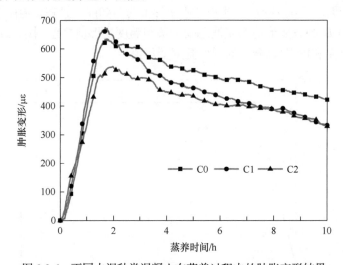

图 8.2.6   不同水泥种类混凝土在蒸养过程中的肿胀变形结果

进一步分析图 8.2.6 中的结果可知，在升温阶段，3 组混凝土在 1.5h 左右达到总变形的峰值，C0 组的总变形峰值约为 620με，C1 组的总变形峰值接近 680με，而复掺基准水泥与超细水泥的 C2 组总变形峰值仅为 530με；随后，各组的变形开始缓慢下降。这主要是由于超细水泥在前期反应较快，其在自身的水化放热与外部热源的共同作用下，C1 组的液相、气相在早期产生了更大的变形，而复掺则降低了基准水泥含量，同时补充的超细水泥可作为更细的填充材料与基准水泥相结合，提高其早期骨架结构强度，抵抗变形。当恒温阶段结束时，C0 组的变形值约为 420με，而 C1、C2 组的总变形值均接近 330με。这主要是因为，在热养护作用下，混凝土早期强度发展较快，当混凝土提前终凝后，其热膨胀变形已经达到峰值，此时混凝土内部与外部环境温度基本恒定，混凝土的变形主要以持续的水泥水化引起的化学收缩和自收缩为主，表现为混凝土总肿胀变形从峰值处随着时间延长而平缓下降。超细水泥由于具有非常大的比表面积，恒温阶段是其反应最快、最剧烈的时期，8h 的恒温时间内 C1 组总变形降低了 350με，可见其产生了非常大的收缩变形。而 C2 组在恒温阶段的变化趋势与 C0 组相似，在恒温结束时其总变形值仅为 330με，这是由于其主要胶凝材料还是基准水泥，超细水泥可促使其形成密实的早期空间骨架，同时也可促进恒温阶段的收缩变形，但效果有限。

2) 水灰比对试件肿胀变形的影响

图 8.2.7 给出了水灰比对混凝土在蒸养过程中肿胀变形特征的影响，从图中可以看出，随着水灰比的增大，混凝土的肿胀变形也在逐渐增大，但在本节所调查水灰比范围内各组试件变形趋势相似。

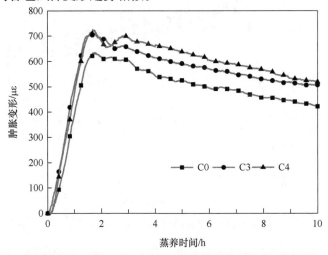

图 8.2.7　不同水灰比下混凝土在蒸养过程中的变形结果

从图 8.2.7 可知，C3、C4 组在升温阶段，其混凝土肿胀变形峰值均在 720με 左右，较 C0 组的 620με 高出约 16%，主要由于混凝土在早期空间骨架尚未形成，加之其内部具有较高的水汽含量，而水、汽的热膨胀系数远大于混凝土固相的热膨胀系数，因此混凝土在早期受热升温过程中，液相与气相的热膨胀变形值较大，无疑加大了混凝土整体的肿胀变形值。进入恒温阶段，3 组混凝土的肿胀变形值变化更加明显。由于在升温结束时，三者具有不同的肿胀变形峰值，且该峰值随着水灰比的增大而提高，使得 3 组混凝土的肿胀变形曲线随着其收缩变形的增大而显示出明显的差异，最终仍是 C0 组总变形值最低，而 C4 组总变形值最高达到 520με 左右，较 C0 组高出约 23.8%。

对 3 组混凝土的收缩变形而言，在升温过程中，三者收缩变形的增长速率相近，但当升温结束时，C3 及 C4 组收缩变形值接近 270με，较 C0 组高出 60με左右，而在恒温阶段，三者的收缩变形则表现出明显不同，C0 组收缩变形最大，而随着水灰比的提高，C3 及 C4 组的收缩变形值依次降低；总体上，水灰比大的混凝土，其收缩值较小。主要因为 C0 组较低的水灰比，使其在蒸养过程中的各个阶段，具有较高的化学收缩及自干燥收缩等一系列收缩变形，加之其较高的水化放热，更促进了水泥颗粒的进一步水化，因此产生了较大的收缩变形。

3) 矿物掺合料对试件体积变形的影响

矿物掺合料对蒸养过程中混凝土肿胀变形的影响如图 8.2.8 所示。由图可知，粉煤灰、矿渣对混凝土在蒸养过程中的肿胀变形具有一定的抑制作用。

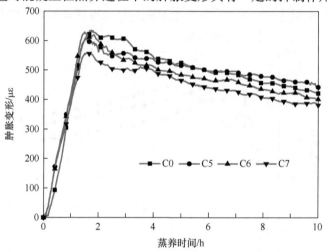

图 8.2.8　掺加矿物掺合料混凝土在蒸养过程中的肿胀变形结果

进一步分析图 8.2.8 中的结果可知，在升温阶段，各组混凝土的肿胀变形值增长速率相近，待混凝土终凝后，C0 组具有最高的肿胀变形峰值，而粉煤灰、矿渣则降低了该峰值，但降低程度有限，而复掺粉煤灰和矿渣的 C7 组混凝土，其肿胀变形峰值在 550με附近，降低了近 11.3%的肿胀变形。进入蒸养恒温阶段后，C5 组混凝土的肿胀变形下降趋势减缓，混凝土在恒温中期其肿胀变形就缓缓超过了 C0 组，而 C6 及 C7 组混凝土的肿胀变形开始逐步降低，其中 C7 组混凝土最终肿胀变形值为 380με左右，较 C0 组降低了约 10%。这主要是由于粉煤灰和矿渣的叠加作用对混凝土升温阶段的膨胀变形有一定的抑制效果，从而导致试件最终肿胀变形降低。

4) 超细颗粒对试件肿胀变形的影响

以下在复掺粉煤灰和矿渣的基础上，继续掺加纳米 SiO_2、纳米 $CaCO_3$ 以及硅灰,图 8.2.9 给出了纳米颗粒材料及硅灰等掺入后混凝土在蒸养过程中肿胀变形的影响结果,试验结果显示,这些超细颗粒材料掺入可以进一步降低混凝土在蒸养过程中的肿胀变形。

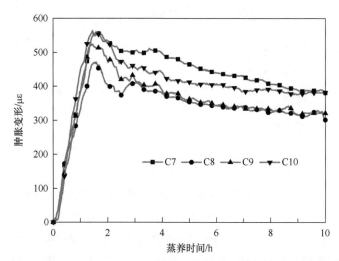

图 8.2.9　掺加纳米颗粒或硅灰的混凝土在蒸养过程中的肿胀变形结果

　　进一步分析图 8.2.9 可知,当掺入纳米颗粒与硅灰后,各组混凝土的肿胀变形值均有所下降。在升温阶段,掺加硅灰和纳米 SiO_2 的 C8 及 C9 组混凝土肿胀变形峰值较低,分别为 470με 与 520με;进入恒温阶段,C8 及 C9 组混凝土收缩变形较严重,C10 组收缩较平缓,到恒温结束时,C10 组混凝土的最终肿胀变形值接近 C7 组,而 C8 及 C9 组混凝土则接近 320με,较 C7 组降低了约 23.8%;表明这些材料有助于降低混凝土的肿胀变形。

　　这主要是由于纳米颗粒材料与硅灰具有巨大的比表面积,不仅使其具有较高的活性,而且具有很好的火山灰效应,促进水泥颗粒的水化,有效降低了自由水含量,同时也改善了混凝土的初始孔隙结构,为进一步抑制混凝土的膨胀变形提供了较强抵抗力。由此可见,合适的矿物掺合料有利于发挥组分的叠加效应,而在此基础上再掺入超细颗粒(如纳米)材料,水泥和超细颗粒材料的水化产物可以进一步填充内部更小的孔隙,使混凝土试件更加致密。因此,超细颗粒材料的引入,有利于降低混凝土在蒸养过程中的肿胀变形。

　　5) 骨料体系对试件体积变形的影响

　　主要选取河卵石及普通石灰石作为混凝土的粗骨料,探讨其对蒸养过程中试件肿胀变形的影响,图 8.2.10 给出了两组不同混凝土试件肿胀变形的试验结果。

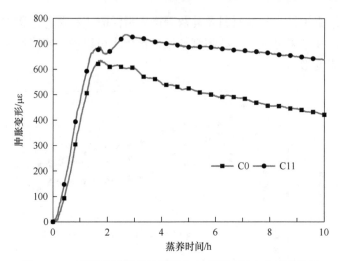

图 8.2.10　不同骨料制备的混凝土在蒸养过程中的变形结果

由图 8.2.10 可知，河卵石对混凝土在蒸养过程中肿胀变形的控制作用很小。在早期升温阶段，C11 组混凝土就表现出了较大的肿胀变形增长趋势，升温结束时，其肿胀变形峰值已经接近 700με，高出了 C0 组 13%，而进入恒温阶段后，C11 组的肿胀变形几乎没有太多的减小。到恒温结束时，最终的总变形值较 C0 组高出近 50%，已经产生了十分严重的肿胀变形。

产生以上差异的主要原因与河卵石的种类、外观形貌以及骨料的弹性模量有关。粗骨料作为混凝土最主要的骨架结构，在初期与水泥浆体胶结后可产生较大的结构强度，因而具有较高的变形抵抗力，虽然河卵石混凝土具有较好的施工流动性，但其与水泥浆体的黏附力较低，而且由于其弧形的外观，骨料之间的搭接也变得并不牢靠，容易产生更大的相对移动。而石灰石由于其棱角较多，与水泥浆体的黏附性好，且骨料颗粒之间搭接紧密，使得混凝土具有强度更高的初始骨架结构，因此其抵抗各种变形的能力均较高。

6) 养护制度对试件肿胀变形的影响

图 8.2.11 给出了在不同静停时间条件下，混凝土在蒸养过程中肿胀变形的变化趋势结果。

从图 8.2.11 中的结果可知，当静停时间由 3h 延长至 6h 后，C12 组混凝土在蒸养过程中的肿胀变形都得到一定的控制。在升温阶段，C12 组混凝土肿胀变形峰值与 C0 组十分接近，仅为 600με。进入恒温阶段后，C12 组混凝土的肿胀变形下降趋势虽然与 C0 组相似但在数值上稍低，且最终低于 400με。

造成上述结果的主要原因是，C0 组混凝土在此阶段中其内部可蒸发水含量较高，产生了较多的水汽，其内部空间结构骨架形成尚不完全，抵抗热膨胀变形的能力不足；同时，随着环境温度的升高，这进一步加速了未水化水泥颗粒的水化

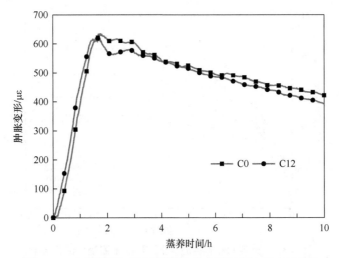

图 8.2.11　不同静停时间下混凝土在蒸养过程中的变形结果

作用，使其具有更大的收缩变形值。而 C12 组混凝土经历了更长时间的静停，已基本达到终凝状态，消耗了水分，减少了液相、气相的初始热膨胀变形，同时内部已经形成了致密的初始结构并产生了更多的水泥水化产物，填充了大部分孔缝，因此其具备更高的抵抗热膨胀变形与收缩变形的能力。

8.3　蒸养混凝土的干缩变形

蒸养混凝土在蒸养阶段结束时已经完成大部分水化作用(约 80%)，形成了较为密实的结构，且蒸养后的内部物相形貌有别于标养试件。因此，蒸养混凝土经蒸养后在环境干燥作用下的收缩变形很可能不同于标养混凝土，有必要进行研究。为此，设计表 8.3.1 所示的干缩试验试样组成与配合比。按照标准的干缩试验方法进行各试件的干缩试验。干缩试验测试结果如图 8.3.1 所示。

表 8.3.1　蒸养混凝土干缩试验试样组成与配合比　　　　(单位：kg/m³)

试件	水泥	粉煤灰	矿渣	砂	碎石	水	外加剂	养护条件
A1	300	150	50	600	1225	135	5	蒸养
A2	300	150	50	600	1225	135	5	标养
D1	500	0	0	600	1225	135	5	蒸养
D2	500	0	0	600	1225	135	5	标养

注：水泥为 P.O42.5 普通硅酸盐水泥；粉煤灰、矿渣比表面积为 550~600m²/kg。

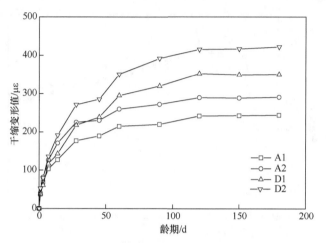

图 8.3.1　蒸养和标养各混凝土试件的干缩变形试验结果

8.3.1　养护条件的影响

　　试验主要讨论 20℃标养和 60℃蒸养条件下典型混凝土试件的干缩变形随时间的变化结果。从图 8.3.1 中的结果可以看出,养护方式对混凝土干缩变形有较大影响,蒸养混凝土干缩变形较同配合比标养混凝土小。以复掺粉煤灰和矿渣混凝土为例,与标养混凝土相比,蒸养混凝土的干缩变形值在早期与之相接近,但在后期,两者之间的差别较大,且在 100d 以后,这种差别几乎保持不变,从试验测试得到的两组混凝土干缩变形值可知,蒸养混凝土比标养混凝土的后期干缩变形值要小约 50με,减小率达 20%左右。这表明采用蒸养有利于减小蒸养混凝土的干缩变形值。

8.3.2　矿物掺合料的影响

　　主要讨论复掺粉煤灰和矿渣对蒸养混凝土干缩变形性能的影响,试验结果如图 8.3.1 所示。由图中试验结果可以看出,无论采用蒸养还是标养,未掺矿物掺合料的普通混凝土干缩变形值均大于复掺粉煤灰和矿渣混凝土的干缩变形值,且两者之间的差别较大,粉煤灰和矿渣的掺加可显著降低混凝土的干缩变形。对于标养条件,复掺粉煤灰和矿渣后,混凝土的干缩变形值降低了 115με,对于蒸养条件,混凝土的干缩变形值则降低了 120με,两种养护条件下干缩变形值的降低值相似。以未掺粉煤灰和矿渣的普通混凝土为基准,掺入粉煤灰和矿渣后对蒸养混凝土干缩变形的降低率达 30%以上,这有利于改善蒸养混凝土的体积稳定性,降低其后期的收缩。

8.4　蒸养混凝土的徐变变形

　　混凝土徐变是指其在持续荷载作用下的变形。徐变变形是混凝土重要的力学

(变形)性能之一。

按照国家标准《普通混凝土长期性能和耐久性能试验方法标准》(GB/T 50082—2009)的规定开展混凝土徐变试验，试验是在恒温、恒湿条件下进行的，温度为(20±3)℃，相对湿度为(60±5)%。各混凝土力学性能试验结果及加载情况见表 8.4.1。各试件的徐变变形试验结果如图 8.4.1 和图 8.4.2 所示。

表 8.4.1　混凝土的力学性能及加载情况

试件		A1(蒸养)	A2(标养)	D1(蒸养)	D2(标养)
初始加载龄期/d		4	10	4	10
施加荷载/kN		220	220	200	200
13h 抗压强度/MPa		55.9	—	52.3	—
3d 抗压强度/MPa		—	50.4	—	44.8
上架	抗压强度/MPa	64.5	57.6	58.0	61.9
	棱柱体强度/MPa	57.5	53.3	43.9	54.0
	弹性模量/GPa	37.9	36.9	34.7	37.4
28d	抗压强度/MPa	69.8	67.4	67.7	64.5
	棱柱体强度/MPa	62.1	59.3	54.0	58.5
	弹性模量/GPa	44.1	41.4	36.2	38.8
90d	抗压强度/MPa	83.9	80.8	74.1	71.2
	棱柱体强度/MPa	—	80.1	—	71.8
	弹性模量/GPa	—	42.2	—	45.6
180d	抗压强度/MPa	84.5	88.7	81.6	78.4
	棱柱体强度/MPa	—	82.7	—	76.0
	弹性模量/GPa	—	43.9	—	42.2

由图 8.4.1 和图 8.4.2 的试验结果可以看出：①蒸养复掺粉煤灰和矿渣混凝土的徐变度远小于普通混凝土(对比组)的徐变度。持荷 450d 时，标养条件下，复掺粉煤灰和矿渣混凝土徐变度较普通混凝土降低 45%；蒸养条件下，复掺粉煤灰和矿渣混凝土徐变度较普通混凝土降低 49%。②对普通混凝土而言，蒸养混凝土的徐变值较标养混凝土的徐变值低。③蒸养复掺粉煤灰和矿渣混凝土徐变值在早期就低于标养混凝土，且这个差别在后期几乎保持恒定。④采用 ACI209 和 CEB-FIP(MC90)推荐

的徐变系数与持荷龄期计算式对各组混凝土试验数据进行回归分析，得到混凝土徐变系数最终值分别为：蒸养复掺粉煤灰和矿渣混凝土 $\varphi(\infty,4)=1.36$，标养复掺粉煤灰和矿渣混凝土 $\varphi(\infty,10)=1.41$，蒸养普通混凝土 $\varphi(\infty,4)=2.57$，标养普通混凝土 $\varphi(\infty,10)=3.00$；蒸养复掺粉煤灰和矿渣混凝土徐变系数相对蒸氧普通混凝土降低了 47%。

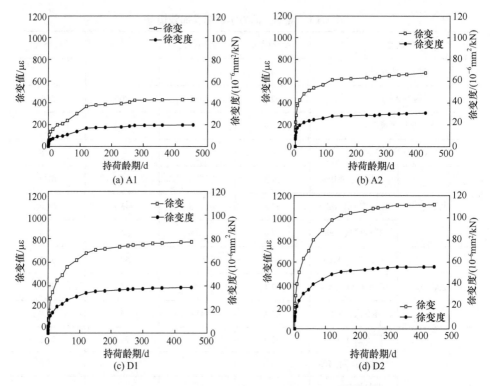

图 8.4.1 混凝土试件徐变及徐变度随持荷龄期的变化

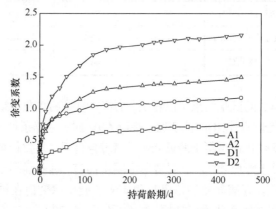

图 8.4.2 混凝土徐变系数随持荷龄期的变化曲线

从上述试验结果表明，粉煤灰和矿渣的掺入可以细化水泥浆体的孔隙，特别是在蒸养时，其水化生成的 C-S-H 凝胶有助于减少孔隙率及孔隙尺寸；而对普通混凝土而言，可能是蒸养使早期混凝土中固体含量及强度增加，从而使蒸养混凝土的徐变值降低。

从干缩和徐变的试验结果来看，在混凝土中掺加粉煤灰和矿渣较显著地减小了混凝土的干缩变形值和徐变值，其主要原因是水泥用量大幅度降低及粉煤灰和矿渣的水化特性导致混凝土中凝胶体减少，以及粉煤灰和矿渣改善了混凝土的微细观结构。在蒸养混凝土中，这种作用更加明显[9,10]。

采用 Brooks 和 Neville 建立的持荷徐变度值与 5 年长期徐变度值的经验公式，可较好地预测混凝土长期徐变性能。就 C60 强度等级混凝土而言，持荷 3 年的总徐变值约 60% 发生在持荷 2 个月内。

8.5　小　　结

(1) 蒸养过程的热效应导致混凝土体系产生肿胀变形以及较大的自收缩变形，通过试验得到了主要参数，如水泥品种、矿物掺合料、纳米颗粒、骨料等因素对蒸养过程中混凝土肿胀变形及自收缩变形的影响规律，表明增加水泥细度、掺加掺合料(特别是纳米颗粒)、降低水灰比以及选用合适的粗骨料等均可一定程度上抑制蒸养过程中混凝土的肿胀变形。

(2) 基于理论和试验建立了蒸养过程中升温阶段、恒温阶段及降温阶段试件变形预测模型，与试验实测结果具有较好的一致性。

(3) 相比于标养混凝土，蒸养混凝土的干燥收缩变形更小，且掺加粉煤灰和矿渣后可进一步降低蒸养混凝土的收缩变形。

(4) 相比于标养混凝土，复掺粉煤灰和矿渣的蒸养混凝土徐变更低，徐变系数降低率达 40% 以上。

参 考 文 献

[1] 吴中伟, 田然景, 金剑华. 水泥混凝土湿热处理静置期的研究[J]. 硅酸盐学报, 1963, 4: 182-189.

[2] 钱荷雯, 王燕谋. 湿热处理混凝土过程中预养期的物理化学作用[J]. 硅酸盐学报, 1964, 3: 217-222.

[3] 庞强特. 混凝土制品工艺学[M]. 武汉：武汉工业大学出版社, 1990.

[4] 贾耀东. 蒸养高性能混凝土引气若干问题的研究[D]. 北京: 铁道部科学研究院, 2005.

[5] 刘友华. 蒸汽养护对水泥净浆和砂浆肿胀变形特性的影响[D]. 长沙: 中南大学, 2008.

[6] 铁道部丰台桥梁厂, 铁道部科学研究院铁道建筑研究所. 混凝土的蒸汽养护[M]. 北京：中国建筑工业出版社, 1978.

[7] 赵振兴, 何建京. 水力学[M]. 北京：清华大学出版社, 2005.

[8] Mehta P K, Monteiro J M. Concrete: Microstructure, Properties, and Materials[M]. 3rd ed. New York: McGraw-Hill, 2006.

[9] 谢友均. 超细粉煤灰高性能混凝土的研究与应用[D]. 长沙：中南大学，2006.

[10] 谢友均, 马昆林, 刘宝举, 等. 复合超细粉煤灰混凝土的徐变性能[J]. 硅酸盐学报, 2007, 35(12): 1636-1640.

第9章 蒸养混凝土的耐久性能

本章着重研究蒸养混凝土的氯离子迁移特性、抗碳化性、抗腐蚀性以及抗冻性等耐久性能。

9.1 蒸养混凝土的氯离子迁移特性

氯离子迁移特性是反映混凝土(尤其是钢筋混凝土)耐久性能的重要性质之一[1~3]。以下采用室内自然浸泡试验方法[3~5]，调查氯离子在蒸养混凝土中的迁移特性。

9.1.1 试验简介

试验采用表 9.1.1 所示蒸养混凝土配合比，原材料同前。采用强制式搅拌机拌和混合料，新拌混凝土的坍落度为 50~70mm，成型 100mm×100mm×300mm 混凝土棱柱体试件，按照典型蒸养制度进行养护，经 60℃蒸养后，继续标养至 26d 龄期，然后在 60℃下烘干 48h，冷却至室温后密封四个长方向的面，留下相对的两个端面，再将处理后的试件浸泡于(20±2)℃、3.5%NaCl 溶液中，直至相应测试龄期。氯离子迁移测试如图 9.1.1 所示。

表 9.1.1 氯离子迁移测试用蒸养混凝土配合比 （单位：kg/m³）

试件	水泥	粉煤灰	矿渣	外掺料	砂	碎石	减水剂
C1	450	0	0	0	700	1240	4.5
C2	315	135	0	0	670	1210	4.5
C3	315	90	45	0	670	1210	4.5
C4	315	90	35	15	670	1210	5.85
C5	315	135	0	0	670	1210	4.5

注：C1~C4 水胶比为 0.27，C5 水胶比为 0.30。

采用测试一定龄期条件下氯离子的扩散深度及不同扩散位置氯离子含量的方法来表征蒸养混凝土的氯离子迁移特性。在测试试件氯离子迁移深度及含量前，先剖开试件，用 0.1mol/L 硝酸银溶液喷洒试件剖面进行显色，以确定大致的氯离子迁移深度，根据该深度对试件进行取样粉磨。

(a) 试件的四个侧面封石蜡　　　　　　　　　　(b) 试件全浸泡在溶液中

图 9.1.1　氯离子迁移测试的试件处理及浸泡方式

不同位置处混凝土中氯离子含量的测定方法如下：根据需要研磨一定数量的样品，采用 Profile Grinder 1100 仪器进行取样，从试件未被蜡封的端部由表及里逐层取样，每层的厚度大约为 1mm，每个试样共取 8～10 个样品，磨取样品的深度可通过转动机芯和把手罩层相对角度来控制，如图 9.1.2 所示。

(a) 对剖开试件进行粉磨取粉样　　　　　　　　(b) 经过粉磨取样后的试件

图 9.1.2　氯离子含量测试取样粉磨过程的试件处理

按照《水运工程混凝土试验检测技术规范》(JTS/T 236—2019)中有关混凝土中砂浆的氯离子总含量测定方法对所取样品进行化学分析，测试样品中的氯离子含量，即可绘制不同试样中氯离子分布的剖面图，分析不同条件下混凝土内部不同深度处氯离子含量的变化。

9.1.2　养护条件的影响

测试得到的蒸养和标养试件表层位置的氯离子含量(质量分数)，如图 9.1.3 所示。可以看出，蒸养混凝土试件的表层氯离子含量均较标养混凝土试件高，随着浸泡时间的延长，各试件表层氯离子浓度都有所增加，但仍符合相似规律[3,6]。同时还可以看出，除 C4 试件外，未掺加矿物掺合料的普通水泥混凝土试件 C1 蒸养后表层的氯离子含量显著高于标养试件，C2 试件在蒸养条件和标养条件下氯离子含量差异最小；对于复掺粉煤灰和矿渣试件 C3，其蒸养和标养条件下表层位置处的氯离子含量大于仅掺加粉煤灰的 C2 试样。分析 C3 和 C5 可知，水胶比从 0.27 增加到 0.30，其表层的氯离子含量显著增加。

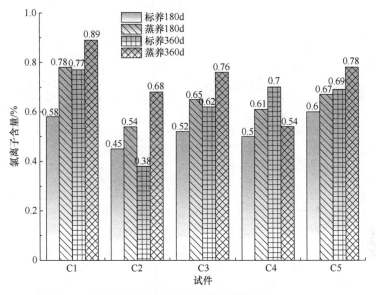

图 9.1.3　试件表层位置的氯离子含量比较(浸泡 180d、360d)

9.1.3　胶凝材料组成的影响

图 9.1.4 和图 9.1.5 分别给出不同胶凝材料组成混凝土试件在 180d 和 360d 浸泡条件下其内部各位置处氯离子含量(质量分数)测试结果。

分析图 9.1.4 中各试件内部氯离子含量的结果可知，就普通水泥混凝土试件而言，蒸养试件由表及里的氯离子含量显著高于标养试件相应位置处的氯离子含量，在距表层 11mm 处以内和标养混凝土试件一致；对于单掺粉煤灰或复掺粉煤灰和矿渣混凝土试件，仅在所测混凝土表层 5mm 范围内，各试件在蒸养条件下的氯离子含量大于标养试件，其余内部各位置处的氯离子含量在蒸养和标养条件下基本相似。这表明，相对于标养试件，氯离子在蒸养混凝土试件表层中更易于迁移(传输)，蒸养试件表层结构相对标养混凝土更为疏松[6]，但从氯离子在蒸养混凝土内部的传输结果来看，对于不同胶凝材料组成的混凝土，蒸养混凝土在距表层约 10mm 范围内的氯离子含量与标养混凝土无明显差别或更低。这表明，蒸养混凝土和标养混凝土的内部结构基本一致或更密实，在蒸养过程中，混凝土内部并未受到损伤。

从图9.1.5中各试件在360d浸泡龄期时内部各位置处氯离子含量的结果可知，各试件内部不同位置处的氯离子含量随位置的变化规律与180d龄期的结果基本相似，各试件表层位置处的氯离子含量明显高于内部各位置的氯离子含量，且随

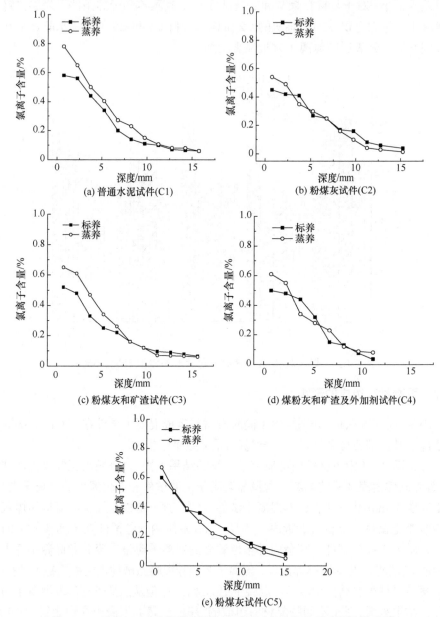

图 9.1.4　浸泡 180d 后蒸养和标养下不同试件内氯离子含量变化曲线

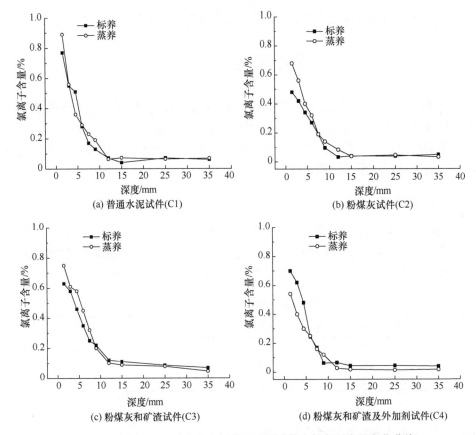

图 9.1.5　浸泡 360d 后蒸养和标养下不同试件内氯离子含量变化曲线

着距离的增加氯离子含量迅速下降；当由表及里的距离达到 15mm 时，各位置处的氯离子含量非常低，且基本处于同一个水平，表明此时氯离子迁移距离基本在距表面 15mm 左右；另外，比较图 9.1.4 与图 9.1.5 中的结果发现，随着浸泡龄期的延长，各试件内部的氯离子含量均增加，这表明氯离子含量随着浸泡时间逐渐迁移至内部，导致各位置处离子含量增大，增大了氯离子的浓度梯度，从而使得氯离子不断向混凝土内部迁移。掺入粉煤灰、矿渣后，降低了蒸养混凝土中氯离子的迁移速率。

从长期浸泡条件下蒸养试件内离子迁移测试结果来看，蒸养试件表层的氯离子含量较多，而内部与相同配合比的标养试件基本相似甚至含量更低，这表明蒸养过程对暴露于蒸汽室的表面层存在损伤作用，使得其表面层疏松、孔隙结构变差，加速了外部离子的迁移输运作用[3,6]，但蒸养试件内部结构更为致密。

综合上述测试结果，蒸养过程使得暴露于蒸汽室中的表层混凝土微细观结构劣化，并导致宏观性能变差，但这种不利影响仅局限于表层约 10mm 范围内，距表层大于 10mm 范围的各位置处微观结构及性能与标养条件下的混凝土相比基本相似。

9.2　蒸养混凝土的抗碳化性

蒸养混凝土的抗碳化性是其耐久性能的重要指标，直接影响工程的使用寿命[1,7]。碳化过程与混凝土表层性质有密切关系，蒸养混凝土的表层裂化对其碳化性能必然产生较大的影响。为此，本节探讨了蒸养混凝土在不同龄期时的碳化深度，分析了蒸养混凝土的抗碳化性。

9.2.1　试验简介

试验原材料同前，配合比见表 9.2.1，成型 100mm × 100mm × 100mm 混凝土立方体试件，养护至测试龄期后，参照《普通混凝土长期性能和耐久性能试验方法标准》(GB/T 50082—2009)中的快速碳化试验方法测试相应碳化深度。

表 9.2.1　碳化试验混凝土配合比　　　　　　　(单位：kg/m³)

试件	水泥	粉煤灰	矿渣	硅灰	外掺料	砂	碎石	水	减水剂
1	315	90	45	0	0	660	1210	122	4.5
2	315	112.5	0	22.5	0	660	1210	122	4.5
3	315	112.5	0	0	22.5	660	1210	122	4.5

9.2.2　标养和蒸养试件的碳化深度对比

试验测试了标养条件下 45d 以及经 60℃蒸养后置于标养条件下养护至 45d 龄期的试件。碳化测试结果如图 9.2.1 所示。

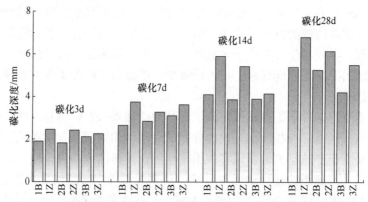

图 9.2.1　标养和蒸养条件下不同试件的碳化深度测试结果(45d 龄期时)

图中 B 表示标养条件，Z 表示蒸养条件，1、2、3 表示试件标号，均以非成型面为测试面

从图 9.2.1 中的结果可知，3 组试件在两种养护条件下，随着碳化龄期的延长，碳化深度增加，而且标养试件的碳化深度要小于蒸养试件的碳化深度，值得注意的是，各试件的碳化深度均较小，在快速碳化 28d 时的碳化深度均小于 8mm；试件 3 在 28d 龄期时的碳化深度比试件 1 和试件 2 的碳化深度小。试验结果表明，在所测试条件下，相对于标养条件，蒸养试件的碳化深度要稍大。

9.2.3　蒸养试件不同位置处的抗碳化性

由于在室内试验时，试件存在成型面，蒸养过程中，蒸养试件的此面暴露于蒸汽室，而其他非成型面则被模板包覆。前述离子扩散测试结果表明，暴露面在蒸养过程会遭受一定的损伤，为研究此暴露面的抗碳化性，碳化试验中测试了试件暴露面(称为上层(upper layer))和试件底面(称为底层(bottom layer))，为便于比较，也平行测试了试件 1 和试件 2 在标养和蒸养条件下 3d 龄期时的碳化深度，碳化测试结果如图 9.2.2 所示。

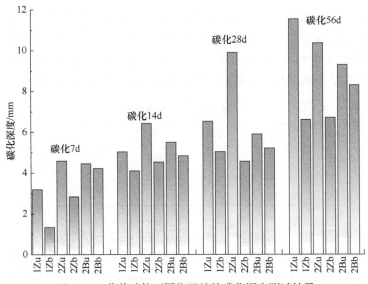

图 9.2.2　蒸养试件不同位置处的碳化深度测试结果

蒸养试件在脱模后即测，标养在 3d 龄期时测，1Zu 表示蒸养试件 1 上层，1Zb 表示蒸养试件 1 底层，其他同

从图 9.2.2 中的结果可知，不管是试件 1 还是试件 2，各试件暴露上层(成型面)和底层位置处的碳化深度均存在明显差异，暴露面的碳化深度较大，而底层的碳化深度则较小；值得注意的是，标养试件的暴露面(成型面)的碳化深度也大于其底层的碳化深度，但其两者之间的差值要小于蒸养试件的差值(蒸养试件暴露面的碳化深度值更大)，这说明蒸养过程加剧了试件成型面与底层之间抗碳化性的差异，反映出蒸养过程对暴露面微观结构存在较大的损伤劣化作用。

从上述研究结果来看,蒸养混凝土暴露于蒸养室的表层与内部之间呈现更大的梯度特征,匀质性降低;相对于标养混凝土和蒸养混凝土内部,蒸养混凝土暴露表层部分(约 10mm 范围)的微结构较为疏松,而内部结构相对更为致密。

9.3 化学-热力学作用下蒸养混凝土的抗腐蚀性

自然环境中通常存在含硫酸盐的水体、土壤以及酸雨等,这些环境条件会对混凝土及其构件产生腐蚀作用[8~12]。为研究蒸养混凝土抵抗上述腐蚀环境侵蚀作用的能力,以下采用室内浸烘加速模拟试验方法,探讨酸雨浸烘作用下蒸养混凝土的抗腐蚀性。

9.3.1 试验简介

1. 蒸养混凝土试件制备

采用前述原材料并设计了表 9.3.1 所示的 3 组 C60 蒸养混凝土试件配合比。其中,A 配合比为基准水泥混凝土,B 配合比为以 30% 粉煤灰等量替代基准水泥的单掺粉煤灰混凝土,C 配合比为以 20% 粉煤灰及 10% 矿渣等量替代基准水泥混凝土。3 组配合比的水灰比均为 0.27,减水剂掺量为胶凝材料质量的 0.25%。

表 9.3.1   混凝土配合比   (单位:kg/m³)

试件	水泥	粉煤灰	矿渣	砂	碎石	水	减水剂
A	450	0	0	660	1210	122	1.125
B	315	135	0	660	1210	122	1.125
C	315	90	45	660	1210	122	1.125

按照上述配合比,采用容积为 60 L 的强制式混凝土搅拌机拌和混合料,新拌混凝土的坍落度控制为 30~70mm,搅拌均匀后先分别装入尺寸为 100mm×100mm×100mm 的立方体试模以及 100mm×100mm×300mm 棱柱体试模,最后振捣密实,一部分试件成型后进行蒸养,剩下的试件则进行标养。蒸养制度设定为 14h,包括静置 2h、升温 2h、60℃恒温 8h 及降温 2h。蒸养过程结束后,对试件进行拆模、编号,并将其移至温度为(20±2)℃、相对湿度大于 90% 的标养室继续养护。基准水泥混凝土试件则在成型 1d 后拆模、编号,并置于标养室继续养护。

2. 模拟腐蚀试验

参照《普通混凝土长期性能和耐久性能试验方法标准》(GB/T 50082—2009)

中混凝土抗硫酸盐侵蚀试验方法，配置酸雨溶液，采用酸雨浸烘循环制度进行室内模拟腐蚀试验。

浸烘循环制度以 24h 为一个循环，包括(15±0.5)h 浸泡、0.5h 风干、6h 烘干(60℃)及(1.5±0.5)h 自然冷却。侵蚀试验从试件养护至 26d 开始，首先将试件从标养室取出移至温度设定为(80±5)℃的烘箱，48h 后将试件移至干燥环境中冷却至室温，冷却后，试件将被移入装有浸泡溶液的塑料箱进入浸泡阶段。浸泡溶液由硝酸溶液及分析纯硫酸铵配制而成[13]，其中 H^+ 初始浓度为 0.01mol/L、SO_4^{2-} 初始浓度为 0.01mol/L。为维持溶液中离子浓度的稳定性，浸泡初期对浸泡溶液的pH 进行每日两到三次调整，后期则每日一次，并且每两周更换一次浸泡溶液。浸泡过程中，为保证溶液与试件的充分接触，以 $\phi 7.5mm \times 20mm$ 的 PVC 管垫于试件与浸泡箱之间，并将 $\phi 7.5mm \times 40mm$ 的 PVC 管垫于试件与试件之间，浸泡溶液液面至少高于试件上表面 2cm，浸泡过程中溶液与试件的体积比大于 5。侵蚀制度对比组则采用长期浸泡制度，该制度下的试件将一直浸泡于侵蚀溶液中，仅测试期被取出，测试后立即放回。

通过测试一定条件下混凝土试件的强度、质量等参数，采用抗压强度变化率、质量损失及计算腐蚀深度评价混凝土的抗腐蚀性，通过式(9.3.1)可获得评价参数抗压强度变化率 f_1，由式(9.3.2)计算质量损失率参数。

$$f_1 = \frac{f_C - f_N}{f_N} \times 100\% \tag{9.3.1}$$

$$m_1 = \frac{m_0 - m_i}{m_0} \times 100\% \tag{9.3.2}$$

式中，f_1 为强度变化率，%；f_N 为标养试件的抗压强度；f_C 为试件受侵蚀后的抗压强度；m_1 为质量损失率，%；m_0 为试件受侵蚀前的初始质量，g；m_i 为侵蚀进行到第 i 天的质量，g。

9.3.2　表观劣化

1. 胶凝材料组成的影响

不同胶凝材料组成的蒸养混凝土受化学-热力学作用后的外观变化见表 9.3.2和表 9.3.3。由表 9.3.2 和表 9.3.3 可知，试件受侵蚀后表面颜色变化与矿物掺合料的掺入及种类有关，且各组颜色变化的起始点也稍有不同。基准水泥混凝土试件表面受侵蚀 7d 后明显变黄，单掺粉煤灰混凝土及复掺粉煤灰和矿渣混凝土的试件表面于第 14d 变深灰色，再逐渐变成灰色，且最终孔洞部分变成黄色、硬化水泥部分仍然呈灰色。仔细观察表 9.3.3 可发现，各组试件的表面及边角均由光滑逐渐变粗糙。当粗糙程度逐渐加重，于表面轻抹可抹下一层质地比较粗糙的粉末及砂粒，此现象称为砂化。类似于颜色变化，各组砂化现象的发展时间也存在差异：基准水泥混凝土于第14d开始出现砂化现象，且其砂化程度由轻到重发展比较迅速；单掺粉煤灰混凝土及复掺粉煤灰和矿渣混凝土的时间起始点为第21d，但发展比较缓慢。此外，各组孔洞出现的时间点也有所不同，基准水泥混凝土在第28d即出现了明显的孔洞，不仅比其他两组提前了两周，且其孔洞深度大，范围扩展速度快，最终也更为严重。

表 9.3.2　化学(pH=2)-热力学作用下不同组成的蒸养混凝土外观变化描述

组别	表面颜色变化	砂化起始点时间	孔洞出现时间	孔洞变严重时间
AS2	7d 变黄	14d	28d	42d
BS2	14d 深灰，42d 变黄，多孔	21d	42d	56d
CS2	14d 深灰，42d 变黄，多孔	21d	42d	56d

注：A、B、C 表示试件类型；S 表示蒸养制度；2 为浸烘循环制度，浸泡溶液 pH=2。

表 9.3.3　化学(pH=2)-热力学作用下不同胶凝材料组成的蒸养混凝土外观变化

组别	外观形貌			
A: 100%基准水泥	7d	28d	42d	56d
B: 70%基准水泥+ 30%粉煤灰	14d	28d	42d	56d
C: 70%基准水泥+ 20%粉煤灰+ 10%矿渣	14d	28d	42d	56d

　　砂化及孔洞现象的发生与混凝土结构有关。混凝土为水泥石与粗细骨料组成的混合物，前者能与侵蚀离子反应，后者则几乎不能。受侵蚀时，$Ca(OH)_2$ 最先与侵蚀溶液中的 H^+ 反应，使得浆体所处环境的碱度降低，从而导致 C-S-H 凝胶所处环境失去稳定性而易与侵蚀离子发生化学反应而溶解[10,14]。由于化学反应主要

发生在侵蚀离子与水泥水化产物之间，故水泥石最先受到侵蚀而溶蚀。随着溶蚀作用的进行，砂子逐渐暴露甚至因失去周围胶凝材料的胶结作用而使表面出现砂化现象。同时，随着腐蚀深度的增加，粗骨料也会逐渐暴露，并随着其与水泥石之间胶结力的逐渐减小，粗骨料甚至会瞬间脱落，于是在粗骨料脱落处便出现了孔洞，脱落量的增大造成试件表面最终呈蜂窝状。

由以上砂化和孔洞现象发展情况可知，基准水泥混凝土受侵蚀的程度更加严重，粉煤灰和矿渣的掺加有利于提高蒸养混凝土的抗化学(酸雨)-热力学侵蚀性能。

2. pH 的影响

各 pH 条件下基准水泥混凝土受化学-热力学作用后的外观形貌变化见表 9.3.4 和表 9.3.5。从表中结果可知，不同 pH 条件下，蒸养混凝土外观变化的区别较大。首先，各组试件表面虽均变成黄色，但变化时间快慢与 pH 大小成反比。此外，颜色深浅及时间变化点有所差异。在 pH=1 的条件下，试件经历一个浸烘循环后表面即变黄色，随着侵蚀程度迅速加重，表面逐渐褪去了铁锈般的黄色，转而变成偏白的黄色。相对地，在 pH=4 的条件下，试件表面在 70d 才开始出现较浅的黄色，并至 84d 才逐渐发展为较深的黄色，其颜色发展速度明显慢于 pH=1 的条件。

表 9.3.4　不同 pH 条件下基准水泥混凝土受酸雨浸烘作用后的外观变化描述

组别	颜色变化	砂化起始点时间	孔洞出现时间	孔洞变严重时间
AS1	1d 变黄	1d	3d	7d
AS2	14d 变黄	14d	28d	42d
AS3	14~28d 变黄	70d 轻微砂化	—	—
AS4	70~84d 变黄	—	—	—

注：A 表示基准水泥混凝土；S 表示蒸养；S 后的数值为 pH 的大小。

至于砂化及孔洞的发展情况，在 pH=1 条件下，试件于第 1d 便有砂化现象发生，该现象与颜色变化同时发生，当侵蚀试验进行至第 3d 时，该组表面已有明显的孔洞出现，并于 7d 已经出现了严重的孔洞现象。而在 pH=3、4 条件下直至试验结束时，试件表面仍未有明显的砂化现象出现。这主要与侵蚀溶液中的 H^+ 浓度有关，反应离子的高浓度有利于化学反应速率的加快。由结果可推知，pH 或者说 H^+ 浓度对蒸养混凝土受酸雨侵蚀的速率有非常重要的影响。

3. 养护方式和侵蚀制度的影响

不同养护方式和侵蚀制度下基准水泥混凝土的外观形貌变化结果见表 9.3.6 和表 9.3.7。由表 9.3.6 和表 9.3.7 可知，在不同的养护方式或侵蚀制度下，各组试件的表面均逐渐变为黄色。综合前述结果可知，试件表面的颜色变化与胶凝材料的

表 9.3.5　不同 pH 条件下基准水泥混凝土受酸雨浸烘作用后的外观变化

pH	外观形貌			
pH=1	3d	14d	21d	28d
pH=2	7d	28d	42d	56d
pH=3	21d	56d	70d	84d
pH=4	28d	56d	70d	84d

组成相关，基准水泥混凝土变为黄色，有矿渣或粉煤灰掺入时则呈灰色。此外，同种侵蚀制度下蒸养试件的颜色变化较快；同种养护方式下，经历浸烘循环的试件表面颜色略深。至于表面砂化及孔洞的发展情况，各组试件表面均由初期比较光滑逐渐变粗糙，并随后出现砂化及孔洞现象，最终呈蜂窝状。类似的颜色变化，在同种侵蚀制度下，蒸养试件砂化和孔洞现象出现的时间点均略早于标养试件。由以上分析可知，蒸养和浸烘循环均能加速侵蚀速率。

表 9.3.6　不同养护方式和侵蚀制度下(pH=2)基准水泥混凝土的外观变化描述

组别	颜色变化	砂化起始点时间	孔洞出现时间
AS2	7d 变黄	14d	28d
AS20	14d 变黄(较浅)	21d	28d
AN2	35d 变黄(较浅)	28d	35d
AN20	42d 变黄(较浅)	35d	42d

注：组别栏中的 0 表示长期浸泡制度，N 为标养，其他与上述同。

表 9.3.7　不同养护方式和侵蚀制度下(pH=2)基准水泥混凝土的外观变化

9.3.3　抗压强度变化

1. 胶凝材料组成的影响

图 9.3.1 给出了不同胶凝材料组成蒸养混凝土在不同处置条件下的强度发展变化规律。图 9.3.1(a)为蒸养混凝土在 28d 龄期后随标养龄期延长的抗压强度变化规律，图 9.3.1(b)为 28d 龄期的蒸养混凝土在后续经历酸雨溶液浸烘循环作用后抗压强度变化率的变化曲线。

由图 9.3.1(a)可知，各组蒸养混凝土在 28d 龄期后，其抗压强度随养护龄期的延长，均呈现出较大的增长，至 84d 龄期时，各组试件的抗压强度相比 28d 龄期增加了 15% 左右，其中复掺粉煤灰和矿渣混凝土的抗压强度最高，而单掺粉煤灰的蒸养混凝土最低。

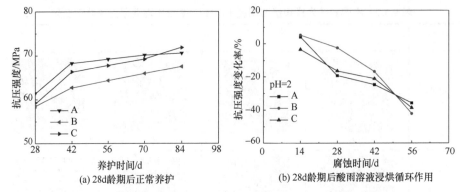

图 9.3.1　不同胶凝材料组成蒸养混凝土在不同处置条件下的抗压强度变化曲线

由图 9.3.1(b)可知，随着浸烘循环作用次数的增加，各组蒸养混凝土试件的抗压强度呈现较大的降低趋势，但不同组成试件的损失率存在一定差别。单掺粉煤灰混凝土在浸烘 42d 龄期后，其抗压强度损失率最低，但至浸烘作用 56d 龄期后，其抗压强度损失率则最大，而仅含基准水泥和复掺粉煤灰和矿渣混凝土，在整个侵蚀作用龄期内，其抗压强度损失率基本相似，但损失率较大，侵蚀作用 42d 时，抗压强度损失率超过 20%，56d 时则接近 40%。导致各试件抗压强度下降的主要原因是，酸雨溶液的化学溶蚀、硫酸根离子与浆体中的水化物相化学反应以及温度交替变化等共同作用，导致混凝土内部物相与孔结构劣化[11,14,15]，粉煤灰、矿渣掺合料本身的耐酸性及其火山灰效应，使其对蒸养混凝土抗压强度呈现不同于基准水泥混凝土的特征。

2. pH(H$^+$浓度)的影响

不同 pH 条件下基准水泥混凝土受化学-热力学作用后的抗压强度变化率变化曲线如图 9.3.2 所示。由图 9.3.2 可知，pH=2、4 条件下的蒸养混凝土试件在受侵蚀初期其抗压强度同样有微增趋势，这与其内部水化反应的继续进行有关。此外，pH 对抗压强度的影响非常大，侵蚀溶液 pH 越小，抗压强度变化率发展越快，绝对值也越大。特别是当侵蚀溶液的 pH=1 时，蒸养混凝土抗压强度变化率在侵蚀试验进行至第 2 周即达到 30%。而在 pH=2、3、4 条件下，当试验结束时即侵蚀时间为 56d 时，各组抗压强度变化率分别为 35%、19.5%和 12%。显然，混凝土抗压强度变化率的大小与外观形貌变化中各组试件砂化及孔洞出现的时间基本相对应。

3. 养护方式和侵蚀制度的影响

图 9.3.3(a)为蒸养混凝土和标养混凝土的抗压强度变化曲线。图 9.3.3(b)为蒸

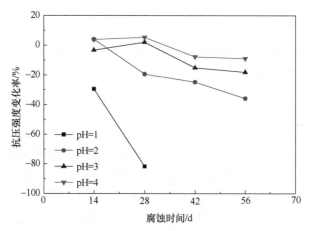

图 9.3.2　不同 pH 条件下基准水泥混凝土受化学-热力学作用后的抗压强度变化率变化曲线

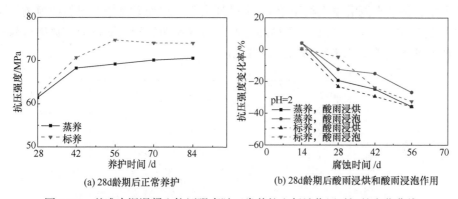

(a) 28d龄期后正常养护　　　　　(b) 28d龄期后酸雨浸烘和酸雨浸泡作用

图 9.3.3　基准水泥混凝土抗压强度随正常养护和侵蚀作用时间的变化曲线

养混凝土和标养混凝土在化学-热力学作用(浸烘循环制度)下和单一化学作用(长期侵蚀制度)下的抗压强度变化率变化曲线。由图 9.3.3(a)可知，随着养护龄期的增加，蒸养混凝土和标养混凝土的抗压强度均呈现增加趋势，其中蒸养混凝土的增加值稍低。这主要是由蒸养过程中过快的水化速率导致水泥后期的水化受到抑制所致，因此尽管蒸养混凝土内部仍有水化反应发生，但其后期水化程度较标养混凝土低。

　　由图 9.3.3(b)可知，随着侵蚀作用龄期延长，在酸雨浸烘和酸雨浸泡两种侵蚀作用条件下，蒸养混凝土和标养混凝土的抗压强度变化率快速增加，相较于酸雨浸泡作用，酸雨浸烘循环作用对两种混凝土抗压强度劣化作用更大。总体上，蒸养混凝土和标养混凝土在两种侵蚀作用下的抗压强度变化率基本相似，但由于试件的抗压强度与试件面积、内部孔隙结构有关，仅从抗压强度变化率难以准确判断该侵蚀条件对混凝土劣化的影响规律。

9.3.4 质量损失率

从前述可知，混凝土在酸雨浸烘侵蚀作用下，试件表现出明显剥落等劣化现象，显然会导致试件质量的变化。故以下采用质量变化率指标来分析蒸养混凝土的抗腐蚀性。

1. 胶凝材料组成的影响

3 组不同胶凝材料组成的蒸养混凝土在酸雨浸烘循环作用下的质量损失率变化曲线如图 9.3.4 所示。由图 9.3.4 可知，随着浸烘循环次数的增加，各组的质量损失率均逐渐增加，并呈现出相似的变化规律。基准水泥混凝土的质量损失率始终处于最大，且随着侵蚀时间的延长，与其他两组的差距逐渐增大，而掺入矿物掺合料的两组其质量损失率相差不大。若以质量损失率 5% 作为试件失效准则，基准水泥混凝土约于第 48 个循环失效，掺加矿物掺合料的两组约于第 54 个循环失效，两者相差 6 个循环左右。由此说明，掺入适量的矿物掺合料将有利于延缓蒸养混凝土预制构件的劣化速度。

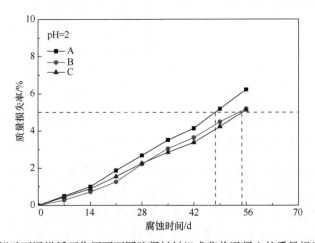

图 9.3.4　模拟酸雨浸烘循环作用下不同胶凝材料组成蒸养混凝土的质量损失率变化曲线

根据试件表观面积，由图 9.3.4 中的结果可得到不同胶凝材料组成混凝土受化学-热力学作用后腐蚀深度的变化曲线，如图 9.3.5 所示，其中实点为试验结果，虚线为对应的腐蚀动力学方程曲线，动力学方程见表 9.3.8。

由图 9.3.5 可知，3 组试件在模拟酸雨浸烘作用 56d 龄期后的腐蚀深度达到 2.5mm 左右，且基准水泥混凝土的腐蚀深度最大，各组腐蚀深度随腐蚀时间的变化符合 $d = kt^n$ 的变化规律[15]。由表 9.3.8 可知，各组腐蚀动力学方程的 R^2 均在 0.99 以上。时间指数 n 的变化范围为 1.2319～1.3367，均大于 1，说明腐蚀深度变化速率随腐蚀时间增大。

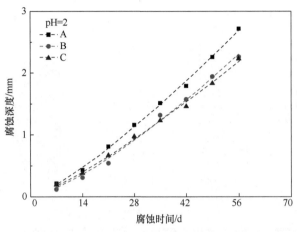

图 9.3.5　不同胶凝材料组成混凝土受化学-热力学作用后腐蚀深度的变化曲线

表 9.3.8　不同胶凝材料组成蒸养混凝土的腐蚀深度变化动力学方程

组别	动力学方程	R^2
AS2	$D = 0.0171\ t^{1.2557}$	0.997
BS2	$D = 0.0106\ t^{1.3367}$	0.994
CS2	$D = 0.0154\ t^{1.2319}$	0.993

　　将表 9.3.8 中各曲线方程两边同时对腐蚀时间 t 求导,可得腐蚀速率系数 k' 如图 9.3.6 所示。由图 9.3.6 可知,基准水泥混凝土的腐蚀速率系数最高,单掺粉煤灰混凝土的腐蚀速率系数最低,进一步说明矿物掺合料掺入后可降低蒸养混凝土在酸雨、高温作用条件下的腐蚀作用。

　　2. pH 的影响

　　前述结果表明,溶液 pH 对蒸养混凝土腐蚀存在显著影响。以下进一步分析 pH 对蒸养混凝土质量损失率及腐蚀深度的影响。图 9.3.7 给出 4 个 pH 条件下酸雨浸烘作用下蒸养混凝土质量损失率随腐蚀时间的变化曲线。

　　由图 9.3.7 可知,当 pH ≤ 2 时,试件的质量损失随腐蚀作用时间延长而迅速增大;当 pH ≥ 3 时,试件的质量损失率呈现缓慢的增加趋势。若以质量损失率达到 5% 作为试件失效准则,在 pH=1 条件下,试件在侵蚀作用第 9d 失效,腐蚀速率非常快。鉴于此,该组试件在侵蚀试验进行至 28d 时停止。在 pH=2 条件下,试件约在第 48d 失效。在 pH=3 和 4 条件下,试件直至实验结束即侵蚀试验进行到 56d 时,质量损失率均不到 1%,侵蚀速率明显小于前两者。这是由于化学反

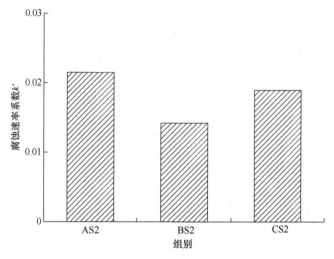

图 9.3.6 模拟酸雨浸烘循环作用下不同胶凝材料组成的蒸养混凝土的腐蚀速率系数

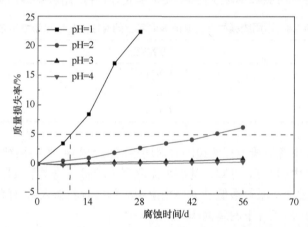

图 9.3.7 pH 对浸烘作用下纯水泥蒸养混凝土的质量损失的影响

应速率与反应离子的浓度呈正相关关系，pH 越低，代表 H^+ 浓度越高，因此反应速率越快。

由质量损失率得到不同 pH 条件下蒸养混凝土的腐蚀深度变化曲线如图 9.3.8 所示，其中实点为试验结果，虚线为对应的腐蚀动力学方程曲线，动力学方程见表 9.3.9。由图 9.3.8 可知，各组腐蚀深度随腐蚀时间的变化符合 $d = kt^n$ 的变化规律。在 pH=1 的条件下，腐蚀深度增长得特别快，侵蚀至第 4 周即达到了 10mm，如此快速的腐蚀速率与其外观形貌变化中试件表面孔洞迅速出现并发展的现象相对应。在 pH=2 条件下，试件在试验结束时的腐蚀深度为 2.7mm，而在 pH=3 和 4 条件下则均未达到 0.5mm，这表明 pH 对腐蚀深度有非常显著的影响。H^+ 作为主要侵蚀离子，其浓度高导致化学反应速率更快、腐蚀更容易发生。

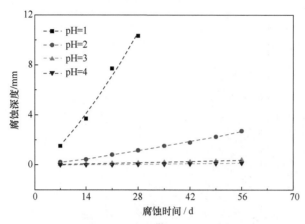

图 9.3.8　不同 pH 条件下蒸养混凝土腐蚀深度的变化曲线

表 9.3.9　不同 pH 条件下蒸养混凝土的腐蚀深度变化动力学方程

组别	动力学方程	R^2
AS1	$D = 0.1080\ t^{1.375}$	0.982
AS2	$D = 0.0171\ t^{1.256}$	0.997
AS3	$D = 0.0028\ t^{1.210}$	0.982
AS4	$D = 4.702 \times 10^{-5}\ t^2$	0.989

　　由表 9.3.9 可知，各组所得腐蚀动力学方程能较好地表征实测的腐蚀深度，R^2 均达到 0.98 以上。进一步比较各组动力学方程指数 n 和系数 k，可知在 pH=1~3 时，k 的数量级随着 pH 的增大逐级递减，n 则在 1.210~1.375 变化，均大于 1，腐蚀深度随时间变化的变化率逐渐增大。在 pH=4 条件下，系数 k 与指数 n 的变化和其他组有较大差别，这可能是试验条件导致的。

　　将表 9.3.9 所求得动力学方程两边同时对腐蚀时间 t 求导，可得不同 pH 条件下的腐蚀速率系数 k'，如图 9.3.9 所示。各组的 k' 系数与 pH 成反比，尤其对于 pH=1 条件下该组的 k' 特别大，pH=4 条件下的 k' 非常小。由此可知，腐蚀速率系数 k' 与腐蚀深度的大小关系一致，且均随 pH 的增大而减小。

3. 养护方式和侵蚀制度的影响

　　不同侵蚀条件下蒸养混凝土和标养混凝土的质量损失率变化曲线如图 9.3.10 所示。由图 9.3.10 可知，在模拟酸雨浸烘和酸雨浸泡条件下，蒸养混凝土和标养混凝土质量损失率均随腐蚀时间的延长而增加，且酸雨浸烘循环作用下的质量损失率大于酸雨浸泡作用；不同工况下的质量损失率变化情况为：蒸养混凝土在酸雨浸烘循环作用下质量损失率最大，而标养混凝土在酸雨浸泡作用下的质量损失

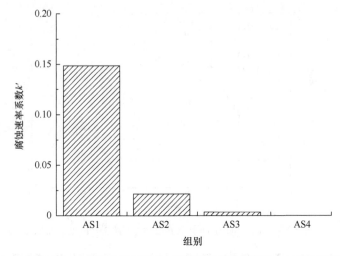

图 9.3.9　不同 pH 值在酸雨浸烘作用下蒸养混凝土腐蚀速率系数的变化

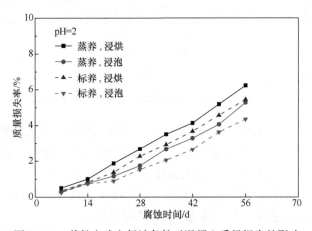

图 9.3.10　养护方式和侵蚀条件对混凝土质量损失的影响

率最小，其他两种工况下的质量损失率处于上述两者之间，同种侵蚀条件下，蒸养混凝土和标养混凝土质量损失率相差约10%，其中蒸养试件的质量损失率更大，表明蒸养混凝土的腐蚀速率更大。

　　由上述所测试件的质量损失率得到的不同侵蚀条件下蒸养混凝土和标养混凝土的腐蚀深度随腐蚀时间的变化曲线如图 9.3.11 所示，其中实点为试验结果，虚线为对应的腐蚀动力学方程曲线，动力学方程见表 9.3.10。由图 9.3.11 可知，各组腐蚀深度随腐蚀时间的变化符合 $d = kt^n$ 的发展规律，且各组试件腐蚀深度随腐蚀时间的变化规律与图 9.3.10 相似。在相同养护方式下，混凝土在两种侵蚀条件下的腐蚀深度差值约为 0.5mm，其中浸烘循环条件下的腐蚀深度更大；在相同侵蚀条件下，蒸养和标养两种养护条件下混凝土腐蚀深度差值约为 0.4mm，其中蒸养混凝土的腐蚀深度更大。由此说明，蒸养、浸烘循环条件对混凝土抗腐蚀性有明显不利的影响。

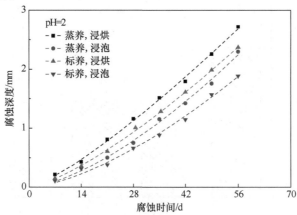

图 9.3.11 不同养护方式和侵蚀条件下标养混凝土和蒸养混凝土腐蚀深度的变化曲线

表 9.3.10 不同养护方式和侵蚀条件下混凝土腐蚀深度变化动力学方程

组别	动力学方程	R^2
AS2	$D = 0.0171\, t^{1.256}$	0.997
AS20	$D = 0.00514\, t^{1.510}$	0.995
AN2	$D = 0.0103\, t^{1.349}$	0.999
AN20	$D = 0.00390\, t^{1.533}$	0.990

由表 9.3.10 可知，所得混凝土腐蚀动力学方程能较好地表征实际混凝土腐蚀深度结果，其各自的 R^2 均达到 0.99 及以上；同样，可以发现各试样腐蚀动力学方程中的时间指数 n 均大于 1，这与前述一致。

由此可推知，在该侵蚀作用条件下，蒸养混凝土腐蚀动力学方程中的指数 n 均大于 1，表明其腐蚀深度随腐蚀时间的延长而呈现增加趋势。这主要是由于混凝土为水泥浆体与粗细骨料组成的混合物，其中粗细骨料均为惰性材质，其通过浆体的胶结力而与其成为一体，由于混凝土的侵蚀过程是由表及里的，随着浆体的逐渐溶解，骨料受到的胶结力下降，至一定程度时，粗细骨料因胶结力不足而出现脱落，从而使得质量损失率和腐蚀深度均呈现增加，且这一趋势随着腐蚀时间的延长而增加。

进一步分析表 9.3.10 可知，同种侵蚀制度下的 n 相近：浸烘循环制度下 n 为 1.3 左右，而长期浸泡制度下 n 为 1.5 左右，由此说明指数 n 与侵蚀条件相关。

将表 9.3.10 中各曲线方程两边同时对腐蚀时间 t 求导，可得各组的腐蚀速率系数 k'，如图 9.3.12 所示。由图 9.3.12 可知，系数 k' 的大小关系虽与 k 的有所差异，但在整体上与腐蚀深度绝对值的大小关系一致。由以上分析可知，腐蚀速率

系数 k' 能够更好地区分各组腐蚀深度的大小关系。

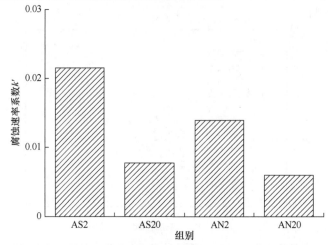

图 9.3.12　蒸养混凝土和标养混凝土在不同侵蚀条件下的腐蚀速率系数变化

9.4　蒸养混凝土的抗冻性

在负温环境条件下，混凝土将遭受冰冻和冻融循环破坏作用的挑战[16~20]。有关蒸养混凝土遭受负温冰冻作用和冻融循环作用下的性能演变规律的研究成果还不多见。以下就此开展试验研究。

9.4.1　冰冻作用下的性能变化

1. 试验简介

采用粉煤灰、矿渣等质量取代 30% 水泥的方法，设计 4 种强度等级为 C50 的蒸养混凝土，其中 CON 为对照组，试验配合比及拌和物坍落度见表 9.4.1。按表 9.4.1 准确称重后采用双卧轴式强制搅拌机拌和混合料，待坍落度测试完成后，用振动台密实成型两种尺寸的试件，其分别为边长 100mm×100mm×100mm 的立方体试件和 300mm×100mm×100mm 的棱柱体试件。

表 9.4.1　试验配合比　　　　　　　(单位：kg/m³)

组别	基准水泥	粉煤灰	矿渣	水	高效减水剂	砂	碎石
CON	450	0	0	132	3.6	640	1215
CF30	315	135	0	132	3.6	640	1215
CBS30	315	0	135	132	3.6	640	1215
CFBS	315	90	45	132	3.6	640	1215

注：CON 坍落度为 30mm，CF30 坍落度为 45mm，CBS30 和 CFBS 坍落度为 40mm。

成型的试件均采用前述典型蒸养制度进行养护，恒温温度$(60\pm5)℃$，恒温时长 8h。待蒸养过程结束后，脱模自然冷却至室温，随后将制作成型的试件分两等分并编号。一组试件分别经过蒸养和标养，即在蒸养制度完成后移入标养室内养护至 28d 后取出，进行力学性能测试，记作 HS 组；另外一组试件在分别经历了蒸养和标养外，增加了低温冷冻过程，即在蒸养结束后移入标养室内至 24d，并浸泡至饱和石灰水中 96h 直至质量不再变化后，再置于温度设定为–20℃的冷柜中冰冻 48h 后进行测试，记作 HSS 组。

针对蒸养混凝土的低温力学性能研究，试验测定了单轴轴心抗压强度(f_c)、四点弯拉强度(f_t)、相对动弹性模量(E_d)、阻尼比(ζ)和孔隙结构等参数，现将采用的测试仪器和待试参数描述如下。

HS 和 HSS 组试件的静、动态力学性能测试依据《混凝土物理力学性能试验方法标准》(GB/T 50081—2019)，立方体试件用于测试轴心抗压强度，棱柱体试件用于测试动弹性模量、阻尼比以及四点弯拉强度，如图 9.4.1 所示。采用美国麦克仪器公司的 AutoPore®IV9500 型全自动压汞仪进行孔隙率的测量。

(a) 四点弯拉强度测试　　　　　　　　　(b) 动弹性模量测试

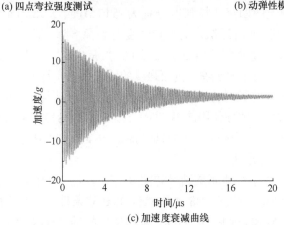

(c) 加速度衰减曲线

图 9.4.1　蒸养混凝土力学性能测试

2. 力学性能与孔结构

1) 静态力学性能

图 9.4.2 分别给出 4 组蒸养混凝土试件在 20℃和−20℃条件下，28d 龄期时轴心抗压强度和四点弯拉强度的测试结果。从图 9.4.2(a)中可以得到，在常温 20℃条件下测试得到的 CON、CF30、CBS30 和 CFBS 4 组试件的轴心抗压强度分别为 60.3MPa、54.6MPa、56.2MPa 和 59.8MPa，分别掺加 30% 粉煤灰、30% 矿渣和粉煤灰与矿渣复掺试件的强度稍低于未掺加矿物掺合料的基准组，其降低幅度为 1%~9.5%；而饱水蒸养混凝土在−20℃冰冻 48h 后，各试件的轴心抗压强度则分别呈现出不同程度的提高。

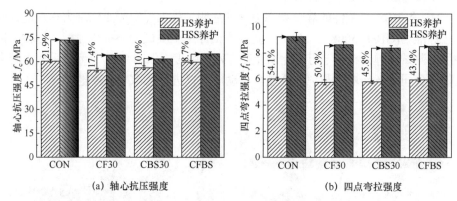

(a) 轴心抗压强度　　　　　　　　　　　(b) 四点弯拉强度

图 9.4.2　静态力学性能测试结果

进一步分析图 9.4.2(b)的结果可知，在常温下测试得到的 CON、CF30、CBS30 和 CFBS 4 组混凝土的四点弯拉强度分别为 6.01MPa、5.75MPa、5.79MPa 和 5.95MPa，掺加粉煤灰、矿渣后试件的弯拉强度有小幅下降，降低幅度不大于 5%。然而，值得注意的是，饱水蒸养混凝土在−20℃冰冻 48h 后，其各自的四点弯拉强度呈现显著增加，且明显大于轴心抗压强度的增长率。从上述冰冻作用对轴心抗压强度和四点弯拉强度的影响规律可知，冰冻作用后蒸养混凝土的四点弯拉强度与轴心抗压强度之比增大，冰冻作用使得 CON、CF30、CBS30 和 CFBS 4 组混凝土的四点弯拉强度与轴心抗压强度之比分别增加了 26.4%、28.0%、31.9%和 31.9%。

2) 动弹性模量和阻尼比

蒸养混凝土动态力学性能测试结果如图 9.4.3 所示。从图 9.4.3(a)中的结果可知，CON、CF30、CBS30 和 CFBS 4 组试件在 20℃条件下的动弹性模量分别为 52.0GPa、53.7GPa、52.8GPa 和 54.6GPa，各组试件的动弹性模量无显著差异；进一步分析−20℃冰冻条件下的动弹性模量结果表明，负温冰冻后试件的动弹性模量相比于常温下稍有增加，增加率为 2.0%~5.8%，动弹性模量的增加幅度明显低于试件轴心抗压强度、四点弯拉强度，这表明冰冻产生的冰晶对混凝土动态模量的增加作用较小。

图 9.4.3(b)中所示的各试件在 20℃和–20℃条件下的阻尼比结果表明，相比于常温条件下，–20℃下冰冻作用后，各蒸养混凝土的阻尼比均有所降低，CON、CF30、CBS30 和 CFBS 4 组试件阻尼比的降低率分别为 55.7%、44.0%、25.1%和 20.6%。显然，冰冻作用使得蒸养混凝土的阻尼性能下降。冰冻作用使得孔隙水形成冰晶填塞孔隙，从而减小试件的吸能能力，引起阻尼性能降低。

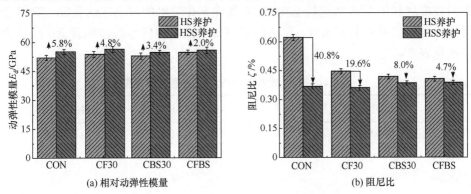

图 9.4.3　不同条件混凝土动态力学性能测试结果

3) 孔隙结构

为分析不同胶凝材料体系微观孔隙结构的差异对其负温力学性能的影响，对混凝土内的浆体进行了压汞测试，测试结果如图 9.4.4 所示，试验获取的孔径的累积分布曲线和最可几孔径曲线分别绘于图 9.4.4(a)和图 9.4.4(b)中。图 9.4.4(a)中的相应峰值点对应不同胶凝材料体系混凝土的总孔隙率，蒸养混凝土 CON、CF30、CBS30 和 CFBS 组的总孔隙率分别为 6.85%、6.79%、5.93%和 4.26%。对于基准组 CON，其大于 50nm 孔径比例明显高于掺加矿物掺合料混凝土；从图 9.4.4(b)

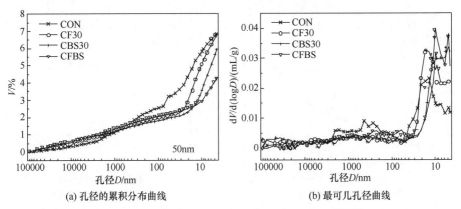

图 9.4.4　试件孔径的累积分布曲线及最可几孔径曲线

中可知，矿物掺合料复掺组的最可几孔径最小，孔隙结构最佳；同时，对应 $-20℃$ 条件下，其静、动态力学性能变化率也最小。

3. 冰晶含量对力学性能的影响分析

1) 冰晶含量对力学性能的影响

为揭示低温冰冻条件下蒸养混凝土因孔隙水冻结而引起的力学性能变化，建立孔隙内冰晶体积含量与力学性能增长率之间的内在联系。首先，通过确定不同胶凝材料体系蒸养混凝土在 $-20℃$ 条件下孔隙水的最小冻结孔径，再结合混凝土孔径的累积分布曲线，共同确定混凝土孔隙内的冰晶体积含量[21]，计算结果见表 9.4.2。

表 9.4.2　总孔隙率与 $-20℃$ 时的冰晶体积含量

组别	孔隙率/%	冻结临界孔径/nm	冰晶体积占比总孔隙率/%	冰晶体积含量/%
CON	6.85	7.03	91.15	6.24
CF30	6.79	7.03	84.75	5.76
CBS30	5.93	7.03	74.56	4.42
CFBS	4.26	7.03	80.27	3.42

基于上述力学性能测试结果与冰晶体积含量计算结果，为了进一步探讨冰晶体积含量对力学性能变化率的影响，建立力学性能增长率 $R(f)$ 与冰晶体积含量 V_i 之间的内在联系，将试验结果绘于图 9.4.5 中，并采用数学关系表达式进行拟合。

由图 9.4.5 可知，混凝土轴心抗压强度、四点弯拉强度和动弹性模量的增长率随着冰晶体积含量的增大而增大，而阻尼比随着冰晶体积含量增大而减小，相对应的 R^2 分别为 0.973、0.990、0.991 和 0.981。

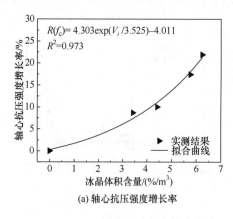

(a) 轴心抗压强度增长率

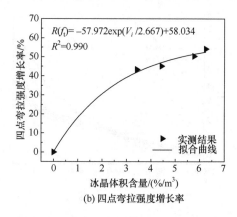

(b) 四点弯拉强度增长率

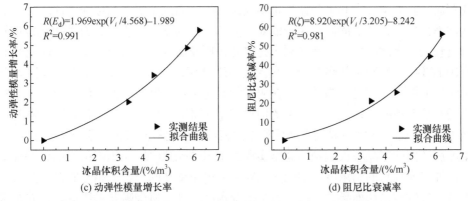

(c) 动弹性模量增长率　　　　　　　　　　(d) 阻尼比衰减率

图 9.4.5　蒸养混凝土力学性能增长率与冰晶体积含量之间的关系

2) 相关机理分析

混凝土是由硬化的水泥砂浆、骨料及其界面过渡区构成的多相复合材料，内部还随机分布着形状不同、大小不一的孔隙。由于在毛细作用下，混凝土中连通的孔隙能够吸入外部水分直至饱和状态，如图 9.4.6(a) 所示；当吸水饱和的混凝土处于负温条件下，混凝土孔隙水溶液因发生相变而产生结冰作用，结冰作用一方面使得孔隙被具有较好承载力的冰晶固体填充而产生密实效应；另一方面由于冰晶自身体积增加而对孔壁及未结冰溶液产生挤压作用，同时也因混凝土孔隙水减少，导致冰晶周围的未冻结孔溶液浓度增加而发生扩散作用，并产生渗透压力作用于孔壁，当结冰引起的对孔壁的挤压作用及渗透压力大于孔壁自身的承载力时，会导致内部结构进一步裂损，从而产生不利效应[21]，如图 9.4.6(b) 所示。

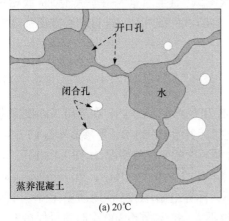
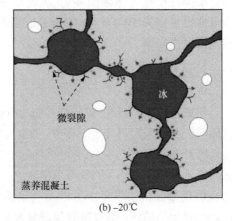

(a) 20℃　　　　　　　　　　　　　　　(b) −20℃

图 9.4.6　常温和负温冰冻作用下混凝土内部孔隙水溶液相变为冰的示意图

从前述蒸养混凝土在 20℃和 −20℃条件下的轴心抗压强度、四点弯拉强度、动弹性模量和阻尼比等力学性能的对比结果来看，蒸养混凝土在−20℃单次冰冻作用后，其力学强度和动弹性模量不仅未下降，而且有明显的增加。这表明，单次冰冻作用下，冰晶固体作用于混凝土内部孔隙的密实效应对其力学性能的有利影响较大，而冰晶体积膨胀作用于孔壁的挤压及渗透压力对混凝土力学性能的不利影响较小，特别是从图 9.4.5 中的结果可以看到，−20℃冰冻作用下蒸养混凝土力学性能的变化率与冰晶数量存在明显的对应关系。同时，值得注意的是，冰冻作用对蒸养混凝土四点弯拉强度的增加作用非常显著，且大于对轴心抗压强度的增加作用，这一方面与混凝土受压和受拉破坏的机理不同有关；另一方面也表明，结冰后产生的冰晶不仅起到填充密实混凝土内部孔隙(裂隙)的作用，而且冰晶(及冰晶外表面吸附的高浓度盐溶液介质)与孔(裂)隙壁之间产生了相互的力学作用，形成阻裂效应，从而导致混凝土力学强度提高。这一机理需要采用更为先进的测试手段来进一步验证。

9.4.2 冻融循环作用下的性能变化

1. 试验简介

按表 9.4.1 中的配合比进行试件制作。为对比引气剂对混凝土抗冻性能的影响，在复掺组 CFBS 的基础上设置引气组 CFBS-YQ-S，引气剂外掺量为胶凝材料总质量的 0.01%。并采用前述相同方式养护。

采用自来水作为冻融介质。测试内容包括质量保持率、相对动弹性模量、单轴轴心抗压强度、饱和吸水率。以上待测指标依据《普通混凝土长期性能和耐久性能试验方法标准》(GB/T 50082—2009)的规定进行测试。其中，质量保持率和相对动弹性模量每冻融循环 25 次进行一次测试，直至质量保持率大于 5% 或相对动弹性模量损失率大于 40% 时终止测试。判断试件破坏后，进行轴心抗压强度测试其强度损失率。

2. 试验结果

1) 质量保持率

如图 9.4.7(a)所示，对于标养组 CON-B 和蒸养组 CON-S，在经历 300 次冻融循环后，质量无明显变化。图 9.4.7(b)为复掺标养组 CFBS-B、复掺蒸养组 CFBS-S 和复掺引气蒸养组 CFBS-YQ-S 试件随冻融循环次数变化的情况。由图 9.4.7(b)可知，标养组质量变化最小，引气蒸养组次之，蒸养组变化最大。其中，蒸养组冻融循环 75 次时质量保持率降为 96.64% 时达到破坏；标养组循环 125 次时质量保持率降至 99.49% 时达到破坏；引气蒸养组质量变化也不大，冻融循环 300 次时质量保持率在 95% 以上。因此，未掺引气剂的几组蒸养混凝土的抗冻性能非常差；对比标养组和引气蒸养组，由于引气导致混凝土的密实度、强度下降，质量变化大于标养组，但依然比非引气蒸养组及标养组抗冻性提高明显，一定掺量的引气剂可有效改善和提高混凝土的抗冻性。

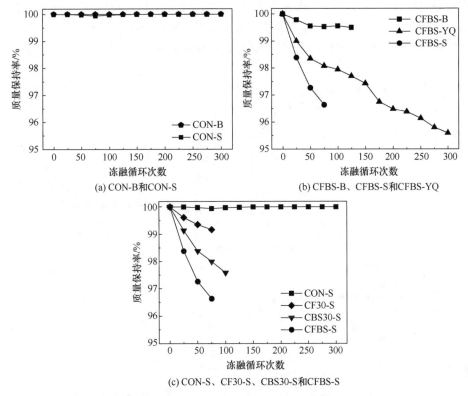

(a) CON-B和CON-S

(b) CFBS-B、CFBS-S和CFBS-YQ

(c) CON-S、CF30-S、CBS30-S和CFBS-S

图 9.4.7　冻融循环次数对混凝土质量保持率的影响

由图 9.4.7(c)可知，对于非引气蒸养组，包括基准水泥、30%粉煤灰等质量取代水泥、30%矿渣等质量取代水泥以及复掺粉煤灰和矿渣组，质量变化从小到大排列顺序为 CON-S、CF30-S、CBS30-S、CFBS-S。30%粉煤灰等质量取代水泥和复掺配合比在循环 75 次时达到破坏，30%矿渣等质量取代水泥在 100 次时达到破坏。蒸养条件对复掺和单掺矿物掺和料混凝土的抗冻性均有不利影响。

2) 相对动弹性模量

对于标养组 CON-B 和蒸养组 CON-S，0～300 次动弹性模量损失率如图 9.4.8(a)所示，蒸养组的动弹性模量损失率大于标养组，可见对于基准水泥组，蒸养对混凝土抗冻性不利。对于复掺粉煤灰和矿渣组，0～300 次动弹性模量损失率如图 9.4.8(b)所示，从图中可知，引气蒸养组 CFBS-YQ-S 的动弹性模损失率最小，甚至低于标养组；蒸养组循环 50 次动弹性模量损失率为 25.52%，75 次时便达到 46.28%(>40%)；标养 100 次时动弹性模量损失率为 23.57%，125 次时便达到 40.33%(>40%)，已达到破坏标准；而引气蒸养组动弹性模量变化较平稳，150 次时动弹性模量损失率仅为 4.56%, 远未达到破坏标准, 即使经历 300 次的冻融循环, 其动弹性模量动弹性模量损失率仅为 14.94%, 仍未发生破坏。由图 9.4.8(c)可以看出, 对于非引气蒸养组, 包括基准水泥、30%粉煤灰等质量取代水泥、30%矿渣等质量取代水泥以及复掺粉煤灰和矿渣组, 破坏时对应的动弹性模量损失率由小到大排列顺序为 CON-S、

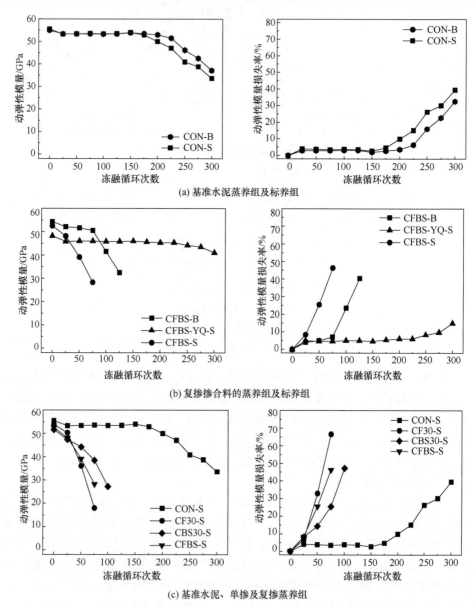

(a) 基准水泥蒸养组及标养组

(b) 复掺掺合料的蒸养组及标养组

(c) 基准水泥、单掺及复掺蒸养组

图 9.4.8　冻融循环次数对蒸养混凝土及标养混凝土动弹性模量损失率的影响

CBS30-S、CFBS-S、CF30-S，75 次时 30%粉煤灰等质量取代水泥组(CF30-S)下降了 66.54%，复掺组(CFBS-S)下降 46.28%，均发生了严重破坏。

3) 饱和吸水率

图 9.4.9 为各配合比试件在冻融循环开始前和破坏后的饱和吸水率。在龄期为 28d 时，从饱和石灰水中取出恒重的同批次试件并称重，随即放入 60℃的干燥箱内烘干至恒重，以计算各自的饱和吸水率。此外，冻融循环试验的试件可通过质量变化率和动弹性模量损失率共同研判其破坏程度，当试件破坏时取出并放入干燥箱内烘干，测试其发生冻融破坏后的饱和吸水率。从图 9.4.9 中可以看出，初始状态基准组 CON 在蒸养制度下其饱和吸水率最大，基准组标养制度下其饱和吸水率最小，说明蒸养混凝土开口孔隙率较大。经过一定次数的冻融循环且基准组 CON 经过蒸养后，其饱和吸水率最大；而复掺掺合料体系标养制度下其饱和吸水率最小，说明复掺矿物掺合料体系在经过冻融循环作用后，蒸养混凝土的开口孔隙率较小。

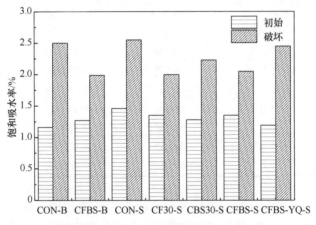

图 9.4.9　冻融循环对混凝土饱和吸水率的影响

4) 应力-应变曲线

为对比冻融循环作用对混凝土应力应变特性的影响，在冻融循环开始前和破坏后分别获取了不同配合比和养护制度棱柱体试件的压应力-应变全曲线(图 9.4.10)。对图 9.4.10(a)和(b)中的参数进行提取，包括峰值应力及峰值应变，并将结果列于表 9.4.3 中。

从表 9.4.3 中可以看出，单掺粉煤灰蒸养组的强度损失率最大，相较于冻融测试前的峰值强度，冻融破坏后其峰值强度下降了 54.6%，并且峰值应变增长了 50.8%，出现了明显的应变软化；因此，单掺粉煤灰蒸养混凝土的抗冻性能最差。对比复掺掺合料标养混凝土和复掺掺合料的蒸养混凝土可以得出，标养混凝土的初始强度和破坏后的强度均高于蒸养混凝土，实测结果表明蒸养对复掺掺合料混

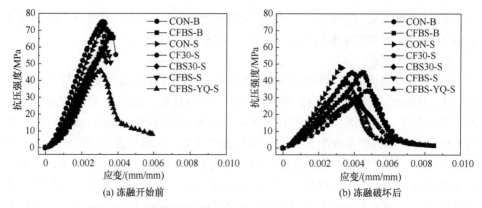

(a) 冻融开始前　　　　　　　　　　(b) 冻融破坏后

图 9.4.10　冻融循环对高强混凝土压应力-应变全曲线的影响

表 9.4.3　压应力-应变全曲线参数

组别	冻融开始前		冻融破坏后	
	峰值应力 /MPa	峰值应变 /(mm/mm)	峰值应力/MPa (损失率/%)	峰值应变/(mm/mm) (增长率/%)
CON-B	67.71	0.00363	45.07(33.4)	0.00385 (6.06)
CON-S	71.74	0.00325	48.33(32.6)	0.00317 (−2.50)
CFBS-B	70.15	0.00337	45.30(35.4)	0.00447 (32.6)
CFBS-S	59.43	0.00331	30.77(48.2)	0.00365 (10.3)
CFBS-YQ-S	45.95	0.00301	38.80(15.6)	0.00359(19.3)
CF30-S	75.18	0.00313	34.13 (54.6)	0.00472 (50.8)
CBS30-S	55.99	0.00312	27.81 (50.3)	0.00405(29.8)

凝土的强度和抗冻耐久性将产生不利影响；基准(未掺掺合料)蒸养混凝土和标养混凝土对比，由于相同龄期时蒸养混凝土的水化程度较高，其强度和抗冻耐久性稍优于标养组，但总体差别不大。特别地，复掺掺合料蒸养引气混凝土的实测引气量为 3.15%，虽然引气剂的掺入导致峰值强度一定程度的降低，但即使经历 300 次冻融循环，其强度损失率也仅为 15.6%，表明外掺适量引气剂可明显改善蒸养混凝土的抗冻性。

9.5　小　　结

(1) 蒸养条件下，混凝土表层的氯离子含量均大于标养条件下相应位置处的含量；水胶比增加，混凝土表层的氯离子数量显著增加。蒸养普通水泥混凝土由表及里各位置处的氯离子含量均显著高于标养试件相应位置处的氯离子含量；粉煤灰掺入后降低了试件表层及内部的氯离子含量。相对于标养试件，氯离子在蒸养试件表层中更易于迁移(传输)，蒸养试件表层结构相对标养混凝土更为疏松，掺入粉煤灰、矿渣后，降低了蒸养混凝土中氯离子的迁移速率。

(2) 蒸养试件暴露上层(成型面)和底层位置处的碳化深度均存在明显的不同，暴露面的碳化深度较大，而底层的碳化深度则较小；标养试件的暴露面(成型面)的碳化深度也大于其底层的碳化深度，但其两者之间的差值要小于蒸养试件的差值(因蒸养试件暴露面的碳化深度值更大)，蒸养过程对暴露表面微观结构存在较大的损伤劣化作用，从而加剧了试件成型面与底层之间的碳化性能差异。

(3) 在模拟酸雨浸烘作用(化学-热力学侵蚀作用)条件下，蒸养混凝土表观会出现腐蚀、剥落、骨料暴露等严重劣化现象，该劣化现象受溶液 pH、掺合料等影响，掺粉煤灰和矿渣有利于延缓表层腐蚀速率；相对于标养混凝土，蒸养混凝土表观腐蚀速率更大。

(4) 蒸养混凝土的抗压强度、质量均随着酸雨侵蚀作用时间的延长而减小，且受矿物掺合料、侵蚀作用条件影响；与酸雨浸泡侵蚀条件相比，酸雨浸烘侵蚀作用下蒸养混凝土质量变化率更大；相比于标养混凝土，蒸养混凝土在酸雨侵蚀作用下的质量变化率更大。

(5) 基于质量变化率得到的蒸养混凝土腐蚀深度随侵蚀时间的变化规律遵从动力学方程 $d = kt^n$，且时间 t 的指数 n 大于 1，表明蒸养混凝土在酸雨溶液浸烘侵蚀作用下，其腐蚀深度随腐蚀时间逐渐增加。

(6) 矿物掺合料优化蒸养混凝土孔隙结构的同时，降低了低温条件下蒸养混凝土的冰晶体积含量，使其在低温冰冻条件下的力学性能增长率较小。

(7) 粉煤灰、矿渣等矿物掺合料的掺入不利于蒸养混凝土的抗冻融循环破坏性能。

(8) 相对于标养混凝土，蒸养混凝土的抗冻性能较差，掺入适量的引气剂可明显改善蒸养混凝土的抗冻性能。

参 考 文 献

[1] 金伟良, 赵羽习. 混凝土结构耐久性[M]. 北京: 科学出版社, 2002.

[2] 余红发, 孙伟, 麻海燕, 等. 混凝土使用寿命预测方法的研究Ⅱ: 模型验证与应用[J]. 硅酸盐学报, 2002, 30(6): 691-695.

[3] Detwiler R J, Fapohunda C A, Natale J. Use of supplementary cementing materials to increase the resistance to chloride ion penetration of concretes cured at elevated temperatures[J]. ACI Materials Journal, 1994, 91(1): 63-66.

[4] Hooton R D, Titherington M P. Chloride resistance of high-performance concretes subjected to accelerated curing[J]. Cement and Concrete Research, 2004, 34 (9): 1561-1567.

[5] 龙广成, 吕学锋, 谢友均, 等. 自然扩散条件下混凝土中氯离子的沉积[J]. 硅酸盐学报,

2008, 36(4): 465-469.

[6] 彭波, 胡曙光, 丁庆军, 等, 蒸养参数对高强混凝土抗氯离子渗透性能的影响[J]. 武汉理工大学学报, 2007, 29(5): 27-30.

[7] 田耀刚, 彭波, 丁庆军, 等. 蒸养高强混凝土的碳化性能及其预测模型[J]. 武汉理工大学学报, 2009, 31(20): 34-38.

[8] Xie S, Qi L, Zhou D. Investigation of the effects of acid rain on the deterioration of cement concrete using accelerated tests established in laboratory[J]. Atmospheric Environment, 2004, 38(27): 4457-4466.

[9] Lanzón M, García-Ruiz P A. Deterioration and damage evaluation of rendering mortars exposed to sulphuric acid[J]. Materials and Structures, 2010, 43(3): 417-427.

[10] 王凯, 张泓源, 徐文媛, 等. 混凝土酸雨侵蚀研究进展[J]. 硅酸盐通报, 2014, 33(9): 2264-2268.

[11] 陈梦成, 王凯, 谢力. 酸雨侵蚀下水泥基材料的腐蚀损伤与评价——酸雨介质成分的影响[J]. 建筑科学, 2012, 28(3): 20-24.

[12] Gruyaert E, van den Heede P, Maes M, et al. Investigation of the influence of blast-furnace slag on the resistance of concrete against organic acid or sulphate attack by means of accelerated degradation tests[J]. Cement and Concrete Research, 2012, 42(1): 173-185.

[13] 张新民, 柴发合, 王淑兰, 等. 中国酸雨研究现状[J]. 环境科学研究, 2010, 23(5): 527-532.

[14] 王凯, 马保国, 龙世宗. 酸雨侵蚀下水泥石物相组成变化的微观分析(英文)[J]. 硅酸盐学报, 2009, (5): 880-884.

[15] 赵明, 张雄, 张永娟, 等. 复合胶凝材料的抗硫酸性能与腐蚀动力学分析[J]. 同济大学学报(自然科学版), 2011, 39(8): 1181-1184.

[16] Metha P K. Concrete technology at the crossroads—Problems and opportunities. Concrete technology, past, present, and future[J]. ACI Symposium Publication, 1994: 1-30.

[17] Chatterji S. Aspects of the freezing process in a porous material-water system. Part 2. Freezing and the properties of water and ice[J]. Cement and Concrete Research, 1999, 29(5): 781-785.

[18] 杨全兵. 蒸养混凝土的抗盐浆剥蚀性能[J]. 建筑材料学报, 2000, 3(2): 113-117.

[19] 邹超英, 赵娟, 梁锋, 等. 冻融作用后混凝土力学性能的衰减规律[J]. 建筑结构学报, 2008, 29(1): 117-123.

[20] 赵燕茹, 范晓奇, 王利强, 等. 不同冻融介质作用下混凝土力学性能衰减模型[J]. 复合材料学报, 2017, 34(2): 463-470.

[21] Xie Y, Wang X, Long G, et al. Quantitative analysis of the influence of subfreezing temperature on the mechanical properties of steam-cured concrete[J]. Construction and Building Materials, 2019, 206: 504-511.

第10章 蒸养混凝土的热损伤

10.1 基本概念

如前所述，蒸养混凝土在浇筑成型后的几小时内即采用较高温度的湿热介质(通常是 45～60℃蒸汽)进行加速水化，从而实现其早强的目的。实践表明，外加热源在加速混凝土结构形成过程的同时，会对结构产生破坏作用，这种破坏作用常导致混凝土(预制构件)产生如表观肿胀变形或裂损、孔隙结构粗化以及脆性较大等宏观、细观、微观质量缺陷[1~5]，使其性能要差于标养混凝土。例如，蒸养硅酸盐水泥混凝土的 28d 抗压强度要比标养混凝土低 10%以上，弹性模量低 5%～10%，耐久性(如抗冻性)也有所降低，且升温速度越快，养护温度越高，性能相差越大。蒸养混凝土的这种内部结构损伤(破坏)及性能劣化在常温养护混凝土中较少见，通常认为该情况起因于蒸汽湿热养护过程。因此，本书将这种较高温度下的蒸养湿热作用导致的混凝土性能劣化与多尺度结构损伤的现象，统称为热损伤。

10.2 表现形式

既有研究与工程实践表明,蒸养过程对混凝土造成的热损伤主要有肿胀变形、孔结构劣化以及脆性增加等三种表现形式。

10.2.1 肿胀变形

实践发现，蒸养后的砂浆或混凝土将产生体积膨胀现象，习惯上称为蒸养肿胀变形(图 10.2.1)[6,7]。混凝土在蒸养过程中的肿胀变形不同于通常的热膨胀变形。混凝土存在温度变化引起的热胀冷缩，其热膨胀系数一般约为 $10 \times 10^{-6}℃^{-1}$，正常的热膨胀变形是随着温度降低而可恢复的，对质量无害；但混凝土在蒸养时由于其内部水、汽膨胀或转移作用而导致的热膨胀变形，在温度完全降至室温时也不能完全恢复，相对升温开始时刻仍有不可恢复的残余膨胀变形，对混凝土质量有不利影响。

蒸养混凝土的肿胀变形是其内部固、液、气等各组分的热膨胀、收缩等表观体积变化的综合表现。研究表明，混凝土的肿胀变形主要发生在升温期，并随着混凝土强度的增长而逐渐稳定。由于蒸汽接触较低温度的混凝土表面时产生冷凝，在升温时混凝土肿胀变形的特征是湿热膨胀。由于气相和液相的膨胀变形最为剧烈，肿胀变形的大小与混凝土气相、液相含量密切相关，而混凝土硬化骨架的强度对于控制肿胀变形有显著的作用。第 8 章对蒸养混凝土的肿胀变形测试方法及影响因素进行了详细阐述，相关内容可参见该章。

(a) 蒸养砂浆出现肿胀变形　　　　　　　　　　(b) 蒸养混凝土板表面鼓胀裂损

图 10.2.1　蒸养混凝土/砂浆的严重肿胀变形外观

10.2.2　孔结构劣化

蒸养湿热养护过程的热损伤作用从多个方面导致混凝土的宏观、细观及微观等多尺度结构劣损，在蒸养升温阶段，热湿介质的迁移以及各组分膨胀变形的不一致导致体系内部结构破坏，蒸养过程中自干燥效应也很可能导致内部裂隙产生，蒸养过程中的快速水化以及物相特性导致孔隙率增加等。需要指出的是，在生产实践中发现，蒸养混凝土的多尺度结构劣损主要发生在表层区域，特别是暴露于蒸汽中的成型面表层结构劣损更为严重(图 10.2.2)，而内部结构的劣损相对较弱。这主要是由于蒸养过程中混凝土表层与内部的热质传输不同，使得蒸养混凝土表层与内部结构存在较大差异，也将导致蒸养混凝土表层与内部宏观性能(如介质传输性能)不同。

(a) 蒸养混凝土表层龟裂　　　　　　　　　　(b) 蒸养混凝土局部表层SEM照片

图 10.2.2　蒸养混凝土表层结构劣损

混凝土是一种多孔材料，其孔结构一直受到关注。研究者也发展了多种方法对水泥混凝土的孔结构进行测量，包括压汞法、氮吸附法、X 射线小角度散射法、核磁共振等。这些方法各有特点，且针对孔径范围有所不同，因此适用范围各不相同。为了更有效地反映出蒸养过程对混凝土孔结构劣化情况，以下采用直接和间接两种方法进行表征。

1. 基于显微图像和压汞法的孔结构劣化综合测试表征

针对蒸养混凝土的结构特点，引入显微图像孔结构分析系统并联合压汞法，从宏观、细观和微观角度来分析表征蒸养混凝土的多尺度孔结构特征。显微图像孔结构分析系统具有如下特点：①测试样品较大，尺寸可达到 100mm × 100mm，适合于分析蒸养混凝土孔结构劣化分析；②测试时间较短(10～20min)；③试件处理较为复杂，需要对测试面进行精确打磨抛光，试样处理过程分为切割、打磨、抛光、显色及图像处理等阶段。图 10.2.3 给出了显微图像法测试混凝土孔结构的分析过程及结果。

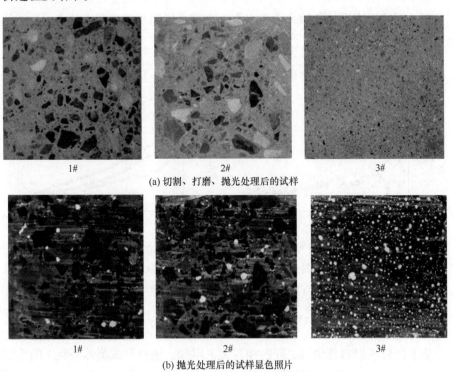

(a) 切割、打磨、抛光处理后的试样

(b) 抛光处理后的试样显色照片

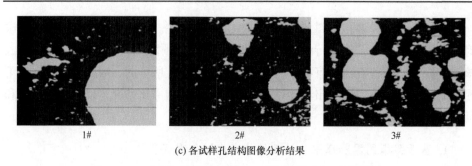

(c) 各试样孔结构图像分析结果

图 10.2.3　显微图像法测试混凝土孔结构的分析过程及结果

从图 10.2.3 中可知，孔结构显微图像法可采用大尺寸试件进行测试，可以测试分析混凝土平面气孔分布和气孔面积，并由此来测试反映混凝土试样的孔隙结构，能够较好地反映出具有不同孔结构试样的平面孔隙结构特征。当然，显微图像法仅能测试得到尺寸较大的孔隙，通常的分辨率为 $2\mu m$ 左右。更小的孔隙需要采用其他方法进行测试。故需进一步联合压汞法来分析。

图 10.2.4 是采用压汞法测试得到的 2 组混凝土不同位置处的孔结构结果。可以发现，混凝土表层的孔隙率大于混凝土内部，说明蒸养混凝土的表层孔结构劣化更为严重。

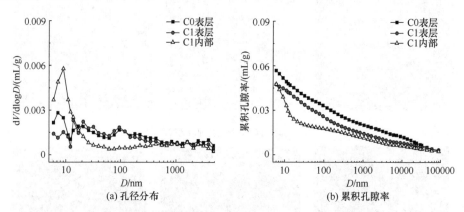

(a) 孔径分布　　　　　　　　　　　　　　(b) 累积孔隙率

图 10.2.4　蒸养普通混凝土(C0)表层、复掺 20% 粉煤灰和 10% 矿渣混凝土(C1)
表层与内部位置在 28d 龄期时的累积孔隙率测试结果

2. 基于毛细吸水性或渗透性的孔结构劣化表征方法

基于材料性能与其结构之间的相互关系可知，通过测试蒸养混凝土的毛细吸水性或者渗透性，可以一定程度上获得该试样的孔结构信息，再进一步运用相关理论对结果进行对比分析，最终可得到蒸养混凝土热损伤导致的孔结构劣化情况。

常用的混凝土表层水介质传输迁移性能试验方法包括 Autoclam 表层透气性试验方法以及表层毛细吸水性试验方法，如图 10.2.5 所示。

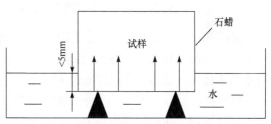

(a) Autoclam表层渗透性试验测试　　　　　　　　(b) 表层毛细吸水性试验装置

图 10.2.5　常用的混凝土表层水介质的传输测试方法

　　图 10.2.6 是通过毛细吸水性试验测得的蒸养混凝土与常温标养混凝土的毛细吸水高度(i)的对比结果。由图中结果可以看到，采用毛细吸水性试验可以较好地得出蒸养混凝土中表层孔结构劣化情况。

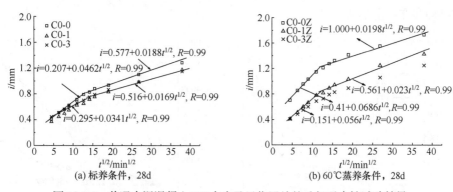

(a) 标养条件，28d　　　　　　　　　　(b) 60℃蒸养条件，28d

图 10.2.6　普通水泥混凝土(C0)由表及里位置处的毛细吸水性试验结果

C0-0 成型表面、C0-1 由成型表面向内 10mm 位置、C0-3 由成型表面向内 30mm 位置

　　为进一步分析养护温度对混凝土孔结构劣化的影响，采用毛细吸水性试验、表层渗透仪方法测试了相应温度 20～80℃条件下的混凝土毛细吸水高度、表层渗透性能，测试结果如图 10.2.7 和图 10.2.8 所示。

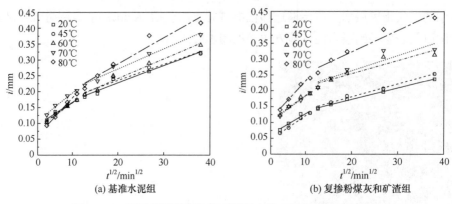

(a) 基准水泥组　　　　　　　　　　　　(b) 复掺粉煤灰和矿渣组

图 10.2.7　不同养护温度条件下混凝土的毛细吸水性试验结果

从图 10.2.7 中的结果可知，随着吸水时间的延长，两组试件的毛细吸水高度增加，且与吸水时间的平方根呈线性关系；值得注意的是，养护温度越高，毛细吸水高度越大，尤其是当温度超过 60℃后，毛细吸水高度明显增大。这表明，养护温度升高，混凝土表层的毛细孔隙率增加，也反映了养护温度对混凝土孔隙结构的劣化增加。在较低温度下养护时，掺加粉煤灰和矿渣矿物掺合料混凝土的毛细吸水高度较小。从图 10.2.8 中的结果可知，表层透水性随着时间的延长而逐渐增大，特别是温度超过 60℃蒸养混凝土的渗透水量更是随时间急剧增大。同时，可根据渗透性指数进一步区分蒸养温度对蒸养混凝土表层透水性能(即表层孔隙结构劣化情况)的影响，按照这个标准，当养护温度超过 60℃以后，蒸养混凝土的表层渗透性能已经属于"差等级"，由此可知该养护温度条件下对混凝土表层孔隙结构存在严重的劣化。

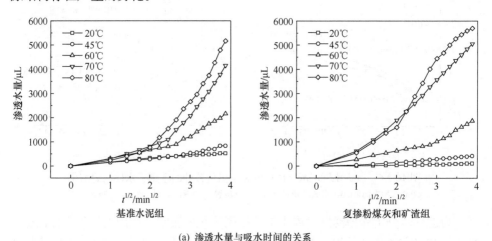

基准水泥组　　　　　　　　　　　　　　复掺粉煤灰和矿渣组

(a) 渗透水量与吸水时间的关系

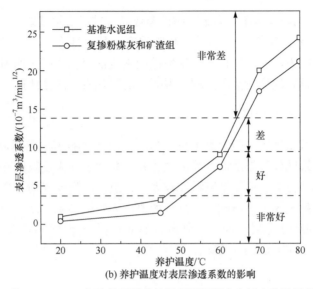

(b) 养护温度对表层渗透系数的影响

图 10.2.8　基于 Autoclam 方法的不同养护温度下混凝土表层水渗透性能试验结果

10.2.3　脆性增加

蒸养混凝土预制构件生产与施工实践发现，相比同强度等级的标养混凝土，蒸养混凝土预制构件在搬运和安装使用过程中更易于出现脆裂，导致构件边、角部出现磕边、掉角等缺陷(图 10.2.9)，这增加了现场安装施工的困难。蒸养混凝土预制构件在局部外力作用下易于脆裂的现象实际上反映了蒸养混凝土脆性的增加。研究认为，这种脆性增加主要源于蒸养湿热作用导致其内部物相与孔隙结构的变化，也是热损伤的一种表现形式。

蒸养混凝土脆性增加，导致其极限变形能力降低，抵抗列车、汽车等外部动荷载及其反复作用下的性能将降低。

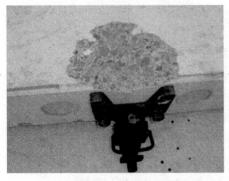

(a) 蒸养混凝土上表面局部崩裂

(b) 蒸养混凝土边部脆裂

图 10.2.9　蒸养混凝土轨道板脆裂

水泥混凝土属于(准)脆性材料,脆性参数通常难以直接获取,一般采用测试韧性(断裂韧性、冲击韧性等)的方法来反映混凝土的脆性大小。基于此,以下通过测试冲击韧性的方法和带缺口梁的断裂性能来表征蒸养混凝土的脆性,并通过对比方法,获取较高温度下蒸养过程对混凝土的脆化效应(热损伤)。

1. 基于冲击韧性的脆性表征

冲击韧性试验采用美国混凝土协会标准(ACI-544)推荐的落锤冲击试验方法,该方法通过记录试件开裂所需的冲击次数并计算冲击功来反映试件的冲击韧性,具有操作简单的特点,但结果离散性较大,每组测试需要采用 3 个以上的测试试件,本章每组测试 5 个冲击试件,以平均值作为测试结果。试验中记录冲击试件出现第一条裂缝(初裂)时的冲击次数 n_1、破坏时的冲击次数 n_2 以及相应的冲击(破坏)功,冲击功按式(10.2.1)计算:

$$W = n \times mgh \tag{10.2.1}$$

式中,W 为冲击功,J;n 为冲击次数;h 为冲击锤下落高度,取 457mm;g 为 9.81m/s²;m 为落锤质量,4.5kg。

图 10.2.10 给出了 3 组混凝土分别在 20~80℃温度条件下养护 28d 龄期后的冲击破坏次数结果,3 组混凝土分别为基准水泥混凝土(C1)、复掺 20% 粉煤灰和 10% 矿渣混凝土(C2)以及掺合料与改性剂复合混凝土(C3),其他组成同前。从结果可以看到,相比于仅用基准水泥混凝土,复掺掺合料混凝土在各温度下的耐冲击次数明显增加,表明其冲击韧性增加;掺合料与改性剂复合混凝土的冲击韧

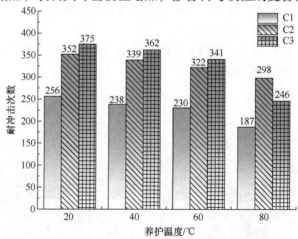

图 10.2.10　不同混凝土试件在不同养护温度下的耐冲击次数(28d 龄期)

20℃表示标准温度,其他均为蒸养温度,蒸养试件按 2h 静停、2h 升温、8h 恒温、
2h 降温蒸养,然后标养至 28d

性有进一步的提高(80℃蒸养温度除外)；同时，从结果还可以看出，随着养护温度升高，3 组混凝土试件的耐冲击次数减少。这表明采用冲击韧性(冲击次数)能够较好地表征蒸养过程对混凝土的脆化效应[7]。

2. 基于断裂性能的脆性表征

断裂是材料主要的破坏失效形式。通常用材料的断裂能及由此演变出来的参数来评价材料抵抗断裂破坏的能力，包括断裂能、断裂韧度、延性指数等。为测量材料的断裂能，一般采用预制缺口试件进行测试。有关混凝土断裂的测试计算方法以及蒸养过程对混凝土断裂性能影响规律等内容参见第 7 章。

从第 7 章得到的断裂性能的测试结果可以看到，断裂能和延性指数也能较好地反映出较高蒸养温度对试件脆性增加的影响。值得注意的是，采用冲击韧性和断裂性能测试得到的胶凝材料组成对蒸养混凝土脆性的影响规律稍有不同，具体原因需要进一步探明。

10.3　形　成　机　理

10.3.1　肿胀变形机理

基于蒸养过程中体系的物理、化学作用分析，可以认为蒸养混凝土的肿胀变形主要由以下几个原因导致。

1. 蒸养热效应引起的物相体积变化

新浇筑混凝土由骨料、水、水泥浆及夹带进入的气泡等组成。硬化混凝土则主要由固相(未水化的胶凝材料颗粒、骨料及水化产物)、水以及孔隙等组成。由热膨胀理论可知，在蒸养升温过程中试件各组分均要发生不同程度的膨胀变形，将改变自身的形状，水和气泡还易于改变自身的位置。贾耀东[8]对蒸养水泥基材料肿胀变形的分析表明，孔径为 100nm 的气泡在蒸养过程中如能自由膨胀，体积将增至原来的 1.42 倍。当然，混凝土中的气泡在蒸养时并不能完全自由膨胀。水也会发生较大膨胀，温度从 20℃升至 60℃时，自由水约产生 1.5% 的相对体积增量。硬化水泥石的热膨胀系数为$(40\sim60)\times10^{-6}℃^{-1}$，骨料为$(30\sim40)\times10^{-6}℃^{-1}$，这些固相组分的体积变形相对影响较小[8]。显然，一部分体积膨胀可由原来体系内的孔隙补偿，而进一步的体积膨胀则将受到固相的限制约束作用，并逐渐在试件内形成膨胀压力，对试件内部微结构产生拉应力的拆开作用，因而总体上试件发生体积膨胀变形。因此，体系中气、液相对蒸养混凝土的肿胀变形影响非常大。

2. 蒸养热效应导致的混凝土内部应力的变化[9]

1) 内部气相受热膨胀引起的剩余压力

混凝土通常预养一段时间后进行蒸养升温,若忽略固相的膨胀变形,则其中包含的气相在升温时可视为等容条件下的体积膨胀。气相是由空气和蒸汽组成的混合物,其总压力可用式(10.3.1)表示:

$$P_t = P_k + P_z \tag{10.3.1}$$

式中,P_t 为气相总压力;P_k 为空气分压力;P_z 为蒸汽分压力。

通过计算可得到温度变化时,混凝土孔内气相压力的变化值见表 10.3.1。从表中可以看出,随着温度升高,饱和蒸汽分压力增大,空气分压力的变化也是如此,气相总压力增大;相比 20℃时,气相内的剩余压力随着温度升高逐渐增大。

表 10.3.1 蒸汽、空气混合物在等容加热时的压力变化

温度/℃	饱和蒸汽空气混合物压力/($\times 10^5$Pa)			剩余压力/($\times 10^5$Pa)
	空气分压力	饱和蒸汽分压力	气相总压力	
20	0.976	0.024	1	0
40	1.043	0.075	1.118	0.118
60	1.109	0.203	1.312	0.312
80	1.176	0.483	1.659	0.659
90	1.209	0.715	1.924	0.924
100	1.242	1.033	2.275	1.275

2) 蒸养过程中热质传输引起的混凝土内部附加压力

混凝土内部的水、空气与外界热介质在蒸养过程中发生的转移、输运称为热质传输。混凝土在蒸养时,主要有接触加热和模板传热两种加热方法。接触加热时,蒸汽与混凝土表面直接接触,发生对流及冷凝换热;通过模板传热时,蒸汽与混凝土之间不发生直接换热。混凝土热质传输的特征及速度在很大程度上取决于混凝土表面与热介质接触的方式,接触加热相比模板传热,对混凝土质量的影响更大,且作用效应也更为复杂。由前述肿胀变形发展规律的研究可知,肿胀变形主要发生在升温阶段,以下分析接触加热时升温阶段的热质传输特征。

接触加热条件下升温阶段的热质传输过程如图 10.3.1 所示。此阶段时,混凝土内部温度 T_n、表面温度 T_b、冷凝水温度 T_{ls} 及介质温度 T_j 之间形成 $T_n < T_b < T_{ls} < T_j$ 的温度梯度 ∇T,在此梯度下,热流 Q 则由外界输入内部。由于此时混凝土表面温度尚低于蒸汽介质温度,蒸汽在混凝土表面迅速冷凝而形成冷凝水膜,这层水膜又将形成由混凝土内部指向表层的湿度梯度 ∇M,并使水分由

表及里地传输。在 ∇T 和 ∇M 的驱动作用下，混凝土表层和内部的湿流将发生传输，传输方向由表及里，故将压缩混凝土孔内的气体，使其剩余压力增大，其数值取决于该气泡至混凝土表面间的液体阻力，此时内部气体试图由里向外迁移，随气泡所处深度的增加，其迁移至表面所需克服的阻力增大，由此形成了由表及里的压力梯度 ∇P_1，其数值与湿流密度成正比，此梯度阻碍水分向内深入，而使内部气体排出。

在 ∇T 的作用下，混凝土表层气泡比内部的热膨胀大，这种热膨胀程度的差别在混凝土截面间造成了气体压力的不同，从而形成压力梯度 ∇P_2。其次，在预养期时混凝土孔内的空气分压力与蒸养介质中的相等，但在升温开始后，热介质中的空气分压力降低，孔内与介质间的空气分压力差值增大，产生了压力梯度 ∇P_3，在其作用下，孔内部分空气向介质内迁移。

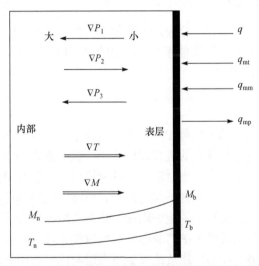

图 10.3.1　接触加热条件下升温阶段的热质传输过程

T_n、M_n 分别为混凝土内部的温度和湿度；T_b、M_b 分别为混凝土表面的温度和湿度；∇T、∇M 分别为温度梯度和湿度梯度；q 为热量通量；q_{mt}、q_{mm}、q_{mp} 分别为由温度梯度、湿度梯度及压力梯度引起的湿流密度；∇P_1 为在湿流密度（q_{mt}、q_{mm}）作用下混凝土内部气相产生的压力梯度；∇P_2 为混凝土表层与内部气相由于热膨胀不同而产生的压力梯度；∇P_3 为由混凝土孔内空气分压力不同而形成的压力梯度

以上分析表明，混凝土内部气相在升温阶段形成的三种压力梯度，即湿流压力梯度 ∇P_1、气泡膨胀压力梯度 ∇P_2 和孔内空气分压力梯度 ∇P_3 作用下，混凝土内部的气相试图外逸，其逸出量与升温速率成正比，因此快速升温常导致较大的结构破坏作用；同时，水分和气体在混凝土内的传输，使其中部分孔连通，形成串通孔缝，使混凝土抗渗性受到损伤，初始形成的结构骨架也受到一定的破坏。

在升温阶段,表里之间的温度差与湿度差达到最大,即 ∇T 和 ∇M 最大。水分在 ∇T 和 ∇M 的驱动作用下向内传输也最为剧烈,因此在湿流压力梯度 ∇P_1、气泡膨胀压力梯度 ∇P_2 和孔内空气分压力梯度 ∇P_3 作用下,水分向内传输对混凝土内部孔内气相产生的附加压力也将达到最大,此附加压力试图使混凝土内部热胀的气体封闭住,使气相热胀产生的剩余压力与向内传输的水分对其的附加压力叠加,形成总剩余压力。

综上所述,除气相热胀造成的剩余压力外,在蒸养过程中发生的试件与外部之间的热质传输还将引发一定的附加压力,当混凝土初始结构强度较低时,这种总剩余压力足以使固相组分发生位移,表现为肿胀,将导致孔隙增多,密实度降低。

10.3.2 孔结构劣化机理

蒸养混凝土孔结构劣化主要表现为孔隙率增加,孔隙粗化等。研究实践认为,蒸养混凝土孔结构劣化主要源自蒸养过程中的温度应力、毛细管收缩应力以及水化物相(C-S-H凝胶)体积变化。

1. 温度应力

从蒸养混凝土温度场研究可知,在蒸养过程中,温度在混凝土的不同截面处呈现不均匀分布,且随着蒸养的进行发生变化。这种截面间不同的温差将引起一定的温差应力,若该应力大于当时混凝土的允许应力,就会导致混凝土开裂。因此,随着混凝土在蒸养过程中的不同阶段,有可能承受不同的温度应力。当混凝土是带模型养护时,模型具有一定的刚度,将对混凝土的变形产生较强的约束作用。基于本节的混凝土带模养护、单面开放的试验条件,只有表面直接承受蒸养介质温度的作用,温度应力可能造成混凝土表层与内部之间不均匀的应力分布,以下通过测得温度场分布图进行混凝土各截面处温度应力的计算。

表层混凝土在降温中的拉应力可按式(10.3.2)计算[10]:

$$\sigma_1 = k\Delta t \alpha \frac{E}{1+\psi} \tag{10.3.2}$$

式中, σ_1 为混凝土表层拉应力; k 为构件厚度影响系数(细薄构件可取 k=0.5;厚大构件可取 k=1.0); Δt 为混凝土内外层温差,℃; α 为混凝土热膨胀系数,取值为 1×10^{-5} ℃$^{-1}$; E 为混凝土弹性模量,MPa; ψ 为混凝土徐变系数(随时间而定)。

当混凝土急速降温时,可取 k=1.0, ψ=0,故式(10.3.2)可简化为

$$\sigma_1 = \alpha E \Delta t \tag{10.3.3}$$

本节蒸养混凝土强度等级为C60,取升温1.5h时对应混凝土弹性模量10GPa,

取升温阶段结束时混凝土弹性模量 20GPa,取降温阶段开始 1h 时对应混凝土弹性模量 30GPa,对蒸养混凝土进行应力近似计算,结果见表 10.3.2,其中各位置的温差为实测值。

从表 10.3.2 可知,在蒸养过程中的升温阶段和降温阶段,混凝土表层与距表层 2cm 部位的温差相比混凝土内部其他截面之间的温差高得多,因此造成表层附近截面上较大的应力,在升温阶段早期就有 0.9MPa,降温阶段时达到 2.1MPa,很可能造成混凝土表层区域产生微裂缝;而混凝土内部截面上的应力很小,一般为 0～0.3MPa,较难对混凝土内部的初始结构造成损伤。

2. 毛细管收缩应力

在蒸养过程中,新拌混凝土快速转变为硬化混凝土,由于水化自干燥作用以及水分迁移散失等造成混凝土毛细管发生收缩变形,从而产生收缩应力。以下以降温阶段为例进行说明。在蒸养降温阶段,蒸汽大量排出,温度下降,蒸汽压将明显下降,蒸汽空气混合物容易进入过热状态,此时混凝土内部温度高于气温,混凝土内部水分易于向表层传输并蒸发,混凝土由于蒸发、对流及辐射换热而冷却。表层混凝土在降温阶段的快速干燥,使表层混凝土相对湿度显著下降,内部毛细管失水而产生收缩应力,此时毛细管结构已经形成,收缩应力过大可能造成微结构损伤。收缩时产生的毛细管压力可计算如下。

表 10.3.2　蒸养混凝土由表及里各截面间温度应力近似计算

时间	部位	温差/℃	应力/MPa
升温 1.5h	表面与距表面 2cm	9	0.9
	距表面 2cm 与 4cm	3	0.3
	距表面 4cm 与 6cm	0	0
	距表面 6cm 与 8cm	1	0.1
	距表面 8cm 与 10cm	1	0.1
	距表面 10cm 与 15cm	3	0.3
升温阶段末	表面与距表面 2cm	8	1.6
	距表面 2cm 与 4cm	3	0.6
	距表面 4cm 与 6cm	0	0
	距表面 6cm 与 8cm	1	0.2
	距表面 8cm 与 10cm	1	0.2
	距表面 10cm 与 15cm	3	0.6

时间	部位	温差/℃	应力/MPa
降温 1h	表面与环境	11	3.3
	表面与距表面 2cm	3	2.1
	距表面 2cm 与 4cm	4	1.2
	距表面 4cm 与 6cm	0	0
	距表面 6cm 与 8cm	1	0.3
	距表面 8cm 与 10cm	4	1.2
	距表面 10cm 与 15cm	2	0.6

此条件下，毛细管压力 P 与孔内介质相对湿度 φ 的关系可用式(10.3.4)表达：

$$P = 1300\ln\frac{1}{\varphi} \tag{10.3.4}$$

此外，还有关系式 $P = 2\sigma / R$，σ 为液体的表面张力系数，R 为毛细管半径。假设混凝土中毛细管为圆管，R 与 φ 有如下关系式：

$$R = 2\sigma / (1300\ln\frac{1}{\varphi}) \tag{10.3.5}$$

由式(10.3.4)和式(10.3.5)可知，φ 越小，P 越大，R 越小。混凝土干燥得越早越快，干缩现象就越严重。混凝土水化早期，湿度的降低将使其毛细孔收缩变小，混凝土密实度增大，但在降温阶段，混凝土毛细管结构已经形成，此时 φ 降低就会对毛细孔壁固相施加压力，与前述降温阶段时产生的温差应力叠加，作用在混凝土表层，将增大表层受损的程度。

10.3.3　脆性增加机理

1. 界面过渡区劣化

界面过渡区是混凝土的薄弱环节，被视为混凝土中的强度限制相。除毛细孔体积大和氢氧化钙取向结构外，混凝土界面过渡区强度低的主要原因是存在微裂纹，微裂纹数量取决于很多参数，包括水泥用量、水灰比、骨料尺寸和级配、养护条件、环境湿度及混凝土的温度发展历程等。

较高温度下养护易于形成热裂纹，对混凝土界面过渡区的密实度产生负面影响，由图 10.3.2 所示的蒸养普通水泥混凝土 28d 龄期时的水泥石与骨料界面过渡区形貌结果可知，其中水泥石与骨料之间界面过渡区出现明显的裂隙。蒸养过程中的降温阶段是造成混凝土界面过渡区损伤的主要阶段，降温时混凝土表层降温快，收缩也快；而内部降温慢，收缩也慢。当混凝土表里之间产生的温差过大，在表层混凝土中将产生拉应力以至产生裂缝。从微观层次上看，由于温差及混凝土中骨料与水泥石热膨胀系数的差异，界面过渡区中骨料和水泥石之间位移将出现差异，导致界面过渡区内产生应力集中或拉应力过大而开裂，从而导致混凝土微缺陷增加，造成混凝土易于发生断裂破坏或失效。

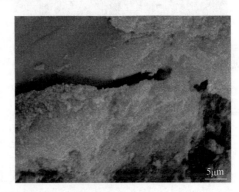

图 10.3.2　60℃条件下蒸养普通水泥混凝土

有关混凝土脆性或断裂韧性的研究表明[11]，混凝土界面过渡区对其脆性有重要影响。界面过渡区薄弱时，混凝土易于断裂，断裂能降低，延性指数减小，脆性增加。

2. 晶体粗化

在常温养护条件下，硬化水泥石主要由水化产物、未水化水泥颗粒、水、少量空气，以及由水和空气占有的孔隙组成。常温下生成的水化产物按其结晶程度可分为以下两大类：一类是结晶比较差，尺寸为纳米级的粒子(C-S-H 凝胶)，表现为胶体性质；另一类是结晶比较完整、晶体颗粒尺寸较大的结晶型水化产物，如水化铝酸钙、水化硫铝酸钙以及氢氧化钙等。

经蒸养后，水化新生物尺寸通常较大，且养护温度越高，形成的晶体尺寸越粗大，即形成粗晶结构。据测定，经 60~90℃养护后，水泥石比表面积相比常温时减少 20%~40%，研究表明，大晶体本身对强度和韧性都不太有利，相对晶体来说，胶体能更好地发挥强度作用。因为水化产物比表面积越大，单位体积浓度越高，则粒子间可能形成的接触点也必然增多。粒子间结合力主要由范德华力及静电引力决定，接触点越多，则黏结力越高。本节采用环境扫描电子显微镜(environmental scanning electron microscope, ESEM)对蒸养后的水化产物形貌进行观察(结果如图 10.3.3 所示)，发现蒸养后的水化物相呈现晶态化趋势。

图 10.3.3   基准水泥混凝土蒸养结束时的 ESEM 图像

综上所述，相比标养时，蒸养混凝土内部结构水化产物较为粗大，物相比表面积降低，单位体积浓度减小，粒子间可能形成的接触点也必然减少。由于粒子间的结合力主要由范德华力及静电引力决定，接触点减少意味着黏结力降低。混凝土宏观性能上显得较脆，在本质上与其黏结能力变差是有密切联系的，因为脆性断裂的实质是裂缝能量释放速率高于材料的临界能量释放速率，黏结力增强显然能提高材料抵抗裂缝扩展的能力。可以认为，蒸养时形成的这种粗晶结构将对混凝土的脆性产生不可忽视的影响。

3. C-S-H 凝胶变化

水化产物 C-S-H 凝胶是水泥浆体中最主要的水化产物，对水泥基材料的许多性能都有重要影响。为深入研究温度对混凝土脆性的影响机理，通过扫描电镜和能谱仪测试了不同温度下混凝土硬化浆体水化凝胶产物的变化，分析蒸养条件下混凝土脆性增大的原因。对不同养护温度条件下混凝土(胶凝材料组成为 70%水泥、20%粉煤灰、10%矿渣，水胶比 0.27，砂率 36%)的水化凝胶产物的钙硅比(Ca/Si原子比)进行分析，试样分别在 5℃、20℃养护以及在 60℃和 80℃蒸养，试验结果如图 10.3.4～图 10.3.7 所示。

从图 10.3.4～图 10.3.7 中所示的微观形貌照片可以看到，不同养护条件下的试件均已发生显著的水化现象，水化凝胶产物 C-S-H 的形貌各不相同；能谱仪得到的结果表明,各条件下试件水化生成的 C-S-H 凝胶的钙硅比也存在较大的差别。在 5℃和 20℃温度下,C-S-H 凝胶的钙硅比较小,且两者之间较为接近;而经蒸养后水化产生的 C-S-H 凝胶的钙硅比则明显增大,特别是在 80℃蒸养条件下水化产生的 C-S-H 凝胶产物中的钙硅比更大。这表明蒸养温度使得水泥及其他辅助性胶凝材料的水化过程发生了更为明显的物理化学变化,即在生成 C-S-H 凝胶产物的过程中更多的 Ca^{2+} 被结合到该产物中。这与很多学者的相关研究一致[12~14]。

(a) 5℃养护14d龄期后的SEM照片

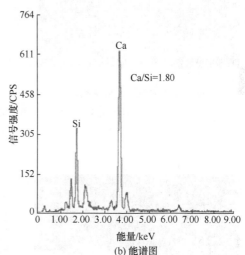

(b) 能谱图

图 10.3.4 试件在 5℃养护 14d 龄期后的 SEM 照片

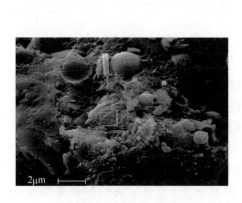

(a) 20℃养护7d龄期后的SEM照片

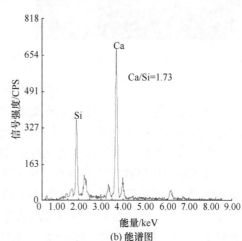

(b) 能谱图

图 10.3.5 试件在 20℃养护 7d 龄期后的 SEM 照片

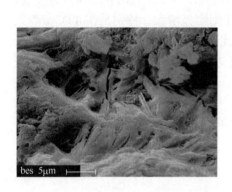

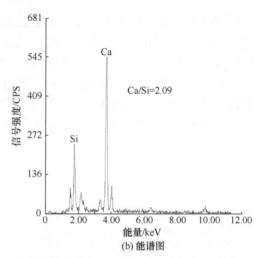

(a) 60℃蒸养脱模后的SEM照片　　　　　　　　(b) 能谱图

图 10.3.6　试件经 60℃蒸养脱模后的 SEM 照片

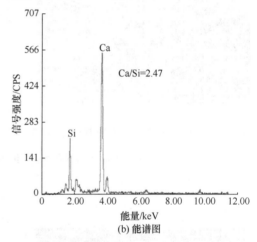

(a) 80℃蒸养脱模后的SEM照片　　　　　　　　(b) 能谱图

图 10.3.7　试件经 80℃蒸养脱模后的 SEM 照片

　　Elkhadiri 等[15]认为，钙硅比随温度升高而增加的同时，C-S-H 凝胶聚合度增加和硅氧四面体链数量增多，可产生高的早期强度，但长链 C-S-H 凝胶的形成阻碍进一步吸收水化产物，导致形成粗化的孔结构及更多孔隙，从而形成低强度结构。

　　采用纳米压痕技术研究蒸养浆体水化产物的纳观力学性能结果表明[16]，与常温养护相比，水泥石中 C-S-H 凝胶和 Ca(OH)₂ 晶体的压痕弹性模量及体积含量都存在不同。相对于标养 28d 龄期浆体试件，蒸养条件下 28d 龄期和 1d 龄期浆体中低密度 C-S-H 凝胶的压痕弹性模量分别高 5.0%和 13.6%，高密度 C-S-H 凝胶的压痕弹性模量分别大 14.3%和 10.2%，而 Ca(OH)₂ 晶体的压痕弹性模量则分别低 11%和 20%，且蒸养浆体中高密度 C-S-H 凝胶的数量明显增多，相应的低密度 C-S-H

凝胶含量则显著减少。这表明蒸养条件对水泥水化产物力学性能有较大影响，这种影响可能来自较高温度下水泥水化速率的提升导致水化物相形成加快，从而造成水化物相粒子堆聚速率加快而使得粒子结构堆积密度发生变化；同时，较高温度的蒸养条件也导致 C-S-H 凝胶的晶态化倾向增加，比表面积降低，从而使蒸养条件下浆体中各水化物相的力学性能与标养条件下的力学性能存在一定的差异。另外，基于压痕测试分析得到的蒸养条件下水化物相的总体积含量也较标养浆体的低，这一结果与实际水化程度测试分析结果一致。

10.4　抑 制 措 施

如何减小甚至避免蒸养过程对混凝土的热损伤一直是相关研究和生产实践人员关注的焦点之一，也已取得很多有益成果并应用于实践中，如优选胶凝材料、优化蒸养制度等，为提高蒸养混凝土预制构件的生产质量做出了重要贡献。然而，上述措施仍不能最大限度地降低甚至消除蒸养混凝土的热损伤，使得混凝土制品在实际生产中仍存在不少质量缺陷，这一方面是由于目前的措施不能从根本上解决蒸养混凝土早期快速水化、高早强要求与微结构劣化之间的矛盾；另一方面也由于当前混凝土预制构件几何尺度大型化、复杂化以及质量要求提高、原材料性质变化等造成蒸养混凝土热损伤的影响因素更为复杂。

以下从蒸养过程中热损伤的降低和蒸养后热损伤的修复两方面来抑制蒸养混凝土的热损伤，提高蒸养混凝土(预制构件)品质。

10.4.1　胶凝材料组成优化

在既有研究成果的基础上，采用 9.1 节所述相同的原材料和蒸养制度，设计了 4 组混凝土组成(表 10.4.1)，考虑了不同矿物掺合料组合对蒸养混凝土热损伤的影响，通过测试蒸养后混凝土的毛细吸水高度来评价各蒸养混凝土的热损伤情况。

表 10.4.1　不同胶凝材料组成试件配合比　　　(单位：kg/m³)

试件	水泥	粉煤灰	矿渣	硅灰	砂	石灰石	减水剂
C0	450	0	0	0	700	1240	4.5
C1	315	90	45	0	660	1210	4.5
C2	315	112.5	0	22.5	660	1210	4.5
C3	350	100	50	0	660	1180	4.5

考虑实际混凝土由表及里不同位置处的孔隙结构及吸水性能的不同(热损伤程度不同)，采用逐渐逼近表层的切片测试方法，按图 10.4.1 所示进行切片，以得

到的图示阴影面为测试面，测试混凝土暴露表层及其下 1cm、3cm 层面的毛细吸水高度，分别记为 0、1、3。为方便比较，同时测试了标养混凝土的毛细吸水高度。28d 龄期时标养混凝土和蒸养混凝土表层、中层及下层位置处的毛细吸水性测试结果如图 10.4.2 所示。

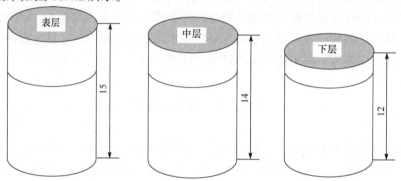

图 10.4.1　混凝土由表及里不同位置处毛细吸水性测试面切片取样示意图(单位：cm)

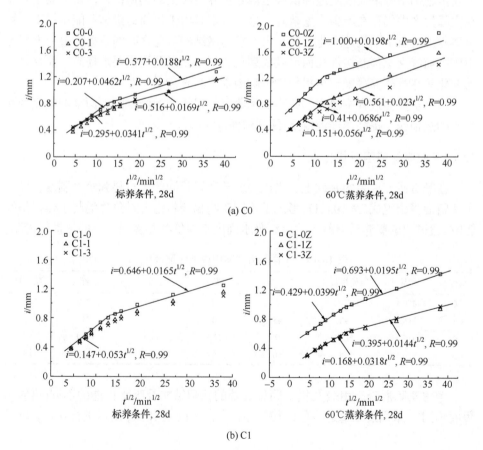

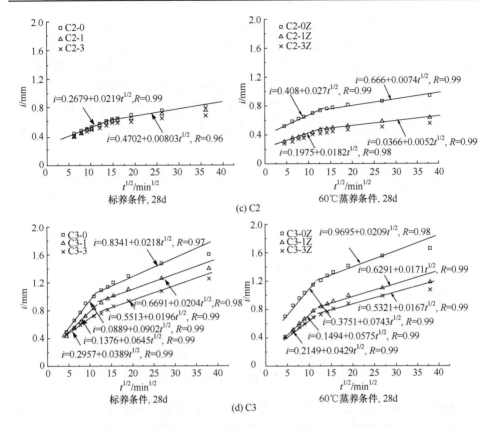

图 10.4.2　4 组混凝土由表及里不同位置处的毛细吸水性结果

对比图 10.4.2(a)、(b)中的结果可以看出，试样的毛细吸水性与其胶凝材料组成密切相关。复掺粉煤灰和矿渣混凝土(C1)28d 龄期时的毛细吸水性明显低于蒸养基准水泥混凝土(C0)的毛细吸水性(S=0.686)，这说明在蒸养条件下，复掺粉煤灰和矿渣对混凝土毛细吸水性有积极改善作用。

由图 10.4.2(c)的结果可知，当粉煤灰与硅灰组合(C2)时，由于硅灰早期活性高以及蒸养温度的影响，28d 龄期时的吸水性比其他体系蒸养混凝土都要低。

由图 10.4.2(d)可看出，混凝土 C3 的胶凝材料组成与 C1 一致，但胶凝材料总量较大，对比混凝土 C1，混凝土 C3 的毛细吸水性略有增大。这表明胶凝材料用量过大对于混凝土毛细吸水性将产生一定的负面影响。

以上分析表明，选择合适的胶凝材料组成和较低的胶凝材料用量，可以有效降低蒸养混凝土的毛细吸水性。在本节试验条件下，从 28d 龄期混凝土毛细吸水性变化来看，采用复掺粉煤灰和硅灰组合(C2 系列混凝土)对于改善蒸养混凝土的毛细孔隙结构比复掺粉煤灰和矿渣更为有效。

　　为了进一步探究其他胶凝材料体系对蒸养混凝土性能的影响，设计一种由粒度为 400 目的石灰石粉、粒度为 2000 目的偏高岭土、水泥组成的新胶凝材料体系 CML(70%水泥+20%偏高岭土+10%石灰石粉)，在体系中引入高活性的偏高岭土(粒度为 2000 目)和几乎惰性的石灰石粉，以便在提高混凝土早期强度的同时，减少蒸养过程中热损伤。试验与上述复掺粉煤灰和矿渣混凝土体系(CSF)进行对比，同时考虑两种蒸养温度(40℃和 60℃)，试验测试得到的毛细吸水性能如图 10.4.3 所示，图中示例后的数值表示蒸养温度。

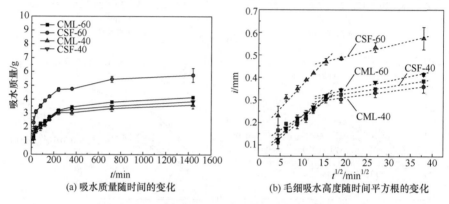

(a) 吸水质量随时间的变化　　　　　　(b) 毛细吸水高度随时间平方根的变化

图 10.4.3　两种胶凝材料体系毛细吸水性测试结果

　　由图 10.4.3 可知，无论哪种胶凝材料体系，60℃蒸养温度时，试件的毛细吸水性都更大。表明相对于 40℃蒸养，60℃蒸养会导致混凝土表面损伤程度更大，其孔隙结构劣化更为严重。从胶凝材料体系来看，CML 体系毛细吸水性更小，表明其受损伤程度小于 CSF 体系，这主要是因为 CML 体系中加入了比粉煤灰和矿粉粒径更小的偏高岭土，可以起到填充孔隙的作用，改善水泥和混凝土的微观结构，细化孔结构。CML 体系具有更好地抑制蒸养过程中的热损伤能力。

10.4.2　表层保湿蒸养工艺

　　基于理论分析和实践发现，蒸养混凝土成型面的微结构、性能均要差于其他表面，分析认为这主要是由于直接暴露于蒸汽中时，出现了更为剧烈的热质传输。因此，在蒸养时采用三种工艺方式：未覆盖、覆盖双层土工布和覆盖塑料膜，蒸养后混凝土放置于标养室内继续养护，标准养护试件一直放置于标养室内。本节以表 10.4.1 中 C3 组混凝土为研究对象，测试了相应试件表层的毛细吸水性能，以此来评价表层保湿覆盖工艺的效果，试件在不同覆盖条件下的毛细吸水性测试结果如图 10.4.4 所示。

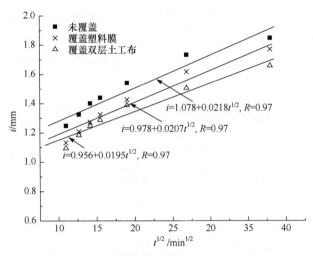

图 10.4.4　C3 组混凝土在不同蒸养工艺条件下的毛细吸水性测试结果

从图 10.4.4 中结果可知，基准条件(未覆盖)蒸养混凝土的表层毛细吸水高度最高。相比基准条件，表层覆盖塑料膜后的蒸养混凝土毛细吸水高度降低 5%，覆盖双层土工布的降低 11%。

试验过程中也观察了采用不同覆盖工艺的混凝土表层的变化，发现采用覆盖措施的蒸养混凝土表层不会出现掉皮、起壳的现象，这说明覆盖能改善混凝土表面的外观质量，但也发现覆盖塑料膜的混凝土蒸养后表层会留有塑料贴在上面形成的小褶皱，而覆盖双层土工布的表层无此现象。这些褶皱是由表层水泥砂浆被部分挤压后形成的。由于开始覆盖时，混凝土表层浆体局部较低位置存留了一些水分，塑料膜会直接粘贴在此处的混凝土表面；当开始升温后，蒸养箱内温度逐渐升高，蒸汽接触到冷的塑料膜后凝结，冷凝水也会积聚在相应较低部位的粘贴塑料膜上；此时浆体还是塑性的，冷凝水的重力将使得表层的塑料膜不平整，当表层浆体通过塑料膜吸收蒸汽热量后快速水化变硬就出现了褶皱。

覆盖双层土工布能在蒸养过程中一直紧密贴合表层，可起到较好的保湿作用且能隔断蒸汽与混凝土表层的直接接触,保证表层在蒸养过程中良好的水化环境。对塑料膜覆盖而言，在蒸养结束后，可发现塑料膜和大部分混凝土表层脱开，混凝土表层和不覆盖时的干燥程度相近，这将导致混凝土表层水化受到一定程度的影响。以上分析表明，对蒸养混凝土试件的成型表面采用土工布对混凝土成型面覆盖更有利于改善蒸养混凝土的质量。

10.4.3　后续水养护措施

1. 毛细吸水性的变化

蒸养混凝土经过十几个小时的蒸养过程，由于其水化及结构形成还未完成，蒸养后的养护方式对于混凝土性能将产生重要影响，尤其是对受蒸养温度影响最大的表层混凝土。为此，采用表 10.4.1 所示的 C3 组混凝土，并设计了表 10.4.2 所示的几种后续水养护工艺，以考察后续养护对蒸养混凝土热损伤的抑制作用。

表 10.4.2　　不同养护条件描述及试件编号方法

养护制度	描述	温度和湿度状态	试件编号方法
E1	标养	气温(20±2)℃，RH 90%	1B-1、1B-2、1B-3
E2	27d 空气养护	气温 25℃, RH 75%	1ZK-1、1ZK-2、1ZK-3
E3	3d 浸水+24d 空气养护	水温 20℃, RH 100% 气温 25℃, RH 75%	1Z3-1、1Z3-2、1Z3-3
E4	7d 浸水+ 20d 空气养护	水温 20℃, RH 100% 气温 25℃, RH 75%	1Z7-1、1Z7-2、1Z7-3
E5	27d 浸水养护	水温 20℃, RH 100%	1ZS-1、1ZS-2、1ZS-3

注：1B-1、1B-2、1B-3 分别表示 E1 标养混凝土立方体试件上、中、下 3 个部位；RH 为相对湿度。

试验研究了 C3 组混凝土试件经 60℃蒸养后再经不同养护方式处置后各自毛细吸水性的变化，并与标养试件进行了比较，试验结果如图 10.4.5 和图 10.4.6 所示。从图 10.4.5 中的结果可以看出，标养试件和蒸养试件两者的毛细吸水性均存在两个不同的阶段，即在初始阶段水吸附速率较大，而后水吸附速率随之降低；同时，标养试件暴露表层与内部层面之间的水吸附性能也存在不同，但这种不同相比蒸养试件存在的梯度要小得多[17]；比较两者暴露表层位置处的水吸附速率可

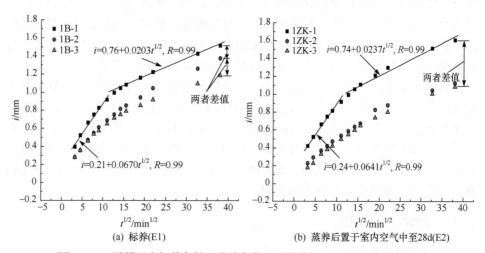

图 10.4.5　混凝土在标养条件和蒸养条件后不同养护下的毛细吸水性结果

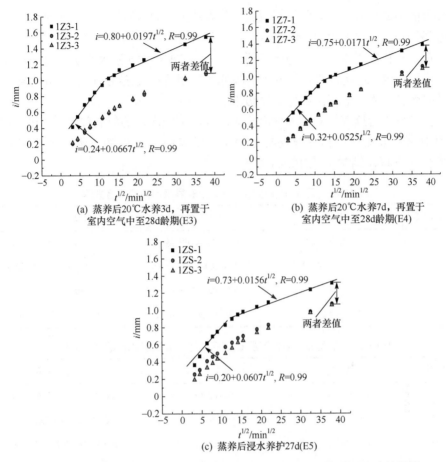

图 10.4.6　混凝土经 60℃蒸养后再在不同养护方式处置下的毛细吸水性结果

知，两者的水吸附速率基本相似，但是蒸养试件内部各层处的水吸附速率要小于标养试件。这主要是由于在掺加矿物掺合料条件下，标养 28d 龄期时掺合料的水化程度较低，试件中仍存在较多的毛细孔隙，而蒸养过程加速了试件的水化过程，促进了水化产物的生成，内部微观结构更为密实，但蒸养对暴露表层存在较大的损伤作用，因而其表层的水吸附特性并未改善。

图 10.4.6 中的结果表明，蒸养后的试件再进行不同的常温水养护对其水吸附性能存在较明显的影响。相对于蒸养后一直置于空气中至 28d 的试件，在蒸养后进行 7d 时间的常温水养护，可明显降低蒸养试件暴露表层的水吸附速率，从而大大降低了表层与内部的毛细吸水性梯度。这说明蒸养结束后再进行浸水养护能较好地改善蒸养混凝土性能。原因可能在于早期的干燥将导致水泥水化在水化产物还未较密实填充孔隙时停止，形成连通的多孔结构[18]，且混凝土表面水分向外界

迁移可能形成微裂缝。试验结果表明，蒸养结束后的水养护，有利于水泥、矿物掺合料等胶凝材料的水化持续进行，形成更为密实的结构。

　　进一步比较图 10.4.6(b)与(c)可看出，后续 7d 和 27d 浸水养护，对于蒸养混凝土表层与内部的毛细吸水性梯度的降低作用相差不大，这说明后续 7d 水养护已能消除蒸养过程对混凝土产生的损伤作用。

　　为了分析后续养护对蒸养混凝土表层和内部吸水性的影响程度，由图 10.4.5 和图 10.4.6 可拟合得到蒸养混凝土表层与距表面 5cm 层的毛细吸水高度随时间的变化方程，结果见表 10.4.3 和表 10.4.4。

表 10.4.3　不同养护条件下混凝土表层吸水性的拟合方程

养护制度	描述	前段拟合方程	后段拟合方程
E2	27d 空气养护	$i=0.24+0.0641t^{1/2}, R=0.99$	$i=0.74+0.0237t^{1/2}, R=0.99$
E3	3d 浸水+24d 空气养护	$i=0.24+0.0667t^{1/2}, R=0.99$	$i=0.80+0.0197t^{1/2}, R=0.99$
E4	7d 浸水+20d 空气养护	$i=0.32+0.0525t^{1/2}, R=0.99$	$i=0.75+0.0171t^{1/2}, R=0.99$
E5	27d 浸水养护	$i=0.20+0.0607t^{1/2}, R=0.99$	$i=0.73+0.0156t^{1/2}, R=0.99$

表 10.4.4　不同养护条件下混凝土距表面 5cm 层吸水性的拟合方程

养护制度	描述	前段拟合方程	后段拟合方程
E2	27d 空气养护	$i=0.11+0.0390t^{1/2}, R=0.99$	$i=0.37+0.0206t^{1/2}, R=0.97$
E3	3d 浸水+24d 空气养护	$i=0.073+0.0421t^{1/2}, R=0.99$	$i=0.376+0.0189t^{1/2}, R=0.99$
E4	7d 浸水+20d 空气养护	$i=0.117+0.039t^{1/2}, R=0.99$	$i=0.375+0.0202t^{1/2}, R=0.99$
E5	27d 浸水养护	$i=0.13+0.0412t^{1/2}, R=0.99$	$i=0.437+0.0169t^{1/2}, R=0.99$

　　从表 10.4.3 中的结果可以看出，对前段拟合出的表层毛细吸水系数而言，混凝土蒸养后不进行水中养护，一直置于室内空气中至 28d 的毛细吸水系数最高，毛细吸水系数 S 为 0.0641；蒸养脱模后一直浸水养护试件的毛细吸水速率和浸水 7d 的较为接近。因此，蒸养后的试件再进行不同时间的常温水养护，对混凝土表层水吸附性能存在较为明显的影响。由表 10.4.4 中的结果可知，对距表面 5cm 层的毛细吸水系数而言，不论采取何种后续养护，毛细吸水系数变化均不明显，这表明后续水养护对距表面 5cm 处结构的影响较小，前述毛细吸水性梯度的降低主要是由于表层吸水性降低。

　　上述结果表明，对蒸养试件采取合适的后续水养护非常必要，在蒸养后对混凝土进行常温浸水 7d 养护可有效改善蒸养混凝土微观结构及性能。

2. 脆性的改善作用

为研究后续养护对蒸养混凝土脆性的减小作用,试验采用表 10.4.5 所示配合比成型砂浆试件,各材料性质同前。试验研究各试件在经 60℃ 蒸养后再采用不同后续养护方式处置对试件折压比(本节拟采用折压比参数来简单反映试件脆性的变化)的影响,结果如图 10.4.7 所示。

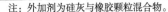

表 10.4.5　测试折压比的砂浆试件试验配合比(质量比)

试件	水泥	粉煤灰	矿渣	外加剂	砂	水
M1	1.0	0	0	0	3.0	0.5
M2	0.7	0.2	0.1	0	3.0	0.5
M3	0.685	0.18	0.1	0.035	3.0	0.5

注:外加剂为硅灰与橡胶颗粒混合物。

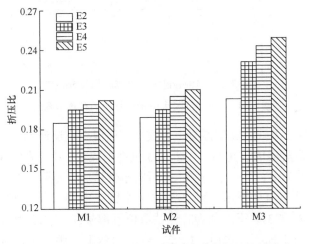

图 10.4.7　后续养护方式对试件 28d 龄期折压比的影响

由图 10.4.7 中的结果可见,随着后续水养护时间的延长,3 组试件的折压比呈现逐渐增大的趋势,这说明后续水养护对砂浆试件脆性有较好的降低作用。在急剧蒸养(无预养,快升温)下会产生较大的内应力,混凝土抗拉强度会显著降低[10]。同时也可看到,胶凝材料组成不同会影响试件的折压比。分析认为,后续水养护能改善蒸养混凝土的韧性,降低其脆性,主要归因于后续水养护能消除蒸养后混凝土中的残余内应力,而且水养护时间延长,更有利于提高试件的折压比。

10.4.4　钢筋率的影响

蒸养混凝土主要用于生产预制构件,其与钢筋之间的相互影响关系是值得关注的问题。光圆钢筋可能导致蒸养混凝土与钢筋之间的黏结强度降低，蒸养混凝土预制构件一般使用螺纹钢筋作为骨架。为此，试验采用螺纹钢筋制作三种形式一致但高度不同的钢筋骨架，放置于 550mm × 150mm × 150mm 试模内，使钢筋骨架距试模表面分别为 7.5cm(G1)、5cm(G2)、2.5cm(G3)，来模拟蒸养混凝土近表层区域有无钢筋约束和对热损伤的影响(图 10.4.8)[7]。

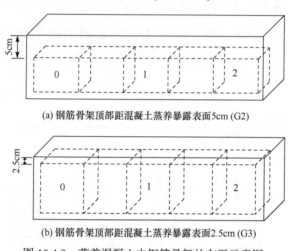

(a) 钢筋骨架顶部距混凝土蒸养暴露表面5cm (G2)

(b) 钢筋骨架顶部距混凝土蒸养暴露表面2.5cm (G3)

图 10.4.8　蒸养混凝土中钢筋骨架的布置示意图

　　采用表 10.4.1 中的 C3 组混凝土，成型钢筋混凝土试件 G1、G2、G3，蒸养结束后继续标养至第 7d，在 G1、G2、G3 试件中取左、中、右侧 3 个芯样，然后再切割每个芯样为上、中、下三层，进行吸水性试验，得到的芯样试件毛细吸水性试验结果如图 10.4.9 所示，图中示例 3 个数字中第一个为试件编号(1、2、3分别为 G1、G2、G3)，第二个为芯样钻取位置编号(1、2、3 表示左、中、右)，第三个为芯样由上向下部位(0、1、2，依次表示上、中、下位置)，例如，110指的是 G1 表层左侧芯样，111 指的是 G1 表层中部芯样，112 指的是 G1 表层右侧芯样，其他同。

　　由图 10.4.9 可知，G3 混凝土芯样的表层吸水性最低，G3 混凝土内部的钢筋骨架距离混凝土顶面为 2.5cm，离表层混凝土最近，这说明钢筋约束对蒸养混凝土表层的吸水性有一定的降低效果。进一步比较图 10.4.9(d)中的结果可知，同在G3 混凝土中，当芯样位于试件中部时，芯样表层混凝土吸水性低于左右两侧位置的表层混凝土。这表明，受钢筋约束最强的试件 G3 的表层毛细吸水性低于试件G2 和 G1，而且位于试件 G3 中部的表层吸水性在所有测试的表层中是最低的。这说明钢筋约束对混凝土的吸水性有一定的降低效果，这应归因于钢筋约束混凝土收缩的作用。

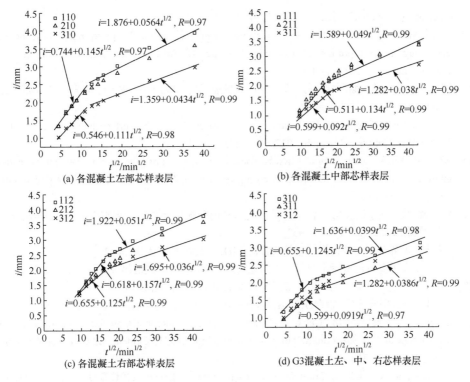

图 10.4.9 钢筋约束对混凝土毛细吸水性的影响结果

10.5 小 结

基于前述对蒸养混凝土微结构与性能的分析，本章本着对蒸养混凝土热损伤进行较为全面阐述的思路，详细介绍了蒸养混凝土热损伤的基本内涵、表现形式、发生机理及抑制方法。

(1) 蒸养混凝土热损伤主要有肿胀变形、孔结构劣化以及脆性增加等三种表现形式。

(2) 蒸养混凝土的热损伤主要源于较高温度的蒸养湿热过程引起水化系统发生的特定物理、化学及物理化学作用，造成混凝土内部水化物相性态、微细观结构发生劣化。

(3) 通过胶凝材料组成优化设计、蒸养过程中对暴露面覆盖处理以及蒸养后采取适当养护措施，均能较好地抑制蒸养混凝土热损伤。

参 考 文 献

[1] Ho D W S, Chua C W, Tam C T. Steam-cured concrete incorporating mineral admixtures[J].

Cement and Concrete Research, 2003, 33(4): 595-601.

[2] Li M, Wang Q, Yang J. Influence of steam curing method on the performance of concrete containing a large portion of mineral admixtures[J]. Advances in Materials Science and Engineering, 2017, 2017: 1-11.

[3] 贺智敏，龙广成，谢友均，等. 蒸养混凝土的表层伤损效应[J]. 建筑材料学报，2014,17(6): 994-1000.

[4] Long G, He Z, Omran A. Heat damage of steam curing on the surface layer of concrete[J]. Magazine of Concrete Research, 2012, 64(11): 995-1004.

[5] Wang M, Xie Y, Long G, et al. Microhardness characteristics of high-strength cement paste and interfacial transition zone at different curing regimes[J]. Construction and Building Materials, 2019, 221: 151-162.

[6] 贺智敏，龙广成，谢友均，等. 蒸养水泥基材料的肿胀变形规律与控制[J]. 中南大学学报(自然科学版), 2012, 43(5): 1947-1953.

[7] 贺智敏. 蒸养混凝土热伤损效应及改善措施[D]. 长沙: 中南大学, 2012.

[8] 贾耀东. 蒸养高性能混凝土引气若干问题的研究[D]. 北京: 铁道部科学研究院, 2005.

[9] 庞强特. 混凝土制品工艺学[M]. 武汉: 武汉工业大学出版社, 1990.

[10] 铁道部丰台桥梁工厂. 混凝土的蒸汽养护[M]. 北京：中国建筑工业出版社, 1979.

[11] Akçaoğlu T, Tokyay M, Celik T. Assessing the ITZ microcracking via scanning electron microscope and its effect on the failure behavior of concrete[J]. Cement and Concrete Research, 2005, 35(2): 358-363.

[12] Famy C, Scrivener K L, Crumbie A K. What causes differences of C-S-H gel grey levels in backscattered electron images?[J]. Cement and Concrete Research, 2002, 32(9): 1465-1471.

[13] Escalante G J I, Sharp J H. Variation in the composition of C-S-H gel in Portland cement pastes cured at various temperatures[J]. Journal of the American Ceramic Society, 1999, 82(11): 3237-3241.

[14] Kjellsen K O, Jennings H M. Observations of microcracking in cement paste upon drying and rewetting by environmental scanning electron microscopy[J]. Advanced Cement Based Materials, 1996, 3(1): 14-19.

[15] Elkhadiri I, Puertas F. The effect of curing temperature on sulphate-resistant cement hydration and strength[J]. Construction and Building Materials, 2008, 22(7): 1331-1341.

[16] 王猛，龙广成，石晔，等. 基于纳米压痕技术的蒸养高强水泥浆体微观力学性能试验研究[J]. 电子显微学报, 2015, 34(6): 476-480.

[17] Khatib J M, Mangat P S. Absorption characteristics of concrete as a function of location relative to casting position[J]. Cement and Concrete Research, 1995, 25(5): 999-1010.

[18] 刘竞，邓德华，刘赞群. 养护措施和湿养护时间对掺与未掺矿渣混凝土性能的影响(英文)[J]. 硅酸盐学报, 2008, 36(7): 901-911.

第 11 章　蒸养混凝土发展趋势

在科技发展日新月异、社会经济深刻变革、可持续发展任务紧迫的形势下，作为水泥混凝土技术发展的重要方向——蒸养混凝土(预制构件)也面临着性能提升、技术革新和可持续发展的迫切要求。实际上，这些年来蒸养混凝土及其预制构件在高性能化、绿色化(低碳)方向发展道路上取得了很大的成绩。然而，建筑技术快速发展以及绿色建筑和建筑工业化的发展，对蒸养混凝土及其预制构件提出了新的更高要求，蒸养混凝土(预制构件)技术需要加快迎接新技术革新的步伐。本章基于混凝土预制构件发展要求，从高性能蒸养混凝土、绿色高性能早强混凝土新技术两方面探讨蒸养混凝土及其预制构件的发展趋势。

11.1　概　　述

蒸养混凝土是混凝土预制构件常用的基础材料之一，其发展必然需要顺应混凝土预制构件创新发展的需求。

近年来我国混凝土预制构件发展迅速。根据《2018 年度预制混凝土行业发展报告》，2018 年我国各地掀起了推进装配式建筑的发展热潮，取得了建筑产业化前所未有的全新发展局面，随着我国装配式建筑的大力推广发展，预制混凝土技术和产品的开发创新已成为建筑技术创新的热点，预制混凝土构件的用量出现快速增长，预制混凝土生产企业的数量增长迅速，据不完全统计，2018 年全国各地新建预制混凝土工厂生产线近 200 条。截至目前，全国设计规模在 3 万 m³ 以上的预制混凝土工厂已近 1000 家，其中新建的预制混凝土工厂已超过 600 家。

目前，我国预制混凝土构件类型主要集中在预制墙板、预制楼板、预制梁、预制柱、预制楼梯、预制阳台、预制空调板等住宅建筑构件方面；预制管廊、预制桥梁、预制管片等市政基础设施类预制构件的市场需求量稳步增长，其他公共建筑、工业建筑等领域的预制混凝土产品也逐步引起重视，预制混凝土产品细分及多元化发展趋势逐渐明朗。

另外，工程建设的绿色发展是永恒的主题，特别是国家实施绿色建筑和建筑工业化以来，更是突显了工程建设绿色发展的重要性。工程建设绿色发展的内涵广泛，其中作为物质基础之一的混凝土预制构件的绿色发展是不可或缺的一环。总体而言，满足绿色低碳和资源节约型、环境友好型的社会发展要求，实现节约人工、改善环境、降低能耗、提高生产效率及提高工程结构品质，是混凝土预制构件的发展趋势。为满足混凝土预制构件的创新发展需求，蒸养混凝土需向着高性能、绿色化方向发展。

11.2　高性能蒸养混凝土

11.2.1　性能特征

高性能混凝土是工程结构得以满足设计功能和服役寿命的重要保障之一。吴中伟院士指出，高性能混凝土是具有特殊性能组合和高均质性的混凝土。高性能混凝土不是混凝土的一个具体品种，而是混凝土的性能或质量、状态，或是一种质量控制目标。对于不同的工程对象，高性能混凝土有不同的强调重点，即特殊性能组合，但需具有较高的均质性。为了保证混凝土的耐久性，有利于节约资源，高性能混凝土在原材料选择、混凝土拌和、输送和养护各个环节均需采取有别于传统混凝土的技术措施。

高性能蒸养混凝土是高性能混凝土的一种类型，其特殊的性能组合要求是：满足预制构件生产和服役所规定的拌和物施工性能、硬化体力学性能及耐久性能。与现浇混凝土不同之处在于：蒸养混凝土在成型后的几小时内即采用较高温度蒸汽进行养护实现早强并在不到 1d 的时间内拆模制成成品。前已述及，在早期的快速蒸养过程中，常易导致混凝土出现热损伤，这种热损伤往往会使混凝土存在质量缺陷而使其耐久性能及长期性能不佳。高性能蒸养混凝土则需要尽量降低甚至避免蒸养过程中的这种热损伤，以保证耐久性，并为最终实现高品质蒸养混凝土预制构件生产制造提供基础。

11.2.2　制备技术

传统的蒸养混凝土存在诸多缺陷，包括表观易出现裂损、内部孔隙结构粗化、界面微裂缝增多、脆性增加而易发生脆裂以及耐久性差等。因此，亟须发展高性能蒸养混凝土技术。剖析传统蒸养混凝土存在问题的原因可知，要制备高性能蒸养混凝土，需要从材料组成参数、工艺措施等两方面进行优化。主要的技术措施如下。

1. 原材料及配合比参数优化技术

原材料及其配合比参数是确保混凝土性能的基本要素。蒸养混凝土的原材料组成选择及配合比参数设计，除了要遵照拌和物性能、力学性能、耐久性能及经济性原则外，还要满足蒸养适应性要求，即尽可能降低或避免蒸养过程对其产生的热损伤。由前述实践可知，采用合适的矿物掺合料与水泥复合作为胶凝组分较适合蒸汽养护，可较好地降低热损伤现象，获得良好的力学性能和耐久性能。图 11.2.1 给出了基准水泥及其与粉煤灰、矿渣组成的复合胶凝材料体系的各混凝土经蒸养后的强度变化结果。可以看到，不同胶凝材料组成的蒸养混凝土强度呈现较大差别。相较于基准水泥混凝土，单掺 30%及 50% I 级粉煤灰、S95 矿渣的混凝土在所测各龄期下的强度均较低；然而，复掺粉煤灰和矿渣的混凝土 28d 龄期后的强度则与基准水泥混凝土相似。值得注意的是，复掺粉煤灰和矿渣的蒸养混凝土更好地适应了蒸汽养护，可获得比基准水泥混凝土更好的耐久性能。显然，采用合适的矿物掺合料是制备高性能蒸养混凝土的重要技术途径之一。

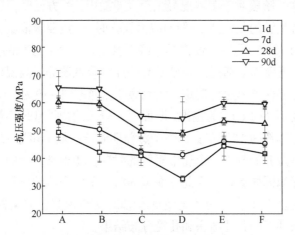

图 11.2.1 60℃蒸养条件下各胶凝材料组成的混凝土抗压强度变化
A.基准水泥组；B.复掺 20%粉煤灰和 10%矿渣组；C.单掺 30%粉煤灰；D.单掺 50%粉煤灰；
E.单掺 30%矿渣；F.单掺 50%矿渣

同时，为了尽可能降低蒸养过程对混凝土造成的热损伤，还应从以下三方面进行优化。

(1) 选择级配优良的骨料组成，形成密实堆积的骨架系统。

(2) 尽可能采用较低的用水量，以使混凝土在蒸养前的自由水含量少，避免液相过大的热膨胀效应。

(3) 尽可能选用可增强拌和物触变性的组分(如较高活性的胶凝材料)，以使体系在蒸养前的静停阶段形成具有较高内聚力的结构，从而抵抗蒸养过程中液相、气相过大膨胀的不利影响。

2. 生产工艺

生产工艺技术是确保混凝土性能和质量的重要一环。对蒸养混凝土而言，涉及的工艺技术包括混凝土拌和、浇筑成型、蒸汽养护以及蒸养后续养护等。混凝土拌和主要是保证混凝土的拌和均匀性和拌和物的工作性，通常预制构件采用振捣密实成型，拌和物合适的施工性能可保证浇筑成型后混凝土的密实性，并且不出现分层离析现象。在实际生产中，不同构件采用的拌和物工作性并不相同，我国铁路生产预应力轨枕时，采用低塑性混凝土，并通过强力振捣密实成型；而在制作一些构造复杂的大型构件如箱梁、轨道板时，则采用坍落度较大的流动性混凝土，以便于高效、高质量地实现浇筑密实成型。

混凝土浇筑成型后，即将进入由静停、升温、恒温及降温等阶段组成的蒸汽养护制度期，这一阶段对于蒸养混凝土至关重要[1]：一方面要保证在较短的蒸养期后混凝土具有足够的脱模强度(如预应力放张时，一般要求混凝土脱模抗压强度达到设计强度的75%)；另一方面需尽量降低甚至避免蒸养过程的热损伤，而降低蒸养期的热损伤通常需要通过适当延长静停期和降低蒸养最高温度。因此，蒸养制度需要结合上述两方面综合确定。实践表明，静停期一般为3h，蒸养最高温度以构件芯部温度不超过60℃为基准，断面尺寸较大的构件常采用最高养护温度为45℃，升降温速率约为15℃左右，整个蒸养期时长一般不超过15h。

蒸养期仅是蒸养混凝土一个非常短暂的时期，蒸养结束后的养护过程对蒸养混凝土的性能保障同样重要。因此，在蒸养后，采取合适的养护措施对蒸养混凝土显得非常重要。表11.2.1为各典型浆体(C60蒸养混凝土去除骨料制得)在蒸养后及后续水养条件下的总孔隙率和孔径分布结果。

表11.2.1　60℃蒸养下不同水养方式对(蒸养混凝土)浆体孔隙结构的影响

编号	总孔隙率/(mL/g)	孔径<20nm		20nm<孔径≤50nm		50nm<孔径≤200nm		孔径>200nm	
		孔隙率/(mL/g)	孔径百分比/%	孔隙率/(mL/g)	孔径百分比/%	孔隙率/(mL/g)	孔径百分比/%	孔隙率/(mL/g)	孔径百分比/%
		0.1437	98.50	0.0008	0.54	0.0007	0.49	0.0006	0.48
B(水养1d)	0.1149	0.1135	98.78	0.0003	0.26	0.0004	0.34	0.0007	0.60
C(水养7d)	0.0939	0.0927	98.72	0.0004	0.42	0.0008	0.85	0	0
D(水养14d)	0.0716	0.0706	98.60	0.0004	0.55	0.0006	0.08	0	0

从表11.2.1中的结果可以较好地获得蒸养后及采取不同水养时间硬化浆体的孔结构特征信息。这些信息表明，蒸养后试件总孔隙率较大，为0.1458mL/g。与

蒸养结束时相比，继续水养 1d、7d、14d 再在空气中养护至 28d 时各样品的孔隙率均有较大降低。随着水养时间的延长，试件的总孔隙率下降，水养 1d 再在空气中养护至 28d 时试件孔隙率为 0.1149mL/g，当延长水养至 7d 和 14d 时，总孔隙率分别为 0.0939mL/g 和 0.0716mL/g，分别下降了 18.2%和 37.7%，可见，水养时间的延长有利于硬化浆体总孔隙率的下降[2]。

从各试件的孔径分布来看，各试件孔隙大小基本小于 20nm，蒸养后及水养不同时间至 28d 时，20nm 以下的孔均占到试件孔总量的 98%左右。水养时间的长短，对大孔的分布有一定影响。蒸养后及水养 1d 的试件还存在少量 200nm 以上的有害孔，而水养 7d 和 14d 再在空气中养护至 28d 的试件则完全不含有 200nm 以上的有害孔。可见，延长水养时间可降低有害孔的数量，细化孔隙结构，有利于其宏观性能的发展。

总体而言，从组成材料与配合比参数、工艺技术等方面，可较好地提升蒸养混凝土及其预制构件(制品)的性能，实现高性能蒸养混凝土(制品)的生产制造。

11.3　绿色高性能早强混凝土

随着我国环境友好型、资源节约型社会的建设和建筑工业化的发展，混凝土预制行业也正在为其绿色发展、可持续发展寻求新的破解之道。低能耗、高性能的早强混凝土技术越来越受到预制行业的重视，这不仅有利于提高预制构件的生产效率，降低生产能耗，增强绿色度，而且具有良好的社会经济效益。因此，绿色高性能早强混凝土技术成为混凝土及其预制构件(制品)行业的重要发展方向。

11.3.1　内涵与特征

混凝土及其预制构件绿色发展主要包括其生产制造、施工安装以及服役等过程中的节能(如低能耗)、环保(低噪声、少排放温室气体等)、少消耗原生资源、长寿命使用等方面。

传统的蒸汽养护等热养护方式存在较多弊端，耗费大量能源和资源，对环境产生一定污染，也易使构件外观产生较大的色差。早期强度提升较快，易导致构件产生表面裂缝和贯穿裂缝，影响预制构件的整体质量，需进行多次修补和维护，增加生产成本。显然，为了尽可能节约能耗、保证生产质量、加快模具周转、降低产品生产成本，亟须进一步研究发展新型低能耗混凝土及其预制构件技术。这将有利于推进我国环境友好型、资源节约型社会的建设和建筑工业化的发展。

　　混凝土的绿色发展一直受到广泛关注，也进行了很多有益的探索[3~6]。我国混凝土材料研究的泰斗吴中伟在国内最早提出绿色高性能混凝土(green high performance concrete，GHPC)的概念，指出 GHPC 是混凝土的发展方向，更是混凝土的未来，并认为 GHPC 应具有下列特征[7]：①更多地节约水泥熟料，更有效地减少环境污染，大量降低料耗与能耗；②更多地掺加以工业废渣为主的掺合料；③更大地发挥高性能的优势，减少混凝土和水泥的用量；④应用范围广。这些特征同样也适用于绿色高性能早强混凝土。绿色高性能早强混凝土的基本性能特征是早强，需要达到设计目标要求的早期强度，而绿色、高性能则是其更高层次的要求。

11.3.2　技术途径

　　为了实现绿色高性能早强混凝土的基本性能特征，需要创新既有蒸养(或其他方式)早强混凝土技术。从目前的认知来看，实现水泥混凝土材料的绿色化主要有以下途径：一是大量使用低碳的矿物掺合料替代水泥；二是降低水泥生产能耗或者开发新的低碳水泥品种；三是提高混凝土结构耐久性，延长结构使用寿命。第一条技术已趋于成熟，包括使用少量矿物掺合料改善水泥性能，以及大掺量矿物掺合料的创新性使用等；第三条的好处显见，但受制于投资、设计、施工质量和使用目的变化，常不易实现；第二条则处于一直在努力探索的状态，如能够成功并实现大规模应用，则可最大限度地降低碳排放。开发新的低碳水泥品种有多种技术路线，如贝利特-硫铝酸盐-铁酸盐水泥以及地聚物水泥等，这些新型水泥均可较大幅度降低二氧化碳排放，但仍存在成本高、性能特殊等诸多问题需要解决。

　　近年来，鉴于传统蒸养混凝土技术的缺点，相关人员开展了大量免蒸养早强混凝土技术的研究工作，也取得了许多有益的成果[8~10]。研究实践表明，为了实现免蒸养早强混凝土(预制构件)生产，不仅要采用降低水胶比、增加水泥掺量、掺加微硅粉等技术措施，而且还应采用适当的具有早强作用的外加剂，主要包括聚羧酸类减水剂和各类早强剂。早强剂是混凝土常用的外加剂，主要有无机和有机两类，前者包括亚硝酸盐早强剂等，后者主要有甲酸钙、三乙醇胺等[11]。

　　归纳起来，实现绿色高性能早强混凝土的技术途径主要有：早强型复合胶凝材料技术，包括高性能水泥技术和高强高性能矿物外加剂技术；早强型化学外加剂技术；热活化技术，如蒸汽养护、蒸压养护、红外和微波养护等；其他物理化学活化方式，如磁化水、晶种技术。二氧化碳养护也在一些非钢筋混凝土制品生产中运用。以下对各技术途径进行简述。

1. 早强型复合胶凝材料技术

(1) 早强高性能水泥技术。

提高水泥熟料中各矿物组分的活性和水泥中早强矿物组分，以及增加水泥的细度是该方法提高水泥早期强度的主要方式[12]。目前水泥的超细化技术也越来越受到行业相关专家的重视，但是同时使用超细水泥和超细矿物掺合料将造成胶凝材料强度的"早长晚不长"；另外，材料的开裂敏感性增大，因此考虑胶凝材料早强的同时，必须通过不同品种和颗粒级配的胶凝材料的调粒作用优化胶凝材料的综合性能。试验研究表明，水泥基材料的微细化有助于提高单位时间内水泥的水化速率，提高混凝土早期强度，充分发挥强度潜能。熟料微细化并掺加超细混合材料后，水泥浆体中无害孔数量增多，有害孔大量减少，浆体结构更致密，强度大大提高。造成微细化水泥水化速率提高的主要原因有：比表面积大大提高，矿物的晶格缺陷增多，选择性粉磨效应造成在微小颗粒中反应活性高的铝酸盐与C_3S 的含量相对富集；助磨剂掺杂反应使矿相晶粒在一定程度上得以活化。

(2) 高性能矿物外加剂技术。

混凝土矿物外加剂是传统混凝土领域技术创新成就之一，按其作用效果可分为改性型矿物外加剂和功能型矿物外加剂。

矿物外加剂改善硬化混凝土力学行为机理主要有：复合胶凝效应，包括诱导激活效应、表面微晶化效应和界面耦合效应；微集料效应，通过改善初始堆积密实度来改善混凝土的性能。辅助胶凝材料(矿渣、粉煤灰等)在混凝土中的应用，显著降低了碳排放，并有效利用了工业生产过程中的副产品[13]。辅助胶凝材料可以使混凝土更加绿色，并改善其诸多性能，但辅助胶凝材料由于其活性较低，不利于早期强度的发展。因此，激发辅助胶凝材料早期的活性，对于绿色高早强混凝土的发展具有重要意义。为了使矿物外加剂能够提高混凝土的早期力学性能，采取的方法有机械活化，如超细粉磨；化学激发；热活化，如蒸汽养护、红外养护和微波养护等电磁养护方式。

不同种类的矿物外加剂共存于胶凝材料体系，当配合比适当时，在力学性能方面，特别是早期力学性能方面能产生单一矿物外加剂达不到的增强效果。分析表明，掺合料取代水泥时，浆体早期抗压强度的提高取决于掺合料自身参与水化反应的速度和水化产物的数量。水化产物在掺合料颗粒表面沉积的速度和浆体中硅酸盐、铝酸盐水化产物的非蒸发水量随掺合料活性的提高而提高。掺合料活性按磨细矿渣微粉、高钙粉煤灰、低钙粉煤灰的顺序降低，将磨细矿渣微粉或高钙粉煤灰与低钙粉煤灰复合，可以克服低钙粉煤灰大掺量取代水泥时混凝土早期强度降低的缺陷[14]。另外，石膏等激发剂可以促进掺加低钙粉煤灰、高钙粉煤灰、矿渣微粉水泥基材料的水化，提高混凝土的早期强度，但必须通过试验确定适宜的石膏掺量，以达到最佳的力学性能和较好的体积稳定性。

2. 早强型化学外加剂技术

早强型聚羧酸系外加剂已用于预制构件混凝土生产[15]。另外，利用萘系等传统减水剂进行改性开发早强型外加剂也是重要的技术途径之一。

实现聚羧酸系外加剂早强功能的技术途径有三种：第一种是合成常规的聚羧酸系减水剂，通过复配早强组分达到早强。该技术主要是通过研究聚羧酸系减水剂与不同类型早强组分的复合效果来优选适合的复配方案。第二种是合成聚合物本身具有较好的早强性能，该技术主要是通过对功能控制型分子结构进行系统研究，为聚羧酸系减水剂母液的多元化发展、功能可控制型设计理论提供依据。第三种方法是第一种方法和第二种方法的复合应用，需通过试验研究确定。

3. 胶凝材料的热活化技术

为了提高预制混凝土构件工厂化生产的效率，许多预制混凝土构件生产会用到热活化技术，如常用的蒸汽养护工艺等[16]。不同的胶凝材料体系需采用相应的蒸养制度，使混凝土性既能满足既定目标，又能提高生产效率。在蒸养条件下，水泥和掺合料的反应活性都得到大幅提高，使水泥水化反应和掺合料的二次水化反应都能够快速进行，从而使混凝土的早期强度大大提高。此外，蒸汽养护也可能带来一些问题，如延迟钙矾石生成的问题以及由混凝土早期强度快速发展带来的内部微缺陷增多的问题。但是由于钙矾石容易在混凝土早期生成，且其晶体具有较高的强度，在一定条件下对混凝土有增强作用。

4. 新型养护技术

微波养护技术是混凝土的新型养护技术之一[17~19]。一般预制混凝土构件均采用蒸汽养护，但蒸汽养护有其自身的缺点。与蒸汽养护相比，微波养护优点为：微波能够均匀、快速地加热混凝土，这种加热作用与混凝土的热传导能力无关；微波养护能更容易地控制能量的输入，使混凝土脱模前的加热过程得到优化。研究表明，微波养护能够在不损害制品28d强度的同时，使制品的早期强度大大提高。此外，早期的二氧化碳养护技术也能促进早期强度的增长[20~22]，但二氧化碳养护会导致混凝土中性化，削弱对钢筋的保护。

5. 磁化水、晶种技术

试验表明，用磁化水拌和混凝土不仅可以加快水泥的水化作用，增强混凝土的和易性，还可以提高混凝土的密实度和强度，缩短混凝土凝结时间、提高混凝土的抗冻融性能，节约水泥用量[23]。同时，向水泥中加入晶种(钙矾石、水化硅酸钙等),可以大大增加混凝土早期强度[24]。主要原理是让晶种成为成核活化点,从而使水化反应和结晶反应加速,促进水泥水化的作用。

6. 其他外加剂技术及免蒸养技术

高性能混凝土优良性能的实现与外加剂的发展是分不开的。从水泥生产到混凝土拌和,从施工浇筑到混凝土服役,各种外加剂在不同的阶段扮演不同的角色,起到促凝、缓凝、早强、减水、抗裂、憎水、增韧等功能性作用。甚至有些外加剂既不是为了水泥的生产,也不是为了混凝土的拌和,而是为混凝土长期服役过程提供优越的性能。复合早强技术可以取得更好的效果。如图 11.3.1 所示为 60℃蒸养与 45℃蒸养和复合早强剂条件下砂浆 1d 和 28d 强度的对比结果。可以发现,在复合早强剂和 45℃蒸养共同作用下,M3 的 1d 和 28d 强度均高于 60℃蒸养条件。说明合适的早强剂和相对较低的温度可以有效促进砂浆的强度增长。

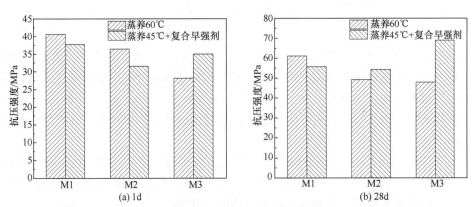

图 11.3.1　60℃蒸养与 45℃蒸养和复合早强剂条件下砂浆 1d 和 28d 强度

M1、M2 和 M3 为水灰比为 0.3 的砂浆,水泥:粉煤灰:矿渣(质量比)分别为 7:2:1、7:1:2 和 6:2:2

混凝土在不同阶段的性能要求对外加剂的要求不同。在混凝土拌和初期,混凝土的工作性能(如流变性)需要减水剂、黏度调节剂、引气剂和消泡剂发挥作用;混凝土早期的凝结性能需要缓凝剂、速凝剂进行调节,早期强度发展则需要早强剂;混凝土早中期的早期养护和湿度控制需要水分蒸发抑制剂、内养护剂、大体积混凝土的温升抑制剂、膨胀剂;混凝土后期的力学性能改善需要增韧剂、硅烷憎水剂、聚合物乳液、阻锈剂来防止混凝土的开裂并提高混凝土的耐久性能,而自修复技术则对混凝土服役过程中出现的开裂、锈蚀和碳化起到自动修复的作用。

传统的管桩生产工艺采用常压蒸养加高压蒸养,即二次蒸养工艺[25]。为克服传统生产工艺大量能源消耗以及高压蒸养对管桩混凝土性能影响等弊端,已开发出了管桩免高压蒸养生产工艺。相比于传统高压蒸养制桩工艺,免高压蒸养工艺具有改善混凝土抗锤击性和耐久性、节能环保和制桩成本低等特点[26],已在工程中获得应用[27]。

　　免蒸养工艺技术实施前，管桩生产的养护需要消耗蒸汽，高压蒸养环节还需进出高压釜，外加消耗电能、机械能、人工。表 11.3.1 列出了 PHC 管桩高压蒸养和免压蒸的能源消耗与成本。从表 11.3.1 中可知，免压蒸技术生产 PHC 管桩具有显著的技术经济效应。

表 11.3.1　不同养护方式下生产每立方米 PHC 管桩的能源消耗及成本

养护方式	高压蒸养	免压蒸
燃煤消耗量/(kg/m^3)	58.1	36.4
成本/(元/m^3)	41.5	26.0

11.4　展　　望

　　蒸养混凝土技术已取得了长足的进步。伴随现代科技日新月异，蒸养(早强)混凝土理论和技术体系必将更加完善；同时，相信也将会有更多的新技术研发成功取代蒸养方法生产制备早强型混凝土预制构件，使得预制构件混凝土在满足高早强要求的同时，还具有更好的长期性能和更加绿色化。未来以下几方面将是蒸养(早强)混凝土研究与实践的关注重点：

　　(1) 运用更为科学、先进的研究方法和监测手段，进一步深入研究蒸养非稳态过程的湿热耦合作用效应，精细化分析蒸养过程对混凝土的热损伤效应，建立相应的相关关系模型，完善蒸养混凝土热损伤理论。

　　(2) 发展更低能耗的直接加速养护方法，如直接电养护方法、自热养护方法等。蒸汽养护方法实际是一种间接加热养护方法，对混凝土加热的热蒸汽通常是通过电或烧煤等方式，热量利用率较低，能耗较大，而且温度场也不均匀。采用交流电直接作用于混凝土中进行加热，是一种直接加热方法，能量利用率高，而且在混凝土中形成的温度场也更为均匀，具有诸多优点。因此，探索更低能耗的直接加速养护方法将具有重要实践意义。

　　(3) 联合材料科学、水泥化学、高分子科学以及纳米科技等交叉学科理论与技术，进一步理解现代胶凝材料水化动力学及其与微结构、性能之间的相互关系，研发出性能可按需调控的新型胶凝材料体系、化学外加剂等，从而满足现代混凝土预制构件的生产需求。

参 考 文 献

[1] Erdoğdu S, Kurbetci S. Optimum heat treatment cycle for cements of different type and

composition[J]. Cement and Concrete Research, 1998, 28(11): 1595-1604.

[2] He Z M, Long G, Xie Y. Influence of subsequent curing on water sorptivity and pore structure of steam-cured concrete[J]. Journal of Central South University, 2012, 19(4): 1155-1162.

[3] 覃维祖. 大力发展绿色高性能混凝土[J]. 建筑技术, 2005, 31(1): 12-16.

[4] Meyer C. The greening of the concrete industry[J]. Cement and Concrete Composites, 2009, 31(8): 601-605.

[5] 韩建国, 阎培渝. 绿色混凝土的研究和应用现状及发展趋势[J]. 混凝土世界, 2016, (6): 34-42.

[6] Liew K M, Sojobi A O, Zhang L W. Green concrete: Prospects and challenges[J]. Construction and Building Materials, 2017, 156: 1063-1095.

[7] 吴中伟. 高性能混凝土——绿色混凝土[J]. 混凝土与水泥制品, 2000, (1): 3-6.

[8] 李玉, 廖国胜, 杨书超. 全免蒸养蒸压 PHC 管桩专用多功能减水剂的制备与性能研究[J]. 新型建筑材料, 2019, 46(1): 102-105, 119.

[9] 周立志, 赵鹏, 秦磊. 装配式建筑中免蒸养混凝土的研究进展[J]. 建材发展导向, 2018, 16(20): 16-19.

[10] 户广旗, 吴晓龙, 许少辉, 等. 免蒸压管桩混凝土的绿色制备及性能研究[J]. 混凝土世界, 2019, (2): 78-82.

[11] 吴蓬, 吕宪俊, 梁志强, 等. 混凝土早强剂的作用机理及应用现状[J]. 金属矿山, 2014, (12): 20-25.

[12] Sarkar S L, Wheeler J. Important properties of an ultrafine cement–Part I[J]. Cement and Concrete Research, 2001, 31(1): 119-123.

[13] Lothenbach B, Scrivener K, Hooton R D. Supplementary cementitious materials[J]. Cement and Concrete Research, 2011, 41(12): 1244-1256.

[14] Liu B J, Xie Y J, Zhou S Q, et al. Some factors affecting early compressive strength of steam-curing concrete with ultrafine fly ash[J]. Cement and Concrete Research, 2001, 31(10): 1455-1458.

[15] 马存前, 冉千平, 毛永琳, 等. 超早强型聚羧酸盐超塑化剂对混凝土早期强度发展的影响[J]. 混凝土与水泥制品, 2009, (5): 4-6.

[16] 熊蓉蓉, 龙广成, 谢友均, 等. 矿物掺合料对蒸养高强浆体抗压强度及孔结构的影响[J]. 硅酸盐学报, 2017, 45(2): 175-181.

[17] Makul N, Rattanadecho P, Agrawal D K. Applications of microwave energy in cement and concrete–A review[J]. Renewable and Sustainable Energy Reviews, 2014, 37: 715-733.

[18] Prommas R, Rungsakthaweekul T. Effect of microwave curing conditions on high strength concrete properties[J]. Energy Procedia, 2014, 56: 26-34.

[19] Choi H, Koh T, Choi H, et al. Performance evaluation of precast concrete using microwave heating form[J]. Materials, 2019, 12(7): 1113.

[20] Rostami V, Shao Y, Boyd A J. Carbonation curing versus steam curing for precast concrete production[J]. Journal of Materials in Civil Engineering, 2012, 24(9): 1221-1229.

[21] Liu Q, Liu J X, Qi L Q. Effects of temperature and carbonation curing on the mechanical properties of steel slag-cement binding materials[J]. Construction and Building Materials, 2016, 124: 999-1006.

[22] Lippiatt N, Ling T, Eggermont S. Combining hydration and carbonation of cement using super-saturated aqueous CO_2 solution[J]. Construction and Building Materials, 2019, 229: 116825.

[23] 李月光, 伊书国, 张霖波, 等. 磁化水水泥混凝土研究现状与发展前景[J]. 材料科学与工程学报, 2019, 37(2): 331-338.

[24] Kanchanason V, Plank J. Effect of calcium silicate hydrate-polycarboxylate ether (C-S-H-PCE) nanocomposite as accelerating admixture on early strength enhancement of slag and calcined clay blended cements[J]. Cement and Concrete Research, 2019, 119: 44-50.

[25] 王成启, 周郁兵, 张宜兵. 免蒸养高耐久性 PHC 管桩的研究与应用[J]. 混凝土与水泥制品, 2017, (1): 39-42.

[26] 王成启, 王春明, 周郁兵, 等. 养护方式对 PHC 管桩力学性能的影响[J]. 中国港湾建设, 2014, (5): 28-31.

[27] 王成启, 谷坤鹏, 王春明, 等. 免蒸压 PHC 管桩的研制与工程应用[J]. 混凝土与水泥制品, 2011, (4): 29-34.